工业自动化与智能化丛书

U0176324

PLC
通信协议及编程

白海潮 ◎编著

机械工业出版社
CHINA MACHINE PRESS

图书在版编目（CIP）数据

PLC 通信协议及编程 / 白海潮编著 . —北京：机械工业出版社，2023.4
（2024.11 重印）
（工业自动化与智能化丛书）
ISBN 978-7-111-72977-8

I. ① P⋯　 II. ①白⋯　 III. ① PLC 技术－程序设计　 IV. ① TM571.61

中国国家版本馆 CIP 数据核字（2023）第 061904 号

机械工业出版社（北京市百万庄大街 22 号　邮政编码 100037）
策划编辑：王　颖　　　　　　　责任编辑：王　颖
责任校对：龚思文　　周伟伟　　责任印制：邹　敏
北京富资园科技发展有限公司印刷
2024 年 11 月第 1 版第 2 次印刷
165mm×225mm・20 印张・399 千字
标准书号：ISBN 978-7-111-72977-8
定价：99.00 元

电话服务　　　　　　　　　网络服务
客服电话：010-88361066　　机 工 官 网：www.cmpbook.com
　　　　　010-88379833　　机 工 官 博：weibo.com/cmp1952
　　　　　010-68326294　　金 书 网：www.golden-book.com
封底无防伪标均为盗版　机工教育服务网：www.cmpedu.com

Preface | 前言

随着信息技术和网络技术的飞速发展，德国在 2013 年提出了工业 4.0 的概念，这也是未来制造业发展的主要方向。工业 4.0 包含多种技术和通信系统，各个系统之间需要非常精密的通信才能实现工厂的智能制造，这些通信系统也正是工业 4.0 的核心。通信系统负责消除各个系统、各个设备之间的壁垒，使系统与系统之间能够准确且无障碍地交流。这些通信系统使用了各种工业通信技术，例如现场总线、工业以太网、WiFi 等。工业通信系统的主要目的是使工厂的设备、传感器和控制层的数据域与企业信息系统相融合，使得生产大数据传到云计算数据中心进行存储、分析，并形成决策，再反过来指导生产。

通信协议的表述，以及工厂大量的制造设备和生产线流程是通过 PLC 来控制的，那么工厂控制层的大数据系统就需要从生产线设备的控制核心 PLC 来采集数据，从而知道生产线上产品的制造信息和设备的状态信息。但是，现阶段每个工厂的生产线众多，造成了制造设备多种多样，进而制造设备的核心 PLC 也是各种品牌、各种型号林立，这就造成工厂控制层与设备层的通信变得复杂且多样。工厂控制层的数据采集系统大部分使用的是高级语言（例如 C#、VB 等），现在计算机高级语言与 PLC 通信时大部分使用欧姆龙、罗克韦尔（AB）、西门子、倍福（Beckhoff）等各大 PLC 厂商提供的中间软件作为 OPC Server，或者使用官方提供的动态链接库。如果使用 OPC Server 或者动态链接库，那么有两个劣势：一是中间软件价格昂贵，二是通信速度慢。欧姆龙、AB、西门子、倍福等各大 PLC 厂商除了提供中间软件和动态链接库外，还提供官方支持的通信协议，计算机通过官方指定的协议可以直接与 PLC 进行通信，使通信更加简单、快捷、经济。

本书讲解欧姆龙、西门子、AB、倍福等 PLC 厂商官方公开的协议。欧姆龙部分主要讲解 Hostlink 协议，以及无协议、Socket 通信服务等。Hostlink 协议包括 C-Mode 和 FINS 两种命令格式。C-Mode 相对简单，但是只能访问通道级别的数据，无法直接访问 I/O 点的数据。FINS 与 C-Mode 相比稍复杂，但是可以直接访问 I/O 点的数据。无协议和 Socket 的通信内容没有固定的协议，可以自己编写，弊端是 PLC 端需要编写通信程序。AB 部分主要讲解 DF1、CIP、EtherNet/IP 等协议。DF1 协议在串口的全双工和半双工下有所区别，本书着重讲解全双工的 DF1 协议。CIP（Common Industrial Protocol，通用工业化协议）是国际性组织 ODVA 推出的一种通用工业协议。ODVA 已经有 350 多个成员，所有成员都支持 CIP。EtherNet/IP 是 ODVA 和 CI 两大组织共同推出的基于标准以太网技术（IEEE 802.3 与 TCP/IP Socket 相结合）的工业网络技术，使用标准以太网和 TCP/IP 技术来传输 CIP 通信数据包。CIP 和 EtherNet/IP 这两个协议也是本书的一个难点。西门子部分主要讲解自由口通信、Modbus、开放式以太网通信等协议，这三种通信协议都需要在 PLC 端编程。倍福部分主要讲解 ADS 通信和 TCP/IP 通信。ADS 通信是倍福官方推荐的通信方式，但是需要使用倍福官方的动态链接库。TCP/IP 不需要动态链接库，但是需要在 PLC 端编程。读者在掌握这几种 PLC 通信协议后再开发计算机数据采集程序，就可以直接使用官方给出的协议与 PLC 进行通信。

　　本书从应用者的角度，以最有代表性的 4 种 PLC 作为实例，先把协议讲清楚，再把协议带到 C# 编程实例里来实现，然后把代码⊖也写出来并做一定注解，让读者既理解了通信协议和通信方法，又学会了如何使用这些协议进行编程。

　　限于编者水平，书中难免有欠妥、疏漏和错误之处，恳请读者指正。

⊖　本书配套的资源包（代码、命令表和功能表等）请访问机工新阅读网站（www.cmpreading. com），搜索本书书名获取。

| Contents | 目录

串口通信基础

随着计算机技术和通信技术的不断发展，通信技术在现代信息技术和工业中的应用越来越广泛。在工业控制领域，经常需要通过计算机与其他设备通信实现控制和传输数据的目的。其中，串口通信是通信一个很重要的分支，起着不可或缺的作用。

欧姆龙、西门子、AB 的 PLC（Programmable Logic Controller，可编程逻辑控制器）都具有串行端口或串行扩展端口，这些串行端口或串行扩展端口支持标准的串口通信原理和接口标准。本书讲解的欧姆龙和 AB PLC 的串行端口使用的是 RS-232C 标准，西门子 PLC 的串行端口使用的是 RS-485 标准，后续章节计算机与 PLC 通信的程序设计需要先设置串口的波特率、停止位、奇偶校验等参数，这些是 PLC 串口通信的基础。本章主要介绍串口通信的原理和接口标准。

1.1 串口通信的原理

串口通信是指具有串行端口的设备之间通过数据信号线、地线等，按位进行数据传输的一种通信方式。串口是一种接口标准，它规定了接口的电气标准。串口传输模型由信号源、发送器、传输介质、接收器和信号宿五要素组成，如图 1-1 所示。信号源就是需要发送的信息；发送器和接收器用来控制信号的传输以及信息与电信号之间的转换；传输介质指通信传输的通道，又称为信道；信号宿就是信号源通过通信系统时经信号转换和噪音滤除后获得的信息。

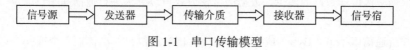

图 1-1　串口传输模型

1.1.1 数据通信的基本原理

1. 数字通信

有些信号源的信息本来就是离散的，称为数字信息，也称为基带信号。数字通信系统中传输的信息是独立可数的，不随时间连续变化，在幅值上只有两个状态，数字信号可用不同的电压范围表示二进制数字。传输的数字需要通过编码来确定信息在发送时与二进制数的转换关系。下面我们以常用的曼彻斯特编码为例进行说明。

在信号中间时刻，从负电平变到正电平表示二进制"1"，从正电平变到负电平表示二进制"0"。图 1-2 描述了用曼彻斯特编码对数据"1100010100"进行编码的情况。常用的编码方式还有很多，主要用于提高通信的同步性和抗干扰性。

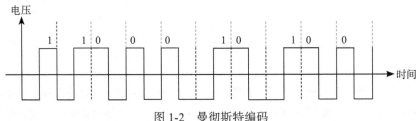

图 1-2 曼彻斯特编码

数字通信系统易于集成，体积小，采用二进制编码，适用范围非常广泛，还可以用差错控制来提高通信的可靠性，故可靠性高，抗干扰能力强，而且数字信号易于加密，保密性好。

2. 模拟通信

有些信号源的信号是随时间连续变化的，例如语音信息、传真、电视图像信息等，这些都是模拟信号。模拟通信系统用于传输模拟信号。模拟信号往往需要借助调制解调设备进行信号转换。在发送端，系统采用调制手段，对数字信号进行某种转换，将代表数据的二进制数 1 和 0，转换成具有一定频带范围的模拟信号，以便于在模拟信道上传输；在接收端，系统通过解调手段进行相反转换，把模拟的调制信号复原为 1 或 0。系统可以使用调制解调器（Modem）来实现调制和解调的任务。

模拟通信系统信道的利用率非常高，但抗干扰能力差，不适合大规模集成。模拟通信系统的传输距离较远，若通过市话系统配备 Modem，则传输距离可不受限制。

1.1.2 数据传输的分类

1. 并行通信和串行通信

根据一次传输数据的多少，数据的传输方式可以分为并行通信和串行通信。

（1）并行通信

并行通信以字节（Byte）或字节的倍数为传输单位，一次传输一个或一个以上字节的数据，数据各位同时传输，这种传输方式适用于传输距离短、数据量大、要求速度快的应用环境。并行通信的特点就是传输速度快，但当传输距离较远时，通信线路就变得复杂且成本高。并行通信传输示意图如图 1-3 所示。

（2）串行通信

串行通信的双方使用一根或两根数据信号线进行连接，同一时刻，数据在一根数据线上一位一位地顺序传输。与并行通信相比，串行通信的优点是传输线少、成本低，适合远距离传输且易于扩展，缺点是传输速度慢、传输时间长。串行通信传输示意图如图 1-4 所示。

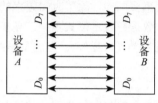

图 1-3　并行通信传输示意图

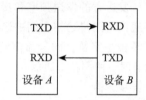

图 1-4　串行通信传输示意图

近年来，串行通信发展很快，分散型工业测控系统普遍采用串行通信，PC 网络绝大多数也采用串行通信。

2. 单工、半双工和全双工

根据数据在信道上传输的方向及时间关系，串行通信可分为 3 种。

1）单工：数据传输是单向的。通信双方中，一方固定为发送端，一方则固定为接收端。信息只能沿一个方向传输，使用一根传输线。因为这种传输方式效率很低，所以在实际的应用中很少使用。

2）半双工：通信使用同一根传输线，既可以发送数据，又可以接收数据，但不能同时进行发送和接收。数据传输允许数据在两个方向上传输，但是在任何时刻，只能由其中的一方发送数据，另一方接收数据。因此，半双工模式既可以使用一条数据线，也可以使用两条数据线。半双工通信中每端需要一个收发切换电子开关，通过切换来决定数据向哪个方向传输。因为有切换，所以通信会产生时间延迟，信息传输效率低些。

3）全双工：通信允许数据同时在两个方向上传输。因此，全双工通信是两个单工通信方式的结合，它要求发送设备和接收设备都有独立的接收和发送能力。在全双工模式中，每一端都有发送器和接收器，有两条传输线，信息传输效率高。

在其他参数都一样的情况下，全双工比半双工传输速度快、效率高，所以在实际使用中应用更广。

3. 异步通信和同步通信

按照串行通信数据的时钟控制方式，串行通信又分为同步通信和异步通信。

同步和异步，从名称上我们就可以大概知道区别在哪里，简单地说就是主机在相互通信时发送数据的频率是否一样。异步通信就是发送方在任意时刻都可以发送数据，前提是接收端已经做好了接收数据的准备。(如果没有做好接收准备，那么数据肯定发送失败。)也正是因为发送方的不确定性，所以接收方要时时刻刻地准备好接收数据。同时，由于发送方每次发送数据的时间间隔不确定，因此每次发送数据时都要使用明确的界定符来标示数据(字符)的开始位置和结束位置。可以想象，这种通信方式效率很低。虽然异步通信的效率低，但是对设备的要求不高，通信设备简单。

与异步通信相反，同步通信就是主机在进行通信前先建立同步，即使用相同的时钟频率，发送方的发送频率和接收方的接收频率要同步。除了时间频率的不同之外，异步通信与同步通信之间的区别还在于发送数据的表示形式不同，异步通信一般的发送单位是字符，同步通信的发送单位是比特流(数据帧)，但这不是绝对的，异步通信有时也使用帧来通信。

(1)异步通信

所谓异步通信，是指数据传输以字符为单位，字符与字符之间的传输是完全异步的，位与位之间的传输基本上是同步的，异步通信传输示意图如图1-5所示。

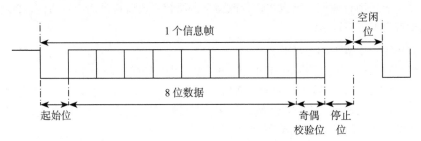

图 1-5　异步通信传输示意图

每个字符(每帧信息)由 4 部分组成：

1)1 位起始位，规定为低电平 0；

2)5～8 位数据位，即要传输的有效信息；

3)1 位奇偶校验位；

4)1～2 位停止位，规定为高电平 1。

(2)同步通信

所谓同步通信，是指数据传输以数据块(一组字符)为单位，字符与字符之间以及字符内部的位与位之间都是同步的，同步通信传输示意图如图1-6所示。

同步传输的特点如下：

1)2 个同步字符作为一个数据块(信息帧)的起始标志；

2)n 个连续传输的数据；

3)2 字节循环冗余校验码(CRC)。

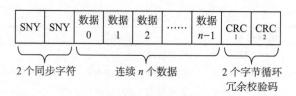

图1-6　同步通信传输示意图

4. 数据传输的基本技术指标

（1）偶校验与奇校验

在标准 ASCII 码中，其最高位 b_7 用作奇偶校验位。所谓奇偶校验，是指在数据传输过程中用来检验是否出现错误的一种方法，一般分为奇校验和偶校验两种。奇校验规定：正确的数据的一个字节中，1 的个数必须是奇数；若为非奇数，则最高位 b_7 添 1。偶校验规定：正确的数据的一个字节中 1 的个数必须是偶数；若为非偶数，则最高位 b_7 添 1。

（2）停止位

停止位按长度来计算。串行异步通信从计时开始，以单位时间（单位时间就是波特率的倒数）为间隔，依次接收所规定的数据位和奇偶校验位，并拼装成一个字符的并行字节，此后应接收到规定长度的停止位 1。所以说，停止位都是 1，1.5 是它的长度，即停止位的高电平保持 1.5 个单位时间长度。一般来讲，停止位有 1、1.5 和 2 个单位时间 3 种长度。

（3）波特率

波特率就是每秒钟传输的数据位数。波特率的单位是位每秒（bit/s），常用的单位还有千位每秒（kbit/s）、兆位每秒（Mbit/s）等。串口典型的传输波特率为 600bit/s、1200bit/s、2400bit/s、4800bit/s、9600bit/s、19 200bit/s、38 400bit/s 等。

1.2　接口标准

串口通信的接口标准很多，有 RS-232C、RS-232、RS-422A、RS-485 等，常用的是 RS-232 和 RS-485。RS-232C 是 RS-232 的改进，它们的原理是一样的。

1. RS-232C 串行接口

RS-232C 标准是在 1969 年公布的，是由美国 EIA（电子工业联合会）与 BELL 等公司一起开发的通信协议。它适用于传输速率在 0 ～ 20 000bit/s 范围内的通信，定义了数据终端设备（DTE）与数据通信设备（DCE）之间的物理接口标准。RS-232C 接口有两种，一种是 25 针连接器，简称 DB25；另一种是 9 针连接器，简称 DB9。DB9 更常用一些，RS-232C DB9 引脚定义见表 1-1。

表 1-1 RS-232C DB9 引脚定义

插针序号	信号名称	功能	信号方向
1	PGND	保护接地	
2	RXD	接收数据（串行输入）	DCE → DTE
3	TXD	发送数据（串行输出）	DTE → DCE
4	DTR	DTE 就绪（数据终端设备就绪）	DTE → DCE
5	SGND	信号接地	
6	DSR	DCE 就绪（数据通信设备就绪）	DCE → DTE
7	RTS	请求发送	DTE → DCE
8	CTS	允许发送	DCE ← DTE
9	RI	振铃指示	DCE ← DTE

RS-232C 对电气特性、逻辑电平和各种信号线功能都做了规定。

1）在 TXD 和 RXD 上：

①逻辑 1=−3V ～ −15V；

②逻辑 0=+3V ～ +15V。

2）在 RTS、CTS、DSR、DTR 等控制线上：

①信号有效（接通，ON 状态，正电压）=+3V ～ +15V；

②信号无效（断开，OFF 状态，负电压）=−3V ～ −15V。

2. RS-422 和 RS-485 串行接口

RS-422 是 Apple 的 Macintosh 计算机的串口连接标准。RS-422 使用差分信号，差分传输使用两根线发送和接收信号，对比 RS-232，它能更好地抗噪声并有更远的传输距离。RS-485 是 RS-422 的改进，增加了设备的个数，同时定义了在最大设备个数情况下的电气特性，以保证足够的信号电压。

RS-485 采用一对双绞线，将其中一根定义为 A，另一根定义为 B。通常情况下，发送驱动器 A、B 之间的正电平在 +2 ～ +6V，是一个逻辑状态，负电平在 −2 ～ −6V，是另一个逻辑状态。RS-485 有两个站点，在某一时刻，只有一个站点可以发送数据，而另一个站点只能接收数据。发送由使能端控制。RS-485 传输电路如图 1-7 所示。

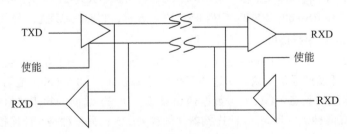

图 1-7 RS-485 传输电路

3. RS-232、RS-422 和 RS-485 的比较

这三种通信方式各有优缺点，读者要根据自己的使用环境进行选择。它们的性能比较见表 1-2。

表 1-2　RS-232、RS-422 和 RS-485 的性能比较

规定	RS-232	RS-422	RS-485
工作方式	单端	差分	差分
节点数	1 发 1 收	1 发 10 收	1 发 32 收
最大传输距离	15m	1200m	1200m
最大传输速率	200kbit/s	10Mbit/s	10Mbit/s
最大驱动输出电压	$-25 \sim +25$V	$-0.25 \sim +6$V	$-7 \sim +12$V
接收器输入电压	$+/-15$V	$-10 \sim +10$V	$-7 \sim +12$V
驱动器负载阻抗	$3 \sim 7$kΩ	100Ω	120Ω

普通计算机一般不配备 RS-422 和 RS-485 端口，但工业控制计算机很多会配备。普通计算机欲配备上述两个通信端口，可通过插入通信板进行扩展。在实际使用中，有时为了把距离较远的两个或多个带 RS-232C 接口的计算机系统连接起来进行通信或组成分散型系统，通常先利用 RS-232C/RS-422 转换器把 RS-232C 转换成 RS-422，再进行连接。

1.3　PLC 串口通信应用

串口通信在 PLC 的通信领域使用十分广泛，欧姆龙、AB、西门子和倍福的 PLC 都带有串行通信端口或扩展串行通信端口，1.1 节和 1.2 节介绍的串口原理也是 PLC 串口通信的基础，同时每种 PLC 在串口电缆的接线方式上又有自己的特性。由于倍福 PLC 本身不带有串口，需要配置扩展串口模块，而且倍福 PLC 的串口应用比较少，因此本书对倍福 PLC 的串口通信就不做描述了。有些 PLC 的串口只支持 RS-422/RS-485 通信标准，但是计算机侧串口只支持 RS-232 通信标准，因此如果 PLC 串口是 RS-422/RS-485 接口，要实现计算机与 PLC 的通信，就需要一根 RS-422/RS-485 到 RS-232 的转换电缆。

串口在 PLC 通信中的应用十分广泛，主流的 PLC 都带有串口模块，大多数 PLC 的编程软件需要通过串口与 PLC 通信。本书就以欧姆龙、AB、西门子 3 种 PLC 的串口通信为例，介绍串口通信在 PLC 中的应用。

1. 欧姆龙 PLC

欧姆龙 PLC 的串口是标准的 9 针 RS-232 接口，最大通信距离为 15m，串口电缆可以自己制作，也可以购买欧姆龙官方指定的电缆。串口支持 Hostlink、Toolbus、Modbus、无协议等多种通信方式，本书第 2 章将重点介绍欧姆龙 PLC 的 Hostlink 和

无协议两种串口通信方式。

Hostlink 协议是大多数欧姆龙 PLC 默认的串口通信协议。有些 PLC（例如 CJ、CS 等）默认的通信方式为 Toolbus，这些默认不是 Hostlink 通信方式的 PLC 在使用 Hostlink 协议之前，需要对 PLC 的串口进行拨码设定，通过拨码把 Hostlink 变为默认的通信方式。另外，在计算机与 PLC 通信之前，需要通过 PLC 编程软件 CX-Programmer 设置 PLC 的波特率、停止位等串口基本参数，然后计算机端编程时对串口参数的设定要与 PLC 端的串口参数保持一致。

Hostlink 是一种字符形式的协议，有固定的字符格式，是一串以"@"开头的字符串，其中命令字符部分是决定读或者写以及读取和写入长度等重要信息的部分。本书的 Hostlink 部分将介绍两种命令格式，一种是 C-Mode，另一种是 FINS。区别这两种命令的最好方式是，FINS 命令字符以"FA"开头，而 C-Mode 的命令字符直接以命令开始，例如"RD"（读）"WR"（写）等。

欧姆龙 PLC 还支持无协议通信，无协议通信需要在 PLC 端使用无协议通信指令编写 PLC 发送和接收程序来实现与第三方的串口通信。无协议通信的好处是通信的数据没有固定的通信格式，可以自行编写通信协议，例如与扫描枪、传感器等通信。

2. AB PLC

AB PLC 支持 RS-232 和 RS-485 串口标准，物理层包括一组电缆和一个串口模块，接口电缆可以自己制作，也可以使用 AB 提供的标准串口通信电缆，本书使用 AB 官方提供的标准串口通信电缆。AB PLC 各个节点之间使用的网络链接包括 DH、DH+、DH485、ControlNet 等。DF1 协议是 AB PLC 应用最广的数据链路层通信协议。串口模块是 DF1 链接与网络链接之间的接口，在使用 DF1 链接之前也需要使用 AB PLC 编程软件查看串口默认的链接是不是 DF1，如果不是，需要设为 DF1。然后，还需要设置串口为全双工 / 半双工、数据校验为 BCC/CRC，以及波特率、停止位等串口参数，再写入 PLC。计算机端编写上位机程序时，也需要按照这些参数初始化串口，然后在编写 DF1 协议程序时，校验码、全双工 / 半双工也需要与 PLC 端的设置保持一致。串口的参数设置在 AB PLC 编程软件里是以通道表示的，串口硬件与 AB PLC 编程软件对应的通道名可以通过查找 PLC 的手册来获得。

AB 中小型和大型 PLC 的数据存储方式是不一样的，中小型 PLC 的数据根据数据类型的不同命名进行存储，一般中小型 PLC 的数据类型包括位（B）、计时器（T）、计数器（C）、整数（N）、浮点数（F）等，DF1 协议访问不同类型的数据需要使用对应数据类型的命令。大型 PLC 利用标签名称来管理和创建数据存储变量，DF1 协议无法直接访问标签，需要用 PLC 编程软件把标签映射成与中小型 PLC 一样的数据类型名后才能访问。本书第 3 章重点介绍的就是 DF1 协议。

3. 西门子 PLC

西门子 PLC 串口同样支持 RS-232 和 RS-485 串口标准，本书第 4 章的例子使用的 S7-200 串口就是 RS-485 半双工串行通信端口。西门子 PLC 支持多种通信方案，包括自由口、PPI、MPI、USS、Modbus、Profibus-DP 等，西门子 PLC 的串口一般默认为 PPI 协议，西门子的 PPI 协议不对外公开。本书第 4 章将重点介绍西门子串口的自由口和 Modbus 协议。在我们使用自由口协议之前，需要先把串口模式调整为自由口模式。由于本书的例程使用的是 RS-485 串口通信，因此串口通信电缆使用的也是西门子官方提供的标准的 RS-485 转 RS-232 通信电缆。

自由口通信需要在 PLC 端通过自由口指令编程实现，其中串口的基本参数（如波特率、奇偶校验、数据位长度等）需要通过特殊寄存器 SMB30 或者 SMB130 来设置，接收和发送的过程也是通过特殊寄存器的标志位置位来实现。自由口通信与欧姆龙的无协议一样，通信内容不受任何协议的制约，可以通过编写 PLC 程序制定自己需要的通信协议。

串口的 Modbus 协议有两种——Modbus ASCII 和 RTU。西门子 PLC 有 Modbus RTU 协议指令，因此第 4 章将主要介绍 Modbus RTU 协议，其串口设置与自由口一样，使用的是串口的自由口功能。Modbus RTU 协议的数据帧结构主要包括站地址、功能码、数据位和 CRC 校验位。Modbus RTU 访问不同的内存数据需要使用不同的功能码，主要分两种，即访问 I/O 区域功能码和访问寄存器区域功能码。Modbus 协议是一种应用非常广泛的通信协议，在第 9 章介绍西门子以太网通信时就用到了另一种 Modbus TCP/IP 协议。

欧姆龙 PLC 串口通信

2.1 欧姆龙 PLC 串口通信概述

欧姆龙的 PLC 在国内市场应用十分广泛，它支持多种通信协议，第三方通信设备可以通过这些协议实现对 PLC 的监视、分散控制、数据采集等。下面介绍一下欧姆龙 PLC 支持的协议。

2.1.1 欧姆龙 PLC 通信协议

欧姆龙 PLC 支持现在流行的大部分通信协议，具体如下。

1）Hostlink 协议：计算机与 PLC 通信时使用的协议。协议格式公开，是 CPM*、C200Ha、CQM1 等系列 PLC 的默认协议。另外，欧姆龙的视觉产品也支持 Hostlink 协议。

2）Toolbus 协议：实现计算机与 PLC 通信的协议。协议格式不公开，是 CJ/CS 系列 PLC 的默认通信协议。与 Hostlink 相比，该协议具有高速、波特率自适应的特点。

3）NT Link 协议：在 PLC 与欧姆龙触摸屏通信中使用的专用协议，协议不公开。

4）PC Link 协议：在欧姆龙 PLC 与 PLC 之间实现数据交换时使用的专用协议，协议不公开。

5）Modbus 协议：欧姆龙的变频器普遍支持 Modbus 协议，协议格式公开。另外，有些温控器也支持 Modbus 协议。

6）Compoway/F 协议：欧姆龙的传感器普遍使用的协议，例如温控器、光电传感器等设备，协议格式公开。

7）除此之外，如果与其他厂商的设备（第三方设备）进行通信，那么 PLC 还提供 RS-232C（无协议）、协议宏等通信方式，用户可以根据第三方设备的协议，自行编写协议。如果与支持 Modbus 的第三方设备进行通信，那么 PLC 还支持 Modbus 主、从协议，PLC 在系统中既可以作为主站，也可以作为从站。

　　本章着重讲解计算机和欧姆龙 PLC 串口通信，因此本章在接下来的章节中将重点介绍欧姆龙公开 Hostlink 协议、FINS 串口协议和 RS-232C（无协议）。

2.1.2　计算机与 PLC 的连接方式

　　欧姆龙 PLC 支持多种与计算机的连接方式，计算机通过这些方式与 PLC 建立连接后，就组成了一个自动控制系统。计算机对系统中的 PLC 进行集中管理与监控，可以编辑、修改 PLC 的程序，实时监控 PLC 的运行情况，实现自动化系统的集散控制，常用的连接方式有以下几种。

1. 计算机与 PLC 直接连接

　　计算机与 PLC 直接连上进行通信，最大通信距离不超过 15m。PLC 的 CPU 本身提供外设接口和 9 针 RS-232 串口，也可以通过添置通信模块来增加串口。用户可以使用不同的端口来与计算机进行通信。

（1）通过 CPU 自带 RS-232 串口与计算机通信

　　如果计算机侧也提供 9 针 RS-232 串口，那么用户使用欧姆龙 XW2Z-200S/500S-CV 线缆就可以直接连接计算机与 PLC CPU 的 RS-232 串口。如果读者不想使用欧姆龙官方提供的电缆，那么也可以自己做一根串口线，串口线接线示意图如图 2-1 所示。

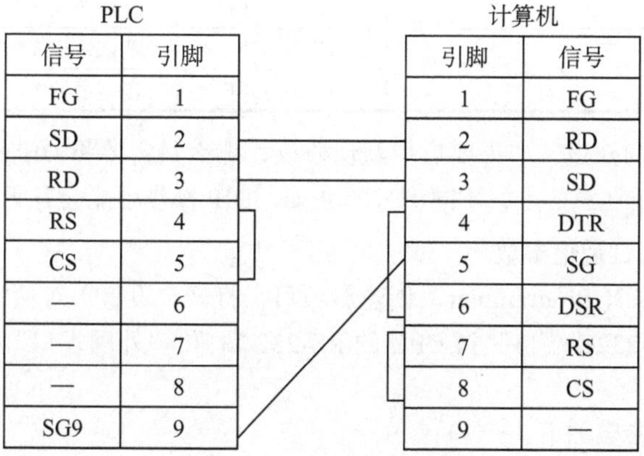

PLC				计算机	
信号	引脚			引脚	信号
FG	1			1	FG
SD	2			2	RD
RD	3			3	SD
RS	4			4	DTR
CS	5			5	SG
—	6			6	DSR
—	7			7	RS
—	8			8	CS
SG9	9			9	—

图 2-1　串口线接线示意图

（2）使用通信模块上的端口

　　PLC 可以通过添置通信模块或通信板块来增加 RS-232 串口，例如 CJ1W-SCU21 可提供 2 个额外的 RS-232 串口。通信模块上的 RS-232 串口也可以通过 Hostlink 方式进行通信。另外，一些早期的 PLC（例如 C1000H、C500、C200HS 等）需要先配置 Hostlink 单元，再与计算机建立通信。

2. 计算机同时与多台 PLC 连接

RS-422 串口建立 Hostlink 连接时，可以实现 1 ：N 的通信，即一台计算机与多台 PLC 进行通信，最大通信距离不超过 500m，最多可以连接 32 台 PLC。通过 PLC 本身提供的串口，再结合 RS-232 转 RS-422 适配器，计算机就可以实现 1 ：N 的 Hostlink 连接。

2.1.3　PLC 通信参数设置

PLC 通信端口可以使用默认的参数设置，也可以手动更改这些参数。

1. 默认 PLC 通信参数的启用

CPM*、C200Ha、CQM1 等传统系列 PLC 的默认协议为 Hostlink，CJ、CS、CP1 等系列 PLC 的默认通信方式为 Toolbus。一般启用 CPU 串口的默认通信参数只要拨 DIP 开关就可以了。表 2-1 分别以 CPM2AH 和 CJ1M 为例说明 DIP 状态信息。

表 2-1　PLC 的 DIP 状态信息

机型	串口种类	DIP 状态	协议内容
CPM2AH	9 针 D 型 RS-232 串口	ON	默认协议 Hostlink，9600 bit/s，通信格式为 1 7 2 e
		OFF	自定义
CJ1M	外设端口	DIP4：ON	自定义
		DIP4：OFF	默认协议 Toolbus
	9 针 D 型 RS-232 串口	DIP5：ON	默认协议 Toolbus
		DIP5：OFF	自定义

通过上表我们知道，如果要启用默认协议，那么只需要将 DIP 拨到"默认协议"的位置即可。需要注意的是，不同型号的 PLC，DIP 操作可能会有所不同。

2. 自定义 PLC 通信参数

首先，打开 CX-Programmer，创建新项目，打开"设置"对话框进行通信设定。其中，"内置 RS-232C 端口"指 CPU 的 RS-232 端口，"外围端口"指外设端口，如图 2-2 所示。

需要设置的参数如下：

1）模式：设定通信端口使用的通信协议为 Hostlink。

2）定制：用户设定自定义的通信速度和通信格式。

3）波特率：用户可以改变波特率，在 300 ～ 115 200bit/s 中进行选择。注意在设定的时候，PLC 与计算机侧通信参数保持一致。

图 2-2　PLC 端口设置对话框

4）格式：用户可以改变通信格式，注意在设定的时候，PLC 与计算机侧通信参数保持一致。

5）单元号：设定 PLC 的单元号，默认为 0，用于计算机与 PLC 1：N 的连接情况，每个连接到计算机的 PLC 都有不同的单元号（范围为 0～31），计算机靠单元号对 PLC 进行识别。

其次，将设置参数传送到 PLC。将 PLC 切换到"编程"模式，然后将设置传送到 PLC，如图 2-3 所示。

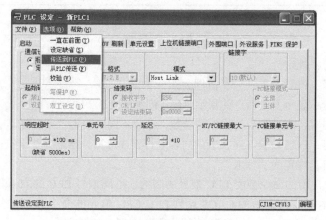

图 2-3　将设置参数传送到 PLC

2.2   欧姆龙 Hostlink 通信协议

计算机可以使用 Hostlink 协议连接到欧姆龙的 PLC，通过 Hostlink 协议，计算机可以向 PLC 发送 Hostlink 命令，PLC 处理来自计算机的命令，并把结果回传给计算机。

2.2.1   Hostlink 协议介绍

由于 Hostlink 协议的开放性，它被广泛使用在上位监控系统中，用户可以通过计算机自主编程，实现对 PLC 的操作，通过收发 Hostlink 协议报文，实现在多种平台上对欧姆龙 PLC 的监控。下面我们就来学习 Hostlink 协议的相关内容。

1. Hostlink 协议概述

计算机与 PLC 通信是通过计算机与 PLC 之间交换命令和应答实现的，交换的命令和应答遵循欧姆龙的 Hostlink 协议。一次信息交换中，传输的命令或应答的长度称为"帧"，Hostlink 协议的 1 帧最多可包含 131 个字符，是面向字符的协议。计算机通过发送 Hostlink 命令，可以对 PLC 进行 I/O 读写、改变操作模式、强制置位 / 复位等操作。

2. Hostlink 协议的格式

Hostlink 协议根据发送方和接收方，分为发送协议（命令）和接收协议（响应），格式有所不同。下面以独立的 1 帧命令为例，介绍 Hostlink 协议的格式。

（1）命令格式

命令格式如图 2-4 所示。

@	节点号	命令符	操作内容	校验符	*CR
①	②	③	④	⑤	⑥

图 2-4   命令格式

①起始符：规定为"@"。

②节点号：PLC 的单元号，范围为 0 ～ 31。

③命令符：表示发送命令的指示目的（可参考表 2-2）。

④操作内容：表示命令符操作的参数，命令不同，内容也不一样。

⑤校验符：FCS 校验，对校验的内容进行异或运算，结果为 2 字符（8bit）。

⑥结束符：规定为"*CR"。

Hostlink 常用的命令会受 PLC 型号的制约，不同型号 PLC 的 Hostlink 命令可能有所不同，本书以最常用的 CJ/CS 系列 PLC CPU 单元的命令为例讲解 Hostlink 协议，CJ/CS 系列 PLC CPU 单元可以接收如图 2-5 所示的通信命令。

图 2-5　通信命令

C-Mode 命令：C-Mode 命令是专用的 Hostlink 通信命令。它由主机发出，并发送到目标 PLC 的 CPU 单元。

FINS 命令：FINS 命令是消息服务通信命令。它不依赖特定的传输路径，可用于各种网络通信（控制器连接、以太网等）和串行通信（主机连接）。关于 FINS 的详细信息可参考第 6 章的相关内容。

注意　当主机是 PLC CPU 单元时，主机将通过 CMND（490）/SEND（090）/RECV（098）发送 FINS 命令，由于本书描述计算机与 PLC 通信，用不到 PLC 的命令，是把计算机当成主机，因此以上命令将不做详细介绍。

下面我们就开始讲解 Hostlink 命令，先讲解 C-Mode 命令。C-Mode 命令是欧姆龙最常用的 Hostlink 命令，基本全系欧姆龙 PLC 都支持，常用 C-Mode 命令见表 2-2。

表 2-2　常用 C-Mode 命令

类型	命令符	PC 方式			功能
		运行	监视	编程	
读命令	RR	有效	有效	有效	读 IR/SR 区
	RL	有效	有效	有效	读 LR 区
	RH	有效	有效	有效	读 HR 区
	RC	有效	有效	有效	读 TC 的当前值
	RG	有效	有效	有效	读 TC 状态
	RD	有效	有效	有效	读 DM 区
	RJ	有效	有效	有效	读 AR 区
写命令	WR	无效	有效	有效	写 IR/SR 区
	WL	无效	有效	有效	写 LR 区
	WH	无效	有效	有效	写 HR 区
	WC	无效	有效	有效	写 TC 的当前值
	WD	无效	有效	有效	写 DM 区
	WJ	无效	有效	有效	写 AR 区
其他操作	SC	有效	有效	有效	写 PLC 的运行状态
	MM	有效	有效	有效	读 PLC 的类型
	KS	无效	有效	有效	强制置位
	KR	无效	有效	有效	强制复位

（2）响应格式

响应格式如图 2-6 所示。

@	节点号	命令符	状态符	操作内容	校验符	*CR
①	②	③	④	⑤	⑥	⑦

图 2-6　响应格式

①起始符：规定为 "@"。

②节点号：PLC 的单元号，表明返回的响应数据 PLC 的单元号。

③命令符：表明本帧返回的是何种命令的响应数据。

④状态符：显示响应的结果是正确还是异常（可参考表 2-3）。

⑤操作内容：根据命令符返回的响应数据。

⑥校验符：FCS 校验，对校验的内容进行异或运算，结果为 2 字符（8bit）。

⑦结束符：规定为 "*CR"。

通过 Hostlink 命令，上位计算机可以进行编程、组态、监控等操作。使用 Hostlink 命令，用户只需要在计算机侧编写并发送命令帧，

表 2-3　常见响应状态符

状态符	内容
00	正常完成
01	PLC 在运行方式下不能执行
02	PLC 在监控方式下不能执行
04	地址超出区域
13	FCS 校验出错
14	帧格式出错
15	输入数据错误或数据超出规定范围

PLC 接收侧就会自动返回响应帧。用户读取响应帧数据，就能得知返回数据正常与否，以及需要获取的数据。

3. FCS 校验计算方法

当传送一帧数据时，结束符的前面要安排一个校验符，以检查传送时是否存在数据错误，通常称为 FCS 校验。校验的范围是从一帧的起始符到校验符之前的所有字符，算法就是将校验范围中的 ASCII 字符转换成 HEX 码后执行异或操作，得到的结果就是 2 个 ASCII 字符（8bit）的校验码。通信的双方每次接收到一帧，均计算 FCS，与帧中所包含的 FCS 进行比较，从而查检帧中间的数据错误。

例如，以读 00 号 PLC DM0 数据区命令为例进行说明，其命令格式如图 2-7 所示。

@	00	RD	0000	0001	57	*↵

图 2-7　读 00 号 PLC DM0 数据区的命令格式

本例的 FCS 校验计算过程如图 2-8 所示。

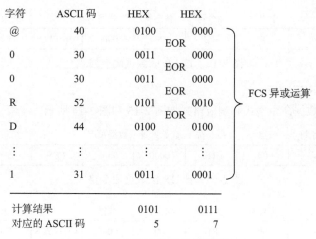

图 2-8　FCS 校验计算过程

再将图 2-8 的 FCS 校验结果转换成 ASCII 码，放到消息帧里。

4. Hostlink 常用 C-Mode 命令

下面开始介绍 Hostlink 的常用命令。这些命令可用于计算机与 PLC 间的通信，以下关于命令的描述以计算机为 "第一人称"，例如读 IR/SR 区命令就是使用计算机读取 PLC 的 IR/SR 区的数据所用到的命令，命令格式指的是计算机发送给 PLC 的命令帧格式，响应格式指的是 PLC 反馈给计算机的数据帧格式。

（1）读 IR/SR 区数据

读 IR/SR 区数据命令格式和响应格式如图 2-9 和图 2-10 所示。

起始符	节点号	命令符	起始地址	数据长度		结束符
@	00	RR	0000	0001	FCS	* ↵

图 2-9　读 IR/SR 区数据命令格式

起始符	节点号	命令符	状态符	数据		结束符
@	00	RR	00	0000	…… FCS	* ↵

图 2-10　读 IR/SR 区数据响应格式

（2）读 LR 区数据

读 LR 区数据命令格式和响应格式如图 2-11 和图 2-12 所示。

起始符	节点号	命令符	起始地址	数据长度		结束符
@	00	RL	0000	0001	FCS	* ↵

图 2-11　读 LR 区数据命令格式

起始符	节点号	命令符	状态符	数据		结束符
@	00	RL	00	0000	……FCS	*↵

图 2-12　读 LR 区数据响应格式

（3）读 HR 区数据

读 HR 区数据命令格式和响应格式如图 2-13 和图 2-14 所示。

起始符	节点号	命令符	起始地址	数据长度		结束符
@	00	RH	0000	0001	FCS	*↵

图 2-13　读 HR 区数据命令格式

起始符	节点号	命令符	状态符	数据		结束符
@	00	RH	00	0000	……FCS	*↵

图 2-14　读 HR 区数据响应格式

（4）读定时器和计数器的 PV 值

读定时器和计数器的 PV 值命令格式和响应格式如图 2-15 和图 2-16 所示。

起始符	节点号	命令符	起始地址	个数		结束符
@	00	RC	0000	0001	FCS	*↵

图 2-15　读定时器和计数器的 PV 值命令格式

起始符	节点号	命令符	状态符	数据		结束符
@	00	RC	00	0000	……FCS	*↵

图 2-16　读定时器和计数器的 PV 值命令响应格式

（5）读定时器和计数器的状态

读定时器和计数器的状态命令格式和响应格式如图 2-17 和图 2-18 所示。

起始符	节点号	命令符	起始地址	个数		结束符
@	00	RG	0000	0001	FCS	*↵

图 2-17　读定时器和计数器的状态命令格式

起始符	节点号	命令符	状态符	数据		结束符
@	00	RG	00	0000	……FCS	*↵

图 2-18　读定时器和计数器的状态响应格式

（6）读 DM 区数据

读 DM 区数据命令格式和响应格式如图 2-19 和图 2-20 所示。

起始符	节点号	命令符	起始地址	数据长度		结束符
@	00	RD	0000	0001	FCS	*↵

图 2-19　读 DM 区数据命令格式

起始符	节点号	命令符	状态符	数据		结束符
@	00	RD	00	0000	…… FCS	*↵

图 2-20　读 DM 区数据响应格式

（7）读 AR 区数据

读 AR 区数据命令格式和响应格式如图 2-21 和图 2-22 所示。

起始符	节点号	命令符	起始地址	数据长度		结束符
@	00	RJ	0000	0001	FCS	*↵

图 2-21　读 AR 区数据命令格式

起始符	节点号	命令符	状态符	数据		结束符
@	00	RJ	00	0000	…… FCS	*↵

图 2-22　读 AR 区数据响应格式

（8）写 IR/SR 区数据

写 IR/SR 区数据命令格式和响应格式如图 2-23 和图 2-24 所示。

起始符	节点号	命令符	起始地址	写的数据		结束符
@	00	WR	0000	……	FCS	*↵

图 2-23　写 IR/SR 区数据命令格式

起始符	节点号	命令符	状态符		结束符
@	00	WR	00	FCS	*↵

图 2-24　写 IR/SR 区数据响应格式

（9）写 LR 区数据

写 LR 区数据命令格式和响应格式如图 2-25 和图 2-26 所示。

起始符	节点号	命令符	起始地址	写的数据		结束符
@	00	WL	0000	……	FCS	*↵

图 2-25　写 LR 区数据命令格式

起始符	节点号	命令符	状态符		结束符
@	00	WL	00	FCS	*↵

图 2-26　写 LR 区数据响应格式

(10) 写 HR 区数据

写 HR 区数据命令格式和响应格式如图 2-27 和图 2-28 所示。

起始符	节点号	命令符	起始地址	写的数据		结束符
@	00	WH	0000	……	FCS	* ↵

图 2-27　写 HR 区数据命令格式

起始符	节点号	命令符	状态符		结束符
@	00	WH	00	FCS	* ↵

图 2-28　写 HR 区数据响应格式

(11) 写定时器和计数器的 PV 值

写定时器和计数器的 PV 值命令格式和响应格式如图 2-29 和图 2-30 所示。

起始符	节点号	命令符	起始地址	写的数据		结束符
@	00	WC	0000	……	FCS	* ↵

图 2-29　写定时器和计数器的 PV 值命令格式

起始符	节点号	命令符	状态符		结束符
@	00	WC	00	FCS	* ↵

图 2-30　写定时器和计数器的 PV 值响应格式

(12) 写定时器和计数器的状态

写定时器和计数器的状态命令格式和响应格式如图 2-31 和图 2-32 所示。

起始符	节点号	命令符	起始地址	写的状态			结束符
@	00	WG	0000	0 或 1	……	FCS	* ↵

图 2-31　写定时器和计数器的状态命令格式

起始符	节点号	命令符	状态符		结束符
@	00	WG	00	FCS	* ↵

图 2-32　写定时器和计数器的状态响应格式

(13) 写 DM 区数据

写 DM 区数据命令格式和响应格式如图 2-33 和图 2-34 所示。

起始符	节点号	命令符	起始地址	写的数据		结束符
@	00	WD	0000	……	FCS	* ↵

图 2-33　写 DM 区数据命令格式

起始符	节点号	命令符	状态符		结束符
@	00	WD	00	FCS	* ↵

图 2-34　写 DM 区数据响应格式

（14）写 AR 区数据

写 AR 区数据命令格式和响应格式如图 2-35 和图 2-36 所示。

起始符	节点号	命令符	起始地址	写的数据		结束符
@	00	WJ	0000	………	FCS	* ↵

图 2-35　写 AR 区数据命令格式

起始符	节点号	命令符	状态符		结束符
@	00	WJ	00	FCS	* ↵

图 2-36　写 AR 区数据响应格式

（15）写状态区数据

写状态区数据命令格式和响应格式如图 2-37 和图 2-38 所示。

起始符	节点号	命令符	方式数据		结束符
@	00	SC	00	FCS	* ↵

图 2-37　写状态区数据命令格式

方式数据：00——编程方式
02——监控方式
03——运行方式

起始符	节点号	命令符	状态符		结束符
@	00	SC	00	FCS	* ↵

图 2-38　写状态区数据响应格式

（16）强制置位

强制置位命令格式和响应格式如图 2-39 和图 2-40 所示。

起始符	节点号	命令符	操作数	字地址	位		结束符
@	00	KS	****	0000	00	FCS	* ↵

图 2-39　强制置位命令格式

起始符	节点号	命令符	状态符		结束符
@	00	KS	00	FCS	* ↵

图 2-40　强制置位响应格式

图 2-39 中操作数的名称地址见表 2-4。

表 2-4 操作数的名称地址

数据区	操作数				字地址	位
	OP1	OP2	OP3	OP4		
IR/SR	C	I	O	空格	0000～0511	
LR	L	R	空格	空格	0000～0063	00～15
HR	H	R	空格	空格	0000～0099	
定时器	T	I	M	空格	0000～0511	0
计数器	C	N	T	空格		

（17）强制复位

强制复位命令格式和响应格式如图 2-41 和图 2-42 所示。

起始符	节点号	命令符	操作数	字地址	位		结束符
@	00	KR	****	0000	00	FCS	* ↵

图 2-41 强制复位命令格式

起始符	节点号	命令符	状态符		结束符
@	00	KR	00	FCS	* ↵

图 2-42 强制复位响应格式

图 2-41 中操作数的名称地址见表 2-4。

（18）取消强制置位／复位

取消强制置位／复位命令格式和响应格式如图 2-43 和图 2-44 所示。

起始符	节点号	命令符		结束符
@	00	KC	FCS	* ↵

图 2-43 取消强制置位／复位命令格式

起始符	节点号	命令符	状态符		结束符
@	00	KC	00	FCS	* ↵

图 2-44 取消强制置位／复位响应格式

2.2.2 Hostlink 协议 C-Mode 编程举例

计算机侧使用 Visual Studio 2015 作为开发工具编写程序，PLC 侧选用的型号是 CP1E-N40DR-D。另外，需要参考 2.1.3 节提前设置 PLC 的通信参数，注意有些 C-Mode 命令需要 PLC 工作在监控模式下才能起作用，具体参考表 2-2。因此，本例首先需要改变 PLC 的运行模式到监控模式，然后计算机再通过编写的程序与 PLC 进行通信。这个程序无须事先计算校验码，只需要写入校验位前的 Hostlink 命令就行，然后程序代码会完成 FCS 校验并加到 Hostlink 命令后面，再将命令帧发送给 PLC。计算机侧通信程序对话框如图 2-45 所示。

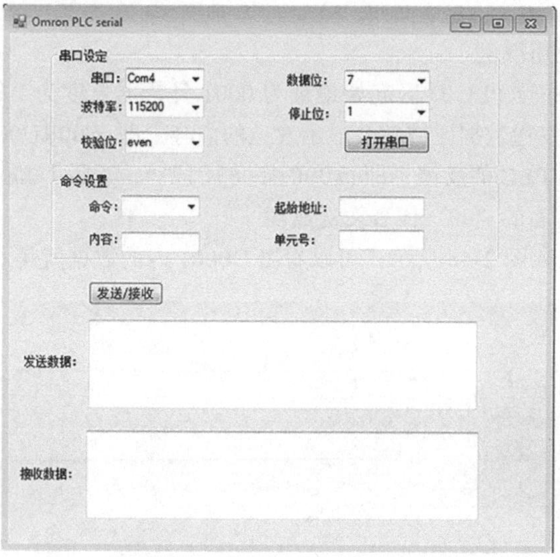

图 2-45　计算机侧通信程序对话框

1. 串口设定

串口设定区域设定串口号、数据位、波特率、停止位、校验位等参数，单击"打开串口"按钮，程序就会把串口打开，如果有问题，就会显示 error 提示。串口的参数设置要与 PLC 串口的参数设置一致。

2. 命令设置

命令设置区域包括以下 4 个部分：

1）命令：可以选择动作是读还是写，参考表 2-2 所列的命令和 2.2.1 节中关于命令的描述。

2）起始地址：要读或者写的地址，例如若想读 CIO10 通道的数据，那么这个参数要写成"0010"；若想读 CIO15 通道的数据，那么这个参数要写成"0015"。这个参数必须是 4 位字符串，不够的前面用"0"补齐。

3）内容：如果前面的命令是读，那么这个参数表示要读的长度，例如若要读一个通道的数据，那么就是"0001"，该参数也是字符串型数字常量，必须写够 4 位，不够的用"0"补齐。如果前面的命令是写，那么这个参数就是要写的内容，例如若要把 1 写到这个通道里，那么就是"0001"，如果想写 2AAA，那么就是"2AAA"。写的内容必须是十六进制的数，用字符串表示也是 4 个为一组，不够的用"0"补齐。

4）单元号：该参数表示 PC 要与 PLC 通信的节点号，如果只有一个 PLC，那么单元号就是 00。命令设置完毕后单击"发送 / 接收"按钮，完整命令就会被发送出去，发送的命令就会在发送数据区域显示出来，而 PLC 端反馈的数据则会在接收数据区域显示出来。

3. 通信软件使用举例

1）计算机程序读 PLC D 区起始地址为 0001 且数据长度为 1 的数据，单击"发送 / 接收"按钮，发送数据区域就会显示发送的内容，即 @00RD0001000156*，接收数据区域就会收到 PLC 的反馈，即 @00RD0063C121*，表示 D0001 的内容是十六进制的 63C1，RD 后面的"00"代表发送成功。

D 区内存数据如图 2-46 所示，可以看出 D0001 内的数据就是 63C1。

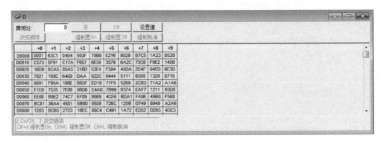

图 2-46　D 区内存数据

通信对话框设置如图 2-47 所示。

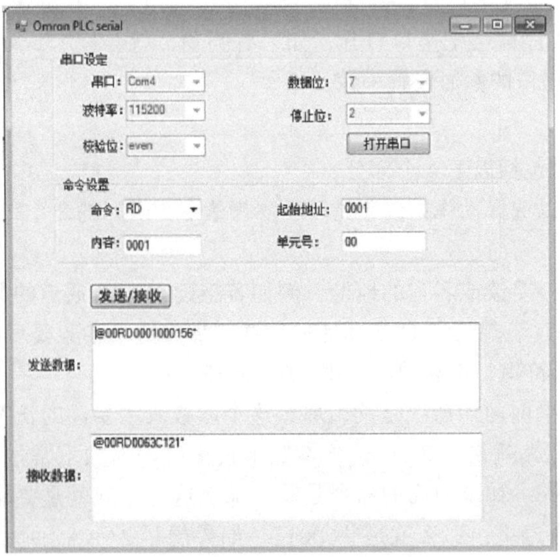

图 2-47　通信对话框设置

2）计算机程序写数据 0000 到 PLC 的 D0001，如图 2-48 所示。

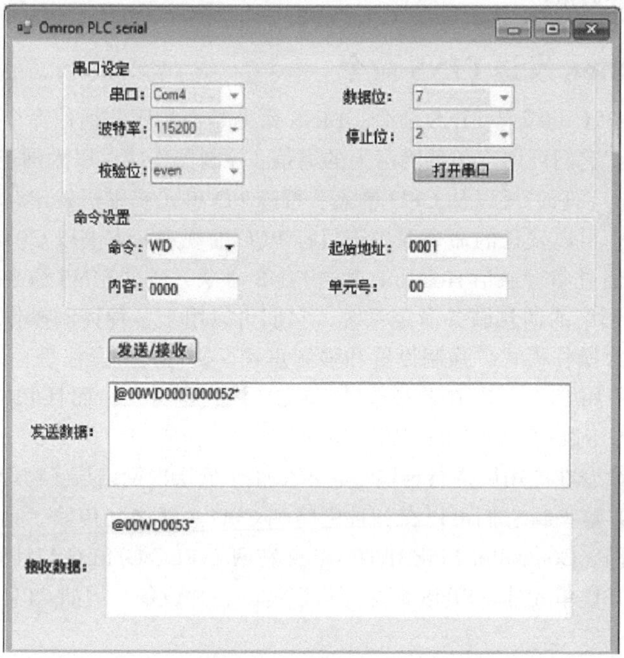

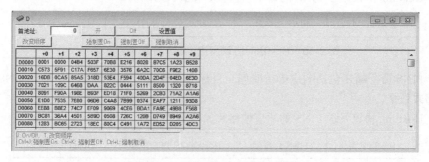

图 2-48　写数据 0000 到 PLC 的 D0001

单击“发送 / 接收”按钮后，发送数据区域就会显示发送的内容，即 @00WD0001000052*，接收数据区域就会收到 PLC 的反馈，即 @00WD0053*，WD 后面的“00”表示写入成功。

写数据后 D 区内存数据如图 2-49 所示。

	+0	+1	+2	+3	+4	+5	+6	+7	+8	+9
D0000	0001	0000	04B4	503F	70B8	E216	8028	B7C5	1A23	B528
D0010	C573	5F91	C17A	F657	6E30	3576	6A2C	70C6	F9E2	140B
D0020	16DB	0CA5	85A5	318D	53E4	F594	40DA	2D4F	04ED	6E3D
D0030	7021	109C	6468	DAA	822C	0444	5111	8500	1320	8718
D0040	8091	F90A	198E	B93F	ED18	71F0	5269	2CB3	71A2	A1A6
D0050	E1D0	7535	7E80	06D6	C4A8	7B99	0374	EAF7	1211	93D8
D0060	EE88	B8E2	74C7	EF09	9069	4CE6	BDA1	FA9E	49B8	F568
D0070	BC81	36A4	4501	5B9D	0508	726C	120B	D749	8949	A2A6
D0080	1283	BC65	2723	18EC	80C4	C491	1A72	ED52	D205	4DC3

图 2-49　写数据后 D 区内存数据

消息帧格式请参考 2.2.1 节相关命令格式的描述。

4. 计算机程序 C# 源代码

见本书配套资源包[⊖]。

2.2.3　Hostlink 发送 FINS 命令

欧姆龙的 PLC 也支持 FINS 命令，FINS 命令是消息服务通信命令，不依赖于特定的传输路径。它们可用于各种网络上的通信（控制器连接、以太网连接等）和串行通信（Hostlink）。它们可以从 CPU 单元、特殊 I/O 单元或主机发出，也可以发送到其中任何一个，可以发送的命令取决于目标 PLC 的规定。本书以 CP1E 系列 PLC 为例，讲解如何通过串行通信 Hostlink 发送 FINS 命令，通过 FINS 命令可以形成用于跨不同欧姆龙网络的消息服务命令系统，它们可以用于各种控制操作，例如发送和接收数据、更改操作模式、强制设置和强制重置、执行文件操作等。另外，FINS 命令和 C-Mode 不用 PLC 运行在监视模式，RUN 模式也可以，而且 FINS 命令支持对 PLC 的位操作，例如读取 I/O 的逻辑状态。

1）FINS 命令在应用层进行传输，它不依赖于低层次网络层（物理层和数据链接层）进行传输，这使得它们可以在各种网络和 CPU 总线之间传输。具体来说，它们可以通过以太网、Controller Link 和 Hostlink 在两个 PLC 或 PLC 与计算机之间传输。

2）除了 CPU 单元外，FINS 命令还可以访问各种设备，例如 CPU 总线单元、个人计算机等。

3）FINS 命令支持网络中继操作，因此它们可以通过网络层次结构访问最多 3 个网络级别（包括本地网络）的设备。

4）FINS 命令可以使用 Hostlink 协议在计算机与 PLC 之间传输通信。

当使用 Hostlink 发送或接收 FINS 命令和响应时，帧的前面必须是 Hostlink 头，后面是 Hostlink 的 FCS 校验码和结束符。

Hostlink 协议发送 FINS 的命令帧格式如图 2-50 所示。

Hostlink 头	FINS 命令帧	Hostlink 的 FCS 校验码	Hostlink 结束符

图 2-50　Hostlink 协议发送 FINS 的命令帧格式

FINS 命令帧还包括响应等待时间、目标节点地址、源节点地址和其他 FINS 命令格式数据。

Hostlink 协议发送 FINS 的响应帧格式如图 2-51 所示。

Hostlink 头	FINS 命令帧	Hostlink 的 FCS 校验码	Hostlink 结束符

图 2-51　Hostlink 协议发送 FINS 的响应帧格式

⊖　本书配套的资源包请访问机工新阅读网站（www.cmpreading.com），搜索本书书名获取。

FINS 响应帧还包括传输时设置的内容和 FINS 命令帧的响应格式数据。

5）计算机发送 FINS 命令到 PLC，计算机用以下的 FINS 命令帧格式发送命令到 PLC，命令长度不能超过 1114 个字符，而且不能将 FINS 命令分割成单独帧发送。

① 计算机直接连接到 PLC（包括 CPU 单元和串口扩展单元）的 FINS 命令帧格式如图 2-52 所示，此格式也能用于计算机与串口板或串口通信组件的通信。

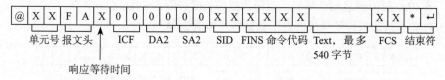

图 2-52　计算机直接连接到 PLC 的 FINS 命令帧格式

② 计算机连接到网络，可以跨网络连接到 PLC，跨网络的 FINS 命令帧格式如图 2-53 所示。

第 1 部分：

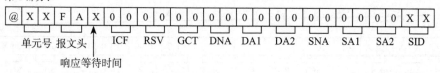

第 2 部分紧接第 1 部分：

图 2-53　跨网络的 FINS 命令帧格式

③ Hostlink 命令解释如下：

- @ 符号必须在发送命令的开头。
- 单元号：指连接到计算机的 PLC CPU 单元的单元号，在计算机的设置中设置单元号。当计算机连接到串行通信单元时，单元号在 CX-Programmer 通信单元的设置中设定。
- 报文头：用于区分不同的命令，FINS 命令设置为 "FA"。
- 响应等待时间：从 PLC 接收命令到返回消息帧之间的间隔，它可以设置为 0 ~ F Hex，单位是 10ms。
- ICF[⊖]：80（ASCII 38 30）——网络中的 PLC；

  00（ASCII 30 30）——直接连接到计算机的 PLC。

⊖　Information Control Field，信息控制位。

- DA2：目标单元地址。
- SA2：源单元地址。
- SID：重复发射时，作为计数器使用，通常设置为 00（ASCII 30 30）。
- FCS：FCS 校验码，校验范围从帧开始 @ 到 FCS 之前所有的位。
- 结束符：设置为"*CR"。

④ PLC 返回信息到计算机。返回数据的长度必须小于 1115 个字符。
PLC 直接连接到计算机的返回数据格式如图 2-54 所示。

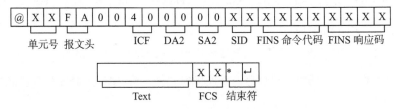

图 2-54　PLC 直接连接到计算机的返回数据格式

PLC 通过网络连接到计算机的返回数据格式如图 2-55 所示。

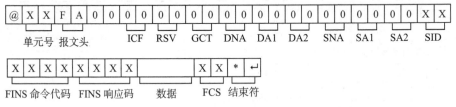

图 2-55　PLC 通过网络连接到计算机的返回数据格式

- ICF：C0（ASCII 43 30）——网络中的 PLC；
  40（ASCII 34 30）——直接连接到计算机的 PLC。
- FINS 响应码：分为 Main code 和 Sub code，各 2 字节。0000（ASCII 30 30 30 30）代表正确，其他值代表通信有错误。

更多关于 FINS 命令的信息请参考第 6 章的描述。

2.2.4　Hostlink 协议 FINS 编程举例

计算机侧选用的编程软件是 Visual Studio 2015，PLC 选择的是 CJ1G，下面是计算机使用 FINS 协议通过 Hostlink 串口与 PLC 通信的设置对话框，按照计算机直接连接 PLC CPU 串口的 FINS 协议格式设计，上半部分是串口设定部分，需要与 PLC 的串口设定一致，下半部分是命令设置，输入命令的相关参数，单击"发送 / 接收"按钮，程序就自动把 FCS 校验等部分加到命令帧里并发送给 PLC。

1）根据图 2-56 设置部分参数，把串口设定好，然后打开串口。

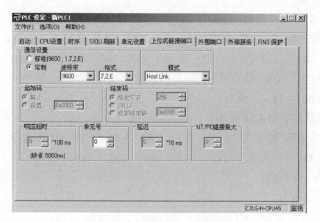

图 2-56　设置对话框

2）发送 / 接收数据对话框如图 2-57 所示，命令设置包括 Hostlink 协议的各个字符段和 FINS 命令的字符段，下面的设置是读取 CIO020.4 ～ CIO020.7 位的二进制数，发送数据部分是程序整理完毕后实际发送给 PLC 的字符串，接收数据部分是 PLC 给计算机的反馈。注意，这些字符发送给 PLC 和从 PLC 接收的实际对应的是 ASCII 码而不是字符串。

图 2-57　发送 / 接收数据对话框

①发送消息帧字符段解释如下：

起始符　单元号　报文头　响应时间　ICF　DA2　SA2　SID　FINS 命令　内存代码
　@　　　00　　　FA　　　0　　　00　00　00　00　　0101　　　30
起始地址位　长度　FCS　结束符
001404　　0004　71　　*CR

②接收消息帧字符段解释如下：

起始符　单元号　报文头　默认　ICF　DA2　SA2　SID　FINS 命令　反馈代码
　@　　　00　　　FA　　00　　40　00　00　00　　0101　　　0000
数据　　　FCS　结束符
01010101　43　　*CR

从图 2-58 可以看出，CIO020.4 ～ CIO020.7 的数据为 1111，与测试程序接收的数据一致。

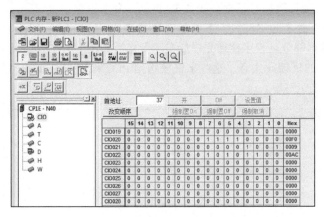

图 2-58　CIO020.4 ～ CIO020.7 的数据

3）利用程序把 1011 写入 CIO020.4 ～ CIO020.7 的设置对话框如图 2-59 所示。

①发送消息帧字符段解释如下：

起始符　单元号　报文头　响应时间　ICF　DA2　SA2　SID　FINS 命令　内存代码
　@　　　00　　　FA　　　0　　　00　00　00　00　　0102　　　30
起始地址位　长度　写入数据　　FCS　结束符
001404　　0004　01000101　　73　　*CR

②接收消息帧字符段解释如下：

起始符　单元号　报文头　默认　ICF　DA2　SA2　SID　FINS 命令　反馈代码　FCS
　@　　　00　　　FA　　00　　40　00　00　00　　0102　　　0000　　40
结束符
*CR

图 2-59　写数据设置对话框

从图 2-60 可以看出，CIO020.4 ～ CIO020.7 的数据为 1011，与测试程序发送的数据一致。

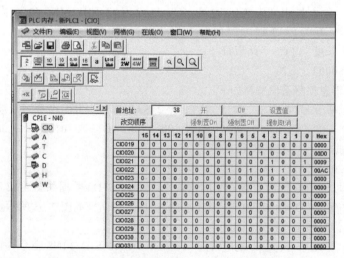

图 2-60　写入数据后的 CIO020.4 ～ CIO020.7

4）图 2-61 是读取 D1 ～ D4 的字的设置对话框。

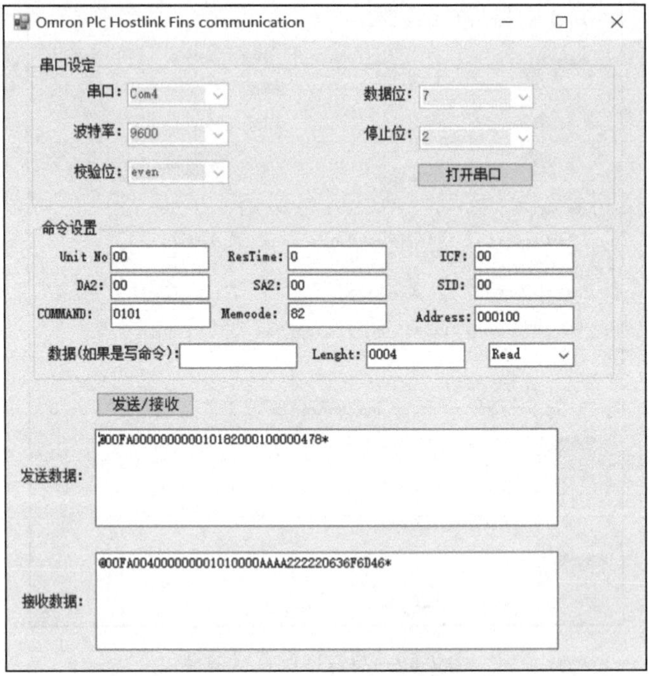

图 2-61　读取 D1 ～ D4 的字的设置对话框

①发送消息帧字符段解释如下：

起始符　单元号　报文头　响应时间　ICF　DA2　SA2　SID　FINS 命令　内存代码
　@　　　00　　　FA　　　0　　　　00　　00　　00　　00　　　0101　　　82

起始地址位　长度　　FCS　结束符
000100　　　0004　　78　　*CR

②接收消息帧字符段解释如下：

起始符　单元号　报文头　默认　ICF　DA2　SA2　SID　FINS 命令　反馈代码
　@　　　00　　　FA　　00　　40　　00　　00　　00　　0101　　　0000

　　数据　　　　　FCS　结束符
AAAA222220636F6D　46　　*CR

实际读取的数据与 PLC 内存里的数据一致，D1 ～ D4 数据如图 2-62 所示。

5）把 6666777788889999 写入 D1 ～ D4，设置对话框如图 2-63 所示。

①发送消息帧字符段解释如下：

起始符　单元号　报文头　响应时间　ICF　DA2　SA2　SID　FINS 命令　内存代码
　@　　　00　　　FA　　　0　　　　00　　00　　00　　00　　　0102　　　82

起始地址位　长度　　　写入数据　　　　　FCS　结束符
　000100　　0004　　6666777788889999　　7B　　*CR

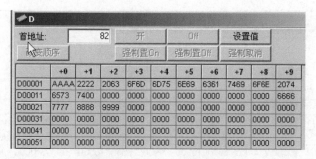

图 2-62　D1 ～ D4 数据

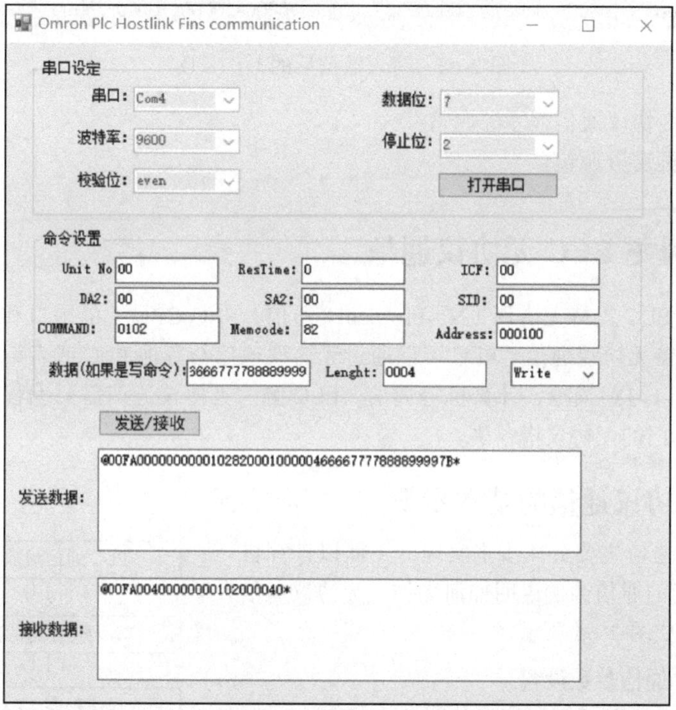

图 2-63　写数据到 D1 ～ D4 的设置对话框

②接收消息帧字符段解释如下：

起始符　单元号　报文头　默认　ICF　DA2　SA2　SID　FINS 命令　反馈代码　FCS

　　@　　　00　　　FA　　　00　　40　00　　00　　00　　　0102　　　0000　　　40

结束符

　*CR

从图 2-64 可以看出，D1 ～ D4 的数据与测试程序发送的数据一致。

	+0	+1	+2	+3	+4	+5	+6	+7	+8	+9
D00001	6666	7777	8888	9999	6D75	6E69	6361	7469	6F6E	2074
D00011	6573	7400	0000	0000	0000	0000	0000	0000	0000	6666
D00021	7777	8888	9999	0000	0000	0000	0000	0000	0000	0000
D00031	0000	0000	0000	0000	0000	0000	0000	0000	0000	0000
D00041	0000	0000	0000	0000	0000	0000	0000	0000	0000	0000
D00051	0000	0000	0000	0000	0000	0000	0000	0000	0000	0000
D00061	0000	0000	0000	0000	0000	0000	0000	0000	0000	0000

图 2-64　写入数据后的 D1 ～ D4

6）FINS 协议通信程序源代码：

见本书配套资源包。

2.3　欧姆龙 PLC 无协议通信

欧姆龙 PLC 支持无协议（No-Protocol）通信，PLC CPU 上的串口和通信模块上的串口都支持无协议通信。PLC 可以通过无协议通信与其他 PLC 或者第三方设备通信，例如可以与扫描枪、计算机等通信。PLC 侧的无协议通信需要编程实现，欧姆龙 PLC 有专门的无协议指令块。

2.3.1　无协议通信的基本步骤

无协议通信主要分 4 步来实现，下面以计算机与 PLC 之间的通信为例说明如何操作。无协议通信的基本步骤如图 2-65 所示。

1. PLC 通信参数设置

PLC 通信参数设置对话框如图 2-66 所示。

针对无协议通信，需要设置以下参数：

1）模式：选择"RS-232C"就是把串口设置为无协议通信模式。

2）通信设置：此项设置需要与第三方通信设备保持一致，设置选项如下：

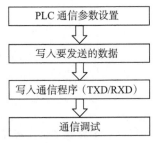

图 2-65　无协议通信的基本步骤

- 标准：使用默认的通信格式，即 1（起始位），7（数据位），2（停止位），e（偶校验），波特率为 9600bit/s。

● 定制：自定义通信格式，选择起始位、数据位、停止位、校验和波特率。

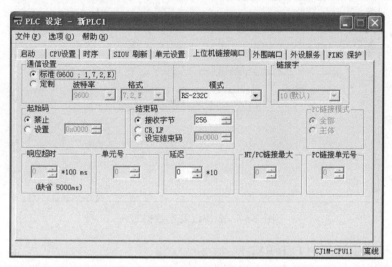

图 2-66   PLC 通信参数设置对话框

3）起始码：定义第三方设备协议的起始码。如果协议中有起始码，那么可以在这里进行设置，也可以在发送协议指令 TXD 中定义。

● 禁止：不定义起始码。
● 设置：以 ASCII 码十六进制码的形式定义起始码。例如，如果协议起始码为"STX"，则设置为"02"。

4）结束码：定义第三方设备协议的结束码。如果协议中有结束码，那么可以在这里进行设置，也可以在接收协议指令 RXD 中定义。

● 接收字节：定义 PLC 接收缓冲区的大小。
● CR，LF：定义协议以 CR+LF 为结束符。
● 设定结束码：以 ASCII 码十六进制码的形式定义结束码。例如，如果协议结束码为"ETX"，则设置为"03"。

2. 写入要发送的数据

我们需要提前把想发送的数据写入发送缓冲区，例如在 D100 ～ D104 中写入要发送的数据，若要发送" AAAABBBBCCCCDDDDEEEE"1 帧 10 字节的十六进制数据，则需要在 D100 开始的内存中写入相应的内容。无协议发送数据写入如图 2-67 所示。

注意　输入一般数据时，可以切换到"a"（ASCII）监控方式进行数据的输入。有些特殊的字符，例如"↵"（换行符），无法直接输入，需要先切换到"16"（HEX）监控方式，再输入该符号的十六进制代码"0D"。

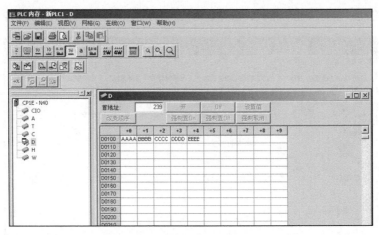

图 2-67 无协议发送数据写入

3. 写入通信程序（TXD/RXD）

无协议通信需要使用到两个特殊指令——TXD/RXD，利用这两个指令与第三方设备进行通信，通过发送和接收来实现数据的传输。

（1）无协议发送指令 TXD

PLC 通过 TXD 指令发送指定的数据到第三方设备，指令如图 2-68 所示。

1）S 为发送数据的首地址，将要发送的数据写入从 S 开始的内存。

2）C 为控制字，定义发送协议的一些控制项。控制字定义如图 2-69 所示。

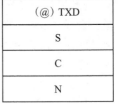

图 2-68 无协议发送指令 TXD

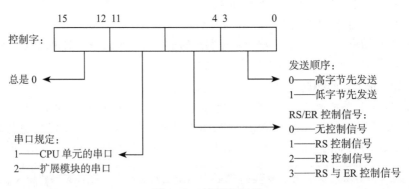

图 2-69 控制字定义

3）N 为要发送的字节数。

指令的执行条件可以使用 CP1E 发送完成标志位 A392.05，在端口通过无协议进行通信时，该位会自动 ON-OFF 跳变来实现数据发送，也可以使用用户自定义的位来触发协议的发送。例如，使用 P_1S（1Hz 时钟脉冲）作为触发 @TXD 的条件，实现每秒自动发送数据。

（2）无协议接收指令 RXD

PLC 通过 RXD 指令接收第三方设备的数据并存入指定的内存，指令如图 2-70 所示。

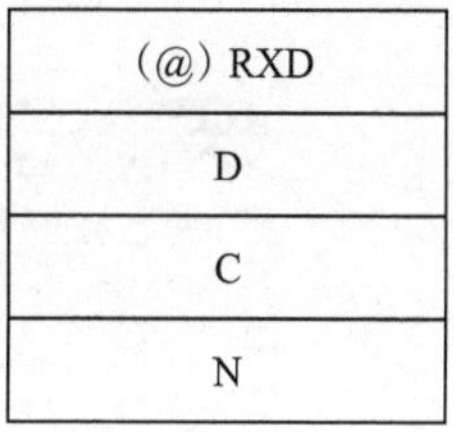

1）D 为接收数据的首地址，定义接收数据存储的开始地址。

2）C 为控制字，定义接收数据的一些控制项，与 TXD 定义一致。

3）N 为存储数据字节数，定义从接收缓冲区中存储多少字节的数据到指定的地址。

（@）RXD
D
C
N

图 2-70　无协议接收指令 RXD

指令的执行条件需要使用 PLC 接收完成标志位 A392.06。通道 A393 实时显示端口缓冲区接收到的字节数，在端口的缓冲区完成数据接收后，标志位 A392.06 会自动置 ON。

4. 通信调试

参数设置、程序编写完成，将相关内容写入 PLC 后，还需要进行通信调试。如果通信不能建立，则要进行通信问题诊断和排除，见表 2-5。

表 2-5　通信问题诊断和排除

状态	现象	问题诊断	问题排除
正常	闪烁		
不正常	不亮	没有从指定串口发送命令	1）通信设置是否下传，通信相关 DIP 是否拨为"用户定义" 2）TXD 执行条件是否置"ON"，指定内存中是否有发送数据，PLC 状态是否为运行 3）检查发送完成标志位 A392.05 是否会 OFF-ON 跳变
不正常	不亮	没有正确接收数据，发送错误响应给发送方	1）检查"PLC-设备"两侧通信格式设定是否一致 2）检查 TXD 指定地址中，编写的协议是否正确 3）根据返回响应的"错误代码"判断错误的原因

2.3.2　计算机通过无协议与 PLC 通信举例

计算机侧选择 Visual Studio 2015 编程软件，PLC 侧选择 CP1E-N40DR-D，按照图 2-1 手动做了一根计算机与 PLC 的连接电缆，PLC 无协议串口设置如图 2-71 所示。

1. PLC 侧编程

无协议的 PLC 程序如图 2-72 所示。为了测试程序通信是否正常，把发送和接收起始地址都设置为 D100，然后把接收完成标志位 A392.06 和发送完成标志位 A392.05 作为 TXD 的使能条件。从图 2-72 可以看出，结束符选择的是接收字节 10，意思就是只有当 PLC CPU 通过串口接收到 10 字节的数据时，A392.06 才使能，然后通过 RXD 指令把接收到的数据存入数据缓存区 D100。当第 2 个扫描周期时，A392.05 和 A392.06 使能 TXD 指令，通过 TXD 指令再把 D100 接收到的数据发给计算机。

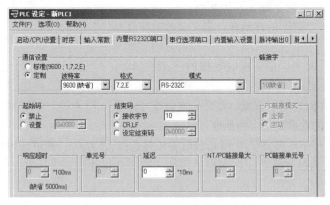

图 2-71 PLC 无协议串口设置

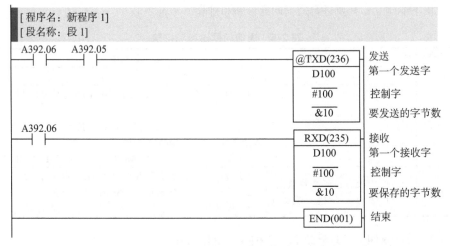

图 2-72 无协议的 PLC 程序

2. 计算机侧编程

计算机无协议通信设置对话框如图 2-73 所示，程序需要先按照图 2-71 进行串口设置，然后单击"打开串口"按钮初始化串口。串口打开后就可以通信了，本例是发送十六进制数"11112222333344445555"给 PLC，PLC 接收到以上数据后，根据 PLC 程序的设置，再把数据发送给计算机，所以从对话框中看发送和接收的数据一致。

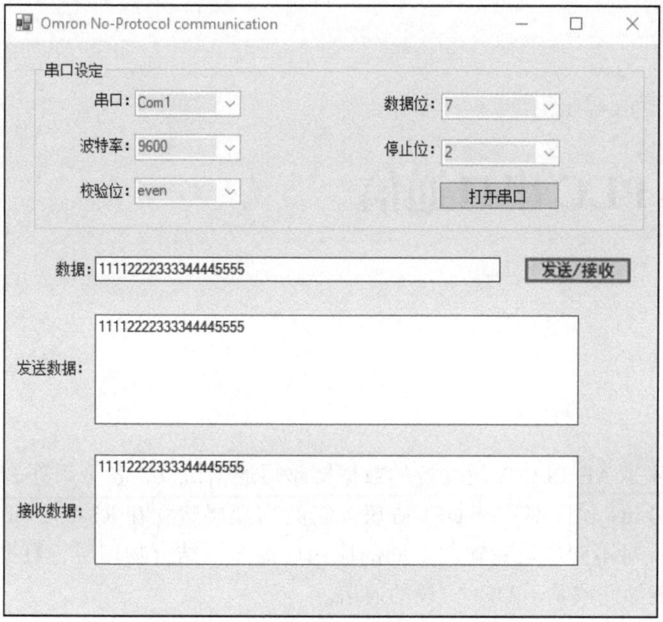

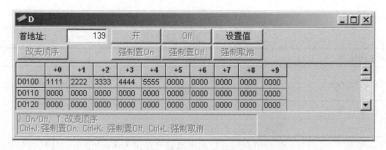

图 2-73　计算机无协议通信设置对话框

从图 2-74 可以看出，计算机程序发送完数据后，PLC 的 D100 ～ D104 为十六进制的"11112222333344445555"，与发送的数据一致。

	+0	+1	+2	+3	+4	+5	+6	+7	+8	+9
D0100	1111	2222	3333	4444	5555	0000	0000	0000	0000	0000
D0110	0000	0000	0000	0000	0000	0000	0000	0000	0000	0000
D0120	0000	0000	0000	0000	0000	0000	0000	0000	0000	0000

图 2-74　PLC D100 ～ D104 的数据

3. 计算机程序源代码

见本书配套资源包。

第 3 章 | Chapter3

AB PLC 串口通信

DF1 协议是 AB PLC 广泛支持的数据链路层通信协议，各个系列 PLC 以及计算机安装的 RSLinx 软件都支持 DF1 协议，它的物理层建立在 RS-232 和 RS-485 等标准之上，并针对不同的设备建立不同的应用层命令。结合物理层、数据链路层和应用层，系统能够完成基于 DF1 协议的通信。

3.1 网络层的概念

DF1 协议涉及 OSI 网络模型的物理层、数据链路层和应用层。网络层介绍见表 3-1。

表 3-1 网络层介绍

OSI 网络层	功能	DF1
应用层（Application）	应用程序访问的窗口，负责通信、文件传输、虚拟终端和电子邮件功能	发送和响应消息
表示层（Presentation）	管理应用程序的数据格式	⇧⇩
会话层（Session）	删除和建立不同应用程序之间的联系	
传输层（Transport）	执行消息的分段和重组并且提供传输出现错误后的网络恢复	
网络层（Network）	为不同的站点建立连接	
数据链路层（Data Link）	运行协议防止错误、检测错误和纠正错误，封装数据并将其放到物理电缆上，管理各个网络节点的数据流入和流出	DF1 全双工 / 半双工 BCC/CRC
物理层（Physical）	在各个通信设备之间传输二进制数据	RS-232/RS-422/RS-485

DF1 协议最大的特点是联合了 ANSI x3.28 规范中的 D1（数据透明性）和 F1（双向同时传输兼内部响应）。数据透明性是指报文格式简单和数据的可读性，双向同时传输兼内部响应是指在物理层的 RXD 和 TXD 上数据是同时传输的。DF1 支持全双工或半双工通信，对应不同的物理层网络拓扑，全双工通信需要基于 RS-232、RS-422 等进行网络部署，半双工通信需要基于 RS-485 进行网络部署。

3.1.1　DF1 相关层介绍

1. 物理层

物理层是一组电缆和接口模块，用来提供节点间通信的通道。一个节点作为网络上的连接点，通常具有唯一的地址。

当计算机连接到 DH、DH+、DH485 或 ControlNet link 上时，接口模块是 DF1 link（RS-232）与 Network link（DH、DH+、DH485 或 ControlNet link）之间的接口。DF1 物理层连接如图 3-1 所示。

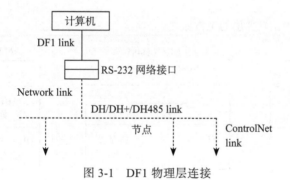

图 3-1　DF1 物理层连接

（1）DF1 link

一个 DF1 link 提供：

1）半双工协议的主从通信；

2）全双工协议的点对点通信。

（2）Network link

点对点通信能使用的网络连接类型见表 3-2。

表 3-2　网络连接类型

连接	连接对象	最大节点数
DH	① PLC2/PLC3 ② 图形处理系统 ③ 计算机 ④ RS-232/RS-422 编程设备	64

（续）

连接	连接对象	最大节点数
DH+	① PLC-5 ② SLC 5/04	64
DH485	① SLC 500 ②计算机 ③图形处理系统	32
ControlNet	① PLC-5 ② I/O 设备 ③计算机 ④操作接口设备	99

2. 软件层

DF1 和 Network（DH、DH+ 和 DH485）用软件的两层完成连接：

● 数据链路层；

● 应用层。

图 3-2 显示的是软件层的工作原理。

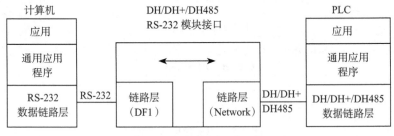

图 3-2　软件层的工作原理

（1）数据链路层

该层控制着物理层上的通信流并具有以下功能：

1）确定物理介质上的编码。

2）控制谁传输数据，谁使用仲裁协议。

3）将数据包从源节点传输到物理链接上的目标节点。

根据连接类型的不同，数据链路层需要做的动作也不同。数据链路层的需求见表 3-3。

表 3-3　数据链路层的需求

数据链路层连接类型	需要做什么
DH、DH+ 或 DH485 连接	不需要编程，网络上的应用程序不涉及节点之间的协议、握手或控制链接

（续）

数据链路层连接类型	需要做什么
AB PLC 接口模块之间的 DF1 连接	接口模块自动处理，不需要编程
AB PLC 接口模块与计算机之间的连接	必须用 DF1 协议在计算机上编程控制

（2）应用层

该层控制和执行两个节点规定的实际命令并具有以下功能：

1）数据库和应用处理接口。

2）解释命令。

3）将用户的数据格式化为数据包。

应用层的节点通常分为两种：

1）发送者，接收到一个用户信号，然后发送信息并等待回复，再发送结果给用户。

2）接收者，等待网络连接上的消息，当接收到消息时，执行操作并回复消息给发送者。

3. 消息包结构

无论消息的功能或目的地是什么，网络上所有的消息都具有相同的基本结构。消息的基本结构见表 3-4。

表 3-4　消息的基本结构

字段	内容
协议	软件的应用程序和数据链路层用来将消息发送到目的地 • 如果是 PLC 发送消息，则接口模块自动填充协议字段 • 如果是计算机发送消息，则计算机软件根据协议提供协议字段
数据	由发送者应用程序提供并传递到接收者应用程序中的信息

下文将就协议和数据两部分展开详细的描述。

3.1.2　DF1 协议描述

如果计算机连接一个接口模块，那么必须在计算机上编程以生成适合协议的字符序列，再发送给接口模块，通过 DF1 协议可以实现点对点通信。DF1 协议是数据链路层协议，是一种用编程规则解释通过物理连接传输的信号，有如下特点：

- 从连接的一端到另一端传递一条没有错误的消息。它不关心消息的内容、功能信息或信息的最终目的。例如，全双工 DF1 协议完成无差错检查 BCC 或 CRC，并且把检查结果附到每一个发送或者接收的信息的节尾。如果 BCC 或者 CRC 可接收，则返回一个 ACK；如果 BCC 或者 CRC 不可接收，则返回一个 NAK。

- 用错误代码指示失败。在通信字符内部，协议能够划分消息并检测信号错误，错误后可重试，以控制消息流。

DF1 协议主要分两类：DF1 半双工协议（主从通信）和 DF1 全双工协议（点对点通信）。

DF1 半双工主从协议提供一种多支路单主多从网络通信，主站通过定时轮询从站启动通信。半双工协议是一种支持一主多从通信方式的协议，允许 2 到 255 个节点通过 modem 同时连接到单一链路上。如果只有一个从站，从站可以直接与主站相连。

DF1 全双工协议是点对点的通信协议，主要特点有：在点对点链路中允许同时收发数据，在多支路链路中的交互模块具有数据仲裁功能，高性能的协议实现程序尽可能从传输媒介中获得更大的数据流量。当通过 AB 通信模块连接交互模块时，通信模块自动完成仲裁功能。如果系统对实时性要求不高，则采用半双工通信模式；反之采用全双工通信模式。

全双工与半双工通信的控制字符、数据帧格式、数据处理流程等均不同，需要区别处理。

由于计算机本身没有 RS-485 接口，再加上全双工通信效率更高，因此本书将着重介绍全双工协议。

1. 全双工协议控制字符

全双工协议支持点对点的连接，允许双向同步传输。在端点连接上，接口模块可以仲裁连接上传输的顺序等信息。

（1）字符传输

AB PLC 通过 RS-232 接口发送串行数据，一次 10bit 到 11bit（带奇偶校验）。如果数据长度是 8bit，那么奇偶校验被保留，但要确认计算机是否符合这种模式。字符传输格式见表 3-5。

表 3-5　字符传输格式

无奇偶校验	开始位	数据位 0	数据位 1	数据位 2	数据位 3	数据位 4	数据位 5	数据位 6	数据位 7	停止位	
有奇偶校验	开始位	数据位 0	数据位 1	数据位 2	数据位 3	数据位 4	数据位 5	数据位 6	数据位 7	奇偶校验位	停止位

（2）传输的字符

全双工协议都是面向字符的，它们使用表 3-6 中的 ASCII 控制字符进行控制，第 7 位加一个 0，扩展到 8 位。

表 3-6　控制字符

缩写	十六进制值	二进制值
STX	02	0000 0010

(续)

缩写	十六进制值	二进制值
ETX	03	0000 0011
ENQ	05	0000 0101
ACK	06	0000 0110
DLE	10	0001 0000
NAK	0F	0000 1111

字符组是对连接协议具有特定含义的一个或者多个位的序列。字符组包含的字符必须一个接着一个，中间不能有其他字母。DF1 协议将表 3-6 中列出的字符组合成控制和数据字符，控制字符是 DF1 协议读取特定消息时所需的固定符号，数据字符是包含特定消息应用数据的可变符号。全双工控制字符见表 3-7。

表 3-7　全双工控制字符

字符	类型	作用
DLE STX	控制字符	发送者字符，表示消息帧的开始
DLE ETS BCC/CRC	控制字符	发送者字符，终止消息帧
DLE ACK	控制字符	响应字符，表示消息被成功接收
DLE NAK	控制字符	响应字符，表示消息没有被成功接收
DLE ENQ	控制字符	发送者字符，要求重发一个接收者响应信号
APP DATA	数据字符	值为 000F 和 11FF 的单个字符，包括来自应用层的数据和用户程序以及常用的应用，数据 1016 被发送为 1010（DLE-DLE）
DLE DLE	数据字符	代表数值 1016 Hex

2. 用 DF1 的全双工协议发送和接收数据

在全双工协议中，设备共享相同的数据电路，并且两个设备可以同时"通话"。全双工协议可以比作双车道桥：汽车可以同时在两个方向上行驶。

全双工协议连接两个物理电路，使双向消息同时传输（命令或者回复消息包）。这两个物理电路提供四条逻辑传输路径。全双工消息传输机制如图 3-3 所示。

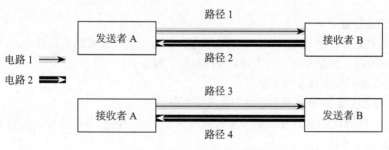

图 3-3　全双工消息传输机制

1）在电路 1 中，发送者 A 向接收者 B 发送消息（路径 1），接收者 A 发送响应控制字符（DLE ACK、DLE NAK）到发送者 B（路径 3）。

2）在电路 2 中，发送者 B 向接收者 A 发送消息（路径 4），接收者 B 发送响应控制字符（DLE ACK、DLE NAK）到发送者 A（路径 2）。

3）电路 1 中的所有消息和字符都是沿着相同的方向（A 到 B）移动，电路 2 中的消息和字符以相反的方向（B 到 A）移动。

3. 全双工的协议环境

AB PLC 使用发送器和接收器实现 DF1 的接收和发送。下面就以发送器和接收器来定义协议环境。

1）发送器需要知道哪里接收它发送的信息。

- 根据发送器的要求一次发一条信息。
- 在传输下一条信息之前，需要通知传输是否成功。

2）接收器必须具有处理消息的机制，见表 3-8。

表 3-8 接收器消息处理机制

如果	那么
消息源是空的	发送器在非活动状态下等待消息可用
接收器已成功接收到消息	接收器尝试将其提供给消息接收缓存器，如果消息接收缓存器已满，则通知接收器

从发送器 A 到接收器 B(路径 1) 的消息符号以及从接收器 B 到发送器 A(路径 2) 的响应代码的发送和接收协议环境如图 3-4 所示。

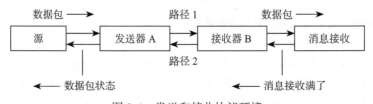

图 3-4 发送和接收协议环境

4. 消息特征

理想状态下，数据链路层协议与在该层上传输的内容或者消息包的格式（链路层数据）没关系，然而全双工协议对数据内容做了规定。

1）链路层数据最小为 6 字节。

2）链路层数据最大大小取决于应用层命令。

3）一些协议的执行要求链路层数据的第 1 个字节匹配节点地址，例如 1771-kg 模块的点对点通信。

4）作为重复消息检测算法的一部分，接收器将链路层数据的第 2、3、5 和 6 字节与前一消息中的相同字节进行比较，如果字节之间没有差异，则消息归类为前一消息的重传。读者可以设置 AB PLC 接口模块的参数，使其不执行重复消息检测。

5. 发送器和接收器传输消息

在全双工协议中，消息源（提供消息包的软件）通过发送器（发送数据的设备）发送数据，然后接收器（接收数据的设备）接收到接收器（接收数据的软件）。

1）发送消息逻辑图如图 3-5 所示。

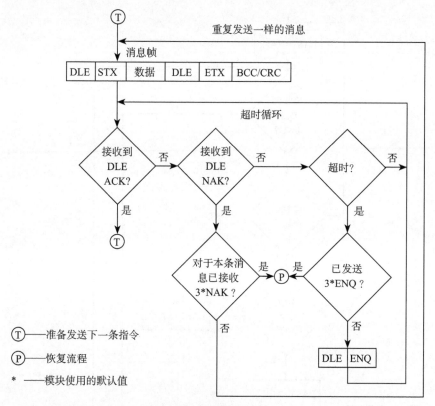

图 3-5　发送消息逻辑图

2）接收器必须能够对有问题的情况做出反应，以下就是接收数据的过程中可能出现的一些问题：

①接收器已满，无法接收下一条消息。

②消息可能包含奇偶校验错误。

③ BCC 或 CRC 校验码不可用。

④ DLE STX 或 DLE ETX BCC/CRC 丢失。

⑤消息太长或太短。

⑥消息外发生错误的控制字符或数据字符。

⑦消息内发生错误的控制字符。

⑧ DLE ACK 反馈丢失导致发送器重复发送了同一条消息给接收器。

接收消息逻辑图如图 3-6 所示。

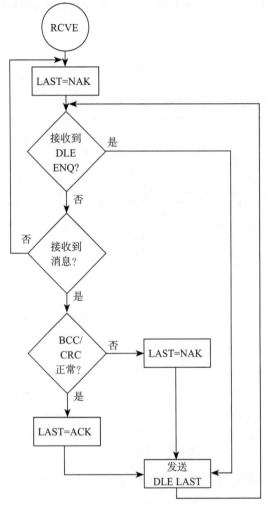

图 3-6　接收消息逻辑图

3）一个完整的发送和接收过程如图 3-7 所示。

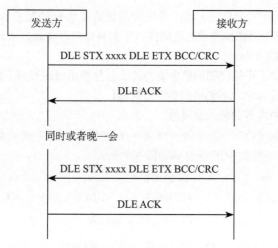

图 3-7　发送和接收过程

3.1.3　DF1 消息帧结构

1. 数据链路层消息帧

数据链路层帧的特点如下：

- 全双工协议在不同的网络层实现其消息字段；
- 末个轮询和消息帧的末尾有 1 字节的 BCC 字段或 2 字节的 CRC 字段。

下面就开始介绍消息帧结构。

全双工协议实现不同的消息帧，这取决于网络层。图 3-8 显示了全双工消息帧的结构。

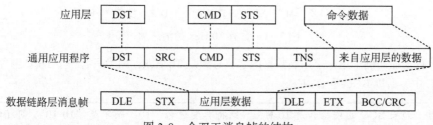

图 3-8　全双工消息帧的结构

BCC/CRC 字段包含 DLE STX 和 DLE ETX 之间的所有应用层数据的 8 位和的二进制补码。它不包括任何响应字符，可以使用块校验符（BCC）或者 16 位循环冗余校验（CRC16）对 BCC/CRC 字段进行错误检查。

2. BCC 和 CRC

在每一个轮询帧和每个消息帧的末尾，有 1 字节的 BCC（块检查字符）域，或者

2 字节的 CRC（循环冗余检查）域。通过开关设置或者软件配置选择 BCC 或 CRC。任一域都能验证每个消息帧传输的准确性。下面对这两种校验方法分别进行介绍。

（1）BCC 校验方法

BCC 算法提供了中等级别的数据安全性，但是使用时注意以下两点：

- 在传输的过程中，不能检测到字节的移位。
- 不能检测帧内零的插入或删除。

以全双工协议 BCC 计算为例，如果一个消息帧包含十进制数据 08、09、06、00、02、04 和 03，那么 BCC 消息帧如图 3-9 所示。

10	02	08 09 06 00 02 04 03	10	03	E0
DLE	STX	APP DATA	DLE	ETX	BCC

图 3-9　BCC 消息帧

APP DATA 部分的和是 32，那么转换为十六进制就是 20 Hex。BCC 校验是这个和的二补数（即二进制补码）运算，本例的二补数运算结果就是 E0 Hex。二补数是一种用二进制位表示有号数的方法，也是一种将数字的正负号进行编号的方式。一个数字的二补数就是将该数字做原位的反运算（即二进制反码），再将结果加 1，即为该数字的二补数。二补数算法如图 3-10 所示。

```
0010 0000  20 Hex
1101 1111  二进制反码
      +1
1110 0000  二补数（E0 Hex）
```

图 3-10　二补数算法

要点：若要传输 10 Hex，则必须使用数据字符 DLE DLE 表示。但是，这些 DLE 数据中只有一个包含在 BCC 总和中，例如传输十六进制数据 08、09、06、00、04 和 03，消息帧如图 3-11 所示。

10	02	08 09 06 10 02 04 03	10	03	D2
DLE	STX	APP DATA（DLE DLE）	DLE	ETX	BCC

图 3-11　含有 10 Hex 的消息帧

在上面的例子里，应用层数据的字节总和是 2E Hex，因为只有一个 DLE 包含在 BCC 中，所以 BCC 是 D2 Hex。

注意　如果 BCC 的校验和是 10 Hex，则将其发送为 "10" 而不是 "10 10"，即 BCC 不会被视为数据。

（2）CRC 校验方法

AB PLC 采用 CRC-16/ARC 算法。下面说明这种 CRC 算法的计算方法。

1）在消息帧开始时，发送器清除 16 位用于存储 CRC 值的寄存器。

2）把第 1 个 8 位二进制数据（即通信信息帧的第 1 个字节）与 16 位 CRC 寄存

器的低 8 位相异或，把结果放于 CRC 寄存器中，高 8 位数据不变。

3）把 CRC 寄存器的内容右移一位（朝低位），用 0 填补最高位，并检查右移后的移出位。

4）如果移出位为 0，则重复第 3 步（再次右移一位）；如果移出位为 1，则 CRC 寄存器与 A001（1010 0000 0000 0001）进行异或。

5）重复步骤 3 和步骤 4，直到右移 8 次，这样整个 8 位数据全部进行了处理。

6）重复步骤 2 到步骤 5，进行通信信息帧下一个字节的处理。

7）该通信信息帧所有字节按上述步骤计算完成后，将得到的 16 位 CRC 寄存器的高、低字节进行交换。

8）最后得到的 CRC 寄存器内容即为 CRC 码。

9）ETX 值传送完后，传送 CRC 寄存器中的值。接收器也计算 CRC 值，并将其与接收到的 CRC 值进行比较，以验证收到的数据的准确性。

下面是个实际的帧，你可以用下面的字符串验证 CRC 计算程序。按照上面的步骤，需要计算的 CRC 字符段为 DLE STX 到 DLE ETX 之间的字符，那么需要校验的就是 07 11 41 00 53 B9 00 00 00 00 00 00 00 00 00 00 00 00+03（ETX），如图 3-12 所示。

10 | 02 | 07 | 11 | 41 | 00 | 53 | B9 | 00 00 00 00 00 00 00 00 00 00 00 00 | 10 | 03 | 6B 4C

图 3-12 CRC 校验例子

3.1.4 应用层数据包

本节主要讲解应用层软件程序设计和应用层使用的消息包结构。应用层主要使用应用程序发送和接收消息。应用程序分为两种，即命令发起者和命令执行者，这两种应用程序的功能见表 3-9。

表 3-9 命令发起者和命令执行者的功能

应用程序	发送
命令发起者	命令消息指在特定远程节点上执行的命令功能。每个命令消息都需要一条消息回复。命令发起者必须检查错误代码，并且根据错误类型重新传输消息或者通知用户。命令发起者还应该使用计时器来识别噪声或其他因素导致丢失的回复消息。如果时间限制在发起者收到回复之前到期，则发起者可以重新发送或者通知用户
命令执行者	回复消息，负责解释和执行命令消息。执行者必须为其收到的每个命令发出回复消息。如果执行程序无法执行命令，则必须发送相应的错误代码

在 AB PLC 内部，Allen Bradley 异步接口模块使用路由子程序和消息序列，当模块接收到异步连接上的消息时，它将消息放入排队序列。然后，路由子程序从序列里选出消息，并通过 DH、DH+ 或 DH485 网络传输消息。模块还对从网络接收的消息进行排序，路由子程序接收到这些消息，并通过异步连接重新传输它们。

1. 消息包格式

大部分设备发送和接收消息包的结构如图 3-13 所示。

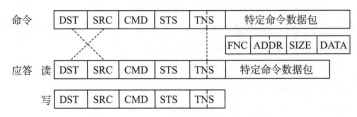

图 3-13 发送和接收消息包的结构

这些字段在链路上从左向右传输，具体解释见表 3-10。

表 3-10 消息包字段具体解释

字段	内容
DST	消息的目的节点，DF1 范围为 0 ～ 376
SRC	消息的源节点，DF1 范围为 0 ～ 376
FNC	功能码
CMD	指令码
ADDR	内存地址（2 字节）
STS	状态码
EXT STS	扩展状态码
SIZE	传输的字节数
TNS	交易码（2 字节）
DATA	消息中的数据字节和数量，取决于正在执行的命令或函数

注意　SRC、CMD 和 TNS 的组合是每个消息包里的唯一标识，必须与上一个消息包中的相应字符段不同。如果相同，则忽略该消息，并将其视为一个副本；如果接收模块启用了"忽略重复消息"选项，则此消息将被忽略。

下面对每个字段进行更详细的讲解。

（1）DST 和 SRC

通过交换相应命令消息的 DST 和 SRC，形成应答消息的 DST 和 SRC，如图 3-14 所示。

（2）CMD 和 FNC

这两个字段一起工作，定义命令消息在目的节点要执行的内容。这些字段的内容由应用程序产生。消息

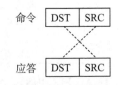

图 3-14 DST 和 SRC 交换

格式取决于 CMD 和 FNC 的值，CMD 为命令类型，FNC 为命令类型下的特定功能，CMD 格式如图 3-15 所示。

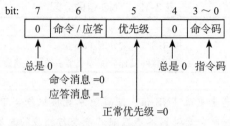

图 3-15　CMD 格式

举例：PLC-2 指令 enter download mode

发送 =00000111（07 Hex）

应答 =01000111（47 Hex）

高优先级发送（DH only）=00100111（27 Hex）

高优先级应答（DH only）=01100111（67 Hex）

（3）STS 和 EXT STS

这些字段表示消息传输的状态，传输正确返回 0，传输错误返回非零字符，解释见表 3-11。

表 3-11　STS 和 EXT STS 解释

字段	消息类型	值
STS（状态码）	命令	如果是应用程序，则设为 0
	应答	如果执行指令没问题，则设为 0
EXT STS（扩展状态码）	应答	如果有一个消息有错误，则不等于 0

注：只有当 STS=F0 时，消息才包括 EXT STS 部分。

STS 用不同的位来表示应用层和链路层的传输错误信息，其位解析如图 3-16 所示。

有关 STS 和 EXT STS 错误代码的更多信息，参见 3.2.2 节。

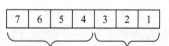

应用层使用这些位，表示命令在目的节点执行命令时发生错误　链路层使用这些位来报告当链路层试图通过链路传输消息时发生错误

图 3-16　STS 位解析

（4）TNS

TNS 包含唯一的 16 位标识符，通过维护一个 16 位计数器来生成这个数字。每次应用程序创建新消息时递增计数器，并将计数器值存储在新消息的两个 TNS 字节中。多任务环境必须使用 TNS 计数器，并且读取和增加 TNS 必须是不可分割的。TNS 包含两字节，发送时低字节在前，高字节在后。TNS 字段如图 3-17 所示，TNS 值的分配见表 3-12。

图 3-17　TNS 字段

表 3-12 TNS 值的分配

指令发送者	值
PLC	接口模块自动分配 TNS 值
计算机	应用软件编程分配一个唯一的十六进制值

注意 不要在应答消息中更改 TNS 值，应答消息直接把命令 TNS 复制过去就行。如果更改此值，则命令启动器不能匹配其命令与相应的应答消息。

（5）ADDR

ADDR（地址）包含命令执行器中要执行命令的存储器位置的开始字节地址，但 SLC500 处理器除外，它的 ADDR 被解释为字地址。

SLC 5/02、SLC 5/03 和 SLC 5/04 处理器可以将 CIF 寻址模式位 S:2/8 设置为 1，以将 ADDR 的解释更改为字节地址，使其与其他 PLC 处理器兼容。例如，如果命令要从命令执行器读取数据，那么 ADDR 指定要读取数据第 1 字节的地址。ADDR 字段如图 3-18 所示。

在某些情况下，当从基本命令集向 PLC-3、PLC-5、PLC-5/250 或 SLC500 处理器发送命令时，必须创建特殊文件以接收数据。

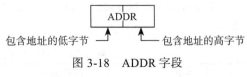

图 3-18 ADDR 字段

注意 ADDR 字段指定的是在 PLC 数据表中字节的地址，而不是字的地址。在后文中有如何解释 PLC 字到字节地址转换的相关内容。

（6）SIZE

消息要传输的数据字节数。此字段出现在 read 命令中，其中指定响应节点在其应答消息中必须返回的数据字节数。其大小随命令的类型而变化。PLC-5 和 PLC-5/250 键入读写命令，该字段指元素的数量，而不是字节。在 PLC-5 中键入 read 和写命令，该字段为两字节长：先传输低字节，后传输高字节。

2. 通信指令

此部分叙述了发送通信指令给 Allen Bradley PLC 时应该使用的格式，并列出了通信指令的约定。下面开始描述指令如何使用。这些命令的消息包括 STS，可能还有包含状态和错误代码信息的 EXT STS 字段。有关这些字符的更多信息，请参阅 3.2.2 节。如果有些 PLC 数据涉及安全，不想被这些指令影响，那么需要使用以下的设置提前做数据保护：使用 PLC-5/11、-5/20、5/30、-5/40、-5/60 或 -5/80 处理器，可以指定权限，保护数据文件不被写入访问 DH+ 链接；使用 SLC 5/02、5/03 或 5/04 处理器，可以指定静态文件保护，保护数据文件不被写入并防止从任何通信通道访问。

在一些情况下，接口模块能够通过设置 PLC/SLC 点来拒绝命令输入，具体要看 PLC 的手册描述。

表 3-13（见本书配套资源包）为 DF1 通信指令，是 PLC 型号和对应指令的列表，第 1 列为命令，第 2 列为 CMD（十六进制），第 3 列为 FNC（十六进制），第 1 行其他部分为 PLC 型号，对应的列有√的意思是这种 PLC 支持这个命令。如果向 PLC 发送不支持的指令，则会发生不可预知的错误。

由于指令和 PLC 型号太多，我们着重讲一下具有代表性的 MicroLogix1000 相关指令。如果要了解其他指令，请自行查阅相关 PLC 手册。下面开始介绍指令，C 为发送指令，R 为指令的回复。

（1）change mode

1）改变 MicroLogix PLC 模式的指令，指令消息如图 3-19 所示。

| C | DST | SRC | CMD 0F | STS | TNS | FNC 3A | Mode xxh |
| R | SRC | DST | CMD 4F | STS | TNS | EXT STS | |

Mode：01=program 模式（REM program）
02=run 模式

图 3-19　MicroLogix PLC change mode 指令消息

2）改变 SLC 5 系列（包括 500、5/03、5/04）的模式，只有钥匙在 REM 位置才起作用，指令消息如图 3-20 所示。

| C | DST | SRC | CMD 0F | STS | TNS | FNC 80 | Mode xxh |
| R | SRC | DST | CMD 4F | STS | TNS | EXT STS | |

Mode：01=program 模式（REM program）
06=run 模式（REM run）
07=TEST-Cont.Scan 模式（REM Test）
08=TEST-Single Scan 模式（REM Test）
07=TEST-Debug Single Step 模式（REM Test）
SLC 500 和 SLC 5/01 PLC 不支持 09 模式

图 3-20　SLC PLC change mode 指令消息

（2）close file

关闭 PLC 的文件，当程序文件被打开并写完后将其关闭，指令消息如图 3-21 所示。

| C | DST | SRC | CMD 0F | STS | TNS | FNC 82 | Tag |
| R | SRC | DST | CMD 4F | STS | EXT STS | | |

图 3-21　close file 指令消息

（3）diagnostic status

从接口模块读取状态模块的信息，返回的状态内容在下面的数据部分，状态信息随接口模块的类型而变化，指令消息如图 3-22 所示。

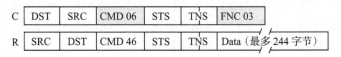

图 3-22　diagnostic status 指令消息

（4）disable force

取消 I/O 的强制功能，所有的强制将被取消，指令消息如图 3-23 所示。

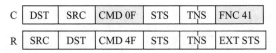

图 3-23　disable force 指令消息

（5）download completed

下载完整系统后使用，使处理器回到之前的模式，指令消息如图 3-24 所示。

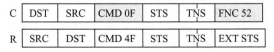

图 3-24　download completed 指令消息

（6）echo

检查通信连接上传输的完整性。命令消息将最多 243 字节的数据传输到节点接口模块。接收模块应对此进行回复，并通过将相同的数据传回原始节点来执行命令，指令消息如图 3-25 所示。

图 3-25　echo 指令消息

（7）initialize memory

重置处理器的内存目录，不重置通信设置，指令消息如图 3-26 所示。

图 3-26　initialize memory 指令消息

（8）open file

打开 PLC 处理器的文件，如果文件成功打开，则返回一个标签（低字节，高字节），指令消息如图 3-27 所示。

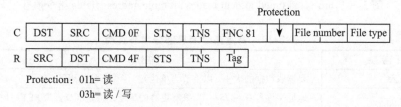

Protection：01h= 读
　　　　　03h= 读 / 写

图 3-27　open file 指令消息

指令消息里的 Tag 用于命令 protected type file read 或者 protected type file write，Tag 也可用于关闭文件。如果回复有错误，那么 Tag 也可能被 EXT STS 代替。

（9）protected typed file read

从 PLC 打开的文件读取数据，指令消息如图 3-28 所示。

| C | DST | SRC | CMD 0F | STS | TNS | FNC A7 | Size | Tag | Offset | File type |
| R | SRC | DST | CMD 4F | STS | TNS | Data |

图 3-28　protected typed file read 指令消息

其中，Offset 是文件中读取数据起始地址的偏移量；Size 是读取数据的大小，MicroLogix 1000 为 0 ～ 248 字节，SLC 500、5/01、5/02 为 0 ～ 96 字节。

（10）protected typed file write

将数据写入 PLC，对于 MicroLogix 1000，这个命令可用于更新终端 ID。（为此，Size=02h，Tag=4176，Offset=0000，File tpye=90，两个字节的数据就是终端 ID，低字节优先。）指令消息如图 3-29 所示。

| C | DST | SRC | CMD 0F | STS | TNS | FNC AF | Size | Tag | Offset | File type | Data |
| R | SRC | DST | CMD 4F | STS | TNS | EXT STS |

图 3-29　protected type file write 指令消息

其中，Offset 是文件中读取数据起始地址的偏移量，Size 是读取数据的大小，MicroLogix 1000 为 0 ～ 241 字节，SLC 500、5/01、5/02 为 0 ～ 89 字节。

（11）protected typed logical read with three address fields

从 PLC 的逻辑模块读取数据，指令消息如图 3-30 所示，特定命令消息部分字节解释见表 3-14。

| C | DST | SRC | CMD 0F | STS | TNS | FNC A2 | Byte size | File No. | File type | Ele. No. | S/Ele. No. |

| R | SRC | DST | CMD 4F | STS | TNS | Data | EXT STS |

图 3-30　protected typed logical read with three address fields 指令消息

表 3-14　特定命令消息部分字节解释

字段	描述
Byte size	要读取数据的大小（以字节为单位），不包括地址字段
File number	地址文件号 0 ～ 254，如果有更高的地址，将此字节置为 FF 并且扩展为 3 字节总数，使用扩展地址的第 2 字节和第 3 字节
File type	采用下面的这些值中的一个，不要选择其他值，否则会导致不可预测的错误 • 80 ～ 83 Hex：保留 • 84 Hex：status • 85 Hex：bit • 86 Hex：timer • 87 Hex：counter • 88 Hex：control • 89 Hex：integer • 8A Hex：floating point • 8B Hex：output logical by slot • 8C Hex：input logical by slot • 8D Hex：string • 8E Hex：ASCII • 8F Hex：BCD
Element number	元素地址 0 ～ 254，如果有更高的地址，将此字节置为 FF 并且扩展为 3 字节总数，使用扩展地址的第 2 字节和第 3 字节
Sub-element number	子元素地址 0 ～ 254，如果有更高的地址，将此字节置为 FF 并且扩展为 3 字节总数，使用扩展地址的第 2 字节和第 3 字节
Data	读取的数据

（12）protected typed logical write with three address fields

将数据写入 PLC 的逻辑模块，指令消息如图 3-31 所示，特定命令消息部分字节解释见表 3-15。

| C | DST | SRC | CMD 0F | STS | TNS | FNC AA | Byte size | File No. | File type | Ele. No. | S/Ele. No. | Data |

| R | SRC | DST | CMD 4F | STS | TNS | EXT STS |

图 3-31　protected typed logical write with three address fields 指令消息

表 3-15 特定命令消息部分字节解释

字段	描述
Byte size	要写入数据的大小（以字节为单位），不包括地址字段或者开销字节
File number	地址文件号 0 ～ 254，如果有更高的地址，将此字节置为 FF 并且扩展为 3 字节总数，使用扩展地址的第 2 字节和第 3 字节
File type	采用下面的这些值中的一个，不要选择其他值，否则会导致不可预测的错误 • 80 ～ 83 Hex：保留 • 84 Hex：status • 85 Hex：bit • 86 Hex：timer • 87 Hex：counter • 88 Hex：control • 89 Hex：integer • 8A Hex：floating point • 8D Hex：string • 8E Hex：ASCII
Element number	元素地址 0 ～ 254，如果有更高的地址，将此字节置为 FF 并且扩展为 3 字节总数，使用扩展地址的第 2 字节和第 3 字节
Sub-element number	子元素地址 0 ～ 254，如果有更高的地址，将此字节置为 FF 并且扩展为 3 字节总数，使用扩展地址的第 2 字节和第 3 字节
Data	写入的数据

对 PLC 文件的读写需要了解每个类型 PLC 文件的存储规则，我们以 MicroLogix 1000 的内存文件为例，其所包含的数据类型组织如下。

1）O0，输出文件 Output (file 0)，存储输出模块的状态。

2）I1，输入文件 Input (file 1)，存储输入模块的状态。

3）S2，状态文件 Status (file 2)，存储控制器操作信息，用于控制器故障诊断和程序操作。系统状态文件向用户提供用户程序所使用指令的相关信息，指示错误的诊断信息、处理器方式、扫描时间、波特率、系统节点地址等数据。熟悉状态文件中每个字的含义可以为编程诊断和调试带来方便。

4）B3，位文件 Bit (file 3)，用于存储内部继电器逻辑。

5）T4，计时器 Timer (file 4)，存储计时器累加值、预设值以及状态位。

6）C5，计数器 Counter (file 5)，存储计数器累加值、预设值以及状态位。

7）R6，控制 Control (file 6)，存储数据的长度、位指针位置以及位状态，用于需要文件操作的一些指令，如移位寄存器指令和顺序器指令。

8）N7，整数 Integer (file 7)，存储数字值和位信息，用于放置一个 16 位的字。

每个数据文件类型被标示为一个字母和一个数字文件号，见表 3-16。

表 3-16   文件类型对应文件号

文件类型	标识符	文件号
Output	O	0
Input	I	1
Status	S	2
Bit	B	3
Timer	T	4
Counter	C	5
Control	R	6
Integer	N	7

数据文件的类型要结合表 3-14、表 3-15 和表 3-16 一起来定义，数据文件的地址由文件名称、文件号、元素名、字号及位构成，相互之间用一定的分隔符分开，不同数据类型的每个元素具有的字数不同，有单字元素（输入 / 输出文件）和三字元素（计时器和计数器文件）。

（13）read diagnostic counter

从接口模块的 PROM 或者 RAM 里读取最多 244 字节的数据，可以使用此命令读取模块的诊断计时器和计数器，指令消息如图 3-32 所示。

图 3-32   read diagnostic counter 指令消息

（14）reset diagnostic counter

重置节点接口中的所有诊断计时器和计数器模块为零，指令消息如图 3-33 所示。

图 3-33   reset diagnostic counter 指令消息

（15）read link parameter

读取 DH485 参数，指令消息如图 3-34 所示。

图 3-34   read link parameter 指令消息

（16）set link parameter

设置 DH485 参数，指令消息如图 3-35 所示。

C	DST	SRC	CMD 06	STS	TNS	FNC 0A	Address 0000	Size 01	Data

R	SRC	DST	CMD 46	STS	TNS

图 3-35　set link parameter 指令消息

（17）unprotected read

从公共接口文件（CIF）读取数据。SLC 500 CIF 是数据文件 9，MicroLogix 1000 CIF 是整数文件 7。这个命令用于读取 PLC 中的保护文件，指令消息如图 3-36 所示。

C	DST	SRC	CMD 01	STS	TNS	ADDR	Size

R	SRC	DST	CMD 41	STS	TNS	Data

图 3-36　unprotected read 指令消息

其中，Address 为 CIF 文件里的逻辑偏移，Size 为从偏移地址开始的字节数。

（18）unprotected write

写数据到 CIF。SLC 500 CIF 是数据文件 9，MicroLogix 1000 CIF 是整数文件 7，指令消息如图 3-37 所示。

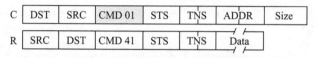

C	DST	SRC	CMD 08	STS	TNS	Address Low|High	Data（由发送数据说明大小）

R	SRC	DST	CMD 48	STS	TNS

图 3-37　unprotected write 指令消息

其中，Address 为 CIF 文件里的逻辑偏移，Data 为要写入的数据。

> **注意**　以上大部分指令的应答消息都含有 ETX STS，但是只有在出现错误时，才可以将 EXT STS 字段附加到应答包中。

3.2　模块诊断

3.2.1　诊断计数器

诊断计数器是存储在每个模块的 RAM 中的信息字节。计数器占用模块内部 RAM，大多数是单字节计数器，溢出时会被置零。它们记录可用于调试和长期可靠性分析的事件。

这些计数器为诊断问题提供了有用的工具。例如，ACK 超时计数器和错误轮询计数器可用于诊断电缆连接错误、链路嘈杂或安装过载，还可以使用计数器来确定已发送消息（从远程节点成功返回 ACK）与发送命令的比率。

若要读取诊断计数器，则可以使用 diagnostic read 命令读取诊断计数器的状态，但是不同型号的 PLC 或者同一型号 CPU 的不同版本都会导致诊断计数器位置不同，所以首先通过向 PLC 发送 diagnostic status 命令来请求计数器的位置，然后基于返回的地址，使用以下计数器的数量作为偏移量进行计算：

- 所需计数器的位置；
- 需要返回多少个计数器值。

然后，使用此信息格式化 diagnostic read 命令。诊断读取命令的回复包含存储在计数器中的数据。对于 PLC-5 和 SLC 500 处理器，ADDR 的值是 0，回复包含整个计数器块。

3.2.2 消息包状态码

本节将解释异步连接消息分组中出现的状态代码。使用异步连接状态码来确定从计算机发送到 DH、DH+ 或 DH485 连接上另一个设备的命令状态。在这些字节中，异步状态码在消息包中传送：

- STS；
- EXT STS（某些命令需要扩展状态码）。

1. STS

STS 提供有关从计算机发送的相应命令执行成功或失败的信息。如果应答返回的代码是 00，则在 PLC 里命令成功执行。STS 错误类型分类见表 3-17。

表 3-17　STS 错误类型分类

错误类型	出现条件
Local	本地节点无法向远程节点发送消息。本地节点接口将命令传回，向 STS 填充适当的代码，并将其返回计算机
Remote	命令成功地传输到远程节点，但远程节点无法执行命令。远程节点在 STS 中用远程错误代码格式化应答消息

STS 的高低位分别表示不同的内容，其解析如图 3-38 所示。

图 3-38　STS 解析

（1）Local STS 错误代码

Local STS 错误代码包含本地节点发现的错误（十六进制），代码解释见表 3-18（见本书配套资源包）。

本地节点的 09 ～ 0F（Hex）STS 不能使用。

（2）Remote STS 错误代码

Remote STS 错误代码是由远程节点接收命令时发现的错误（十六进制），代码解释见表 3-19（见本书配套资源包）。

2. EXT STS

如果 STS 是 F0（十六进制），则有一个 EXT STS，此字节的定义根据消息包中的命令代码（或命令类型）而变化，解释见表 3-20（见本书配套资源包）。

3.3 大型 Control Logix 系列 PLC 的 DF1 通信

Control Logix 系列 PLC 同样支持 DF1 协议，但是它的数据存储与 SLC/PLC5、Micro Logix 系列 PLC 不同，以 Logix5000 控制器为例，它在控制器上存储标签名，将数据存储在标签中并使用标签符号名称来管理和创建变量，这样也便于其他设备读取或写入数据，而不必知道物理内存的位置。许多中小型号的 PLC（例如 PLC-5、SLC、Micro Logix）则将数据存储在数据文件中，以数据文件来管理变量。DF1 协议直接访问 PLC 的内存文件，但是无法直接读取 PLC 的标签数据，因此 Logix5000 控制器提供了 PLC/SLC 映射功能，能将 Logix 标签名映射到 PLC/SLC 的数据文件中，这样就能与中小型的 PLC 控制器互相调用数据，并且 DF1 也能通过这种映射的数据文件来读取或写入 Logix 控制器的存储区。

1. 数据映射

（1）映射标签时需要遵循的原则

1）只有消息中用到的标签才需要映射到文件号，消息不用的标签不用映射。

2）映射表下载到控制器中后，计算机访问文件号就等于直接访问映射的标签。

3）Logix 控制器只能映射控制器范围内的标签。

4）不要使用文件号 0、1 和 2，这些文件被保留用于 PLC-5 处理器中的 Output、Input 和 Status 文件。

5）仅将 PLC-5 映射用于数据类型为 INT、DINT 或 REAL 的标签数组，见表 3-21。

6）使用表 3-21 中的数据类型和文件标识符。

表 3-21 Logix5000 和 PLC-5 数据映射

Logix5000 数据类型	PLC-5 文件标识符
INT 数组	N 或 B
DINT 数组	L
REAL 数组	F

（2）Logix5000 控制器映射的步骤

1）单击 RSLogix5000 的 Logic → Map PLC/
SLC Messages...，菜单如图 3-39 所示。

2）进入 Mapping 对话框，如图 3-40 所示。
对话框一共两列，第 1 列是文件号，该文件号
（0 ～ 999）不要与上面的文件号相混淆，上边
的文件号都有特指（例如 07 代表 N7），这里
的文件号只是文件标记，它取决于第 2 列选择
标签的数据类型，如果数据类型是 INT，那么
根据表 3-21，文件标识符为 N 或者 B。例如文
件号是 8，那么就代表 N8。文件号可以是 N9、

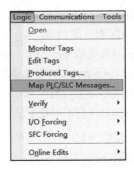

图 3-39   RSLogix5000 的 Logic 菜单

N10，最大到 N999。第 2 列是标签名，这个标签名需要从下拉列表框里选择，那么
图 3-40 就代表标签 CipTestTag 映射到了 N7 或 B7，CipTestTag1 映射到了 N8 或者
B8，因此用 DF1 读写 N8 就相当于读写标签 CipTestTag1，这样就比旧的 PLC 存储
区的文件编号有了更大的灵活性。

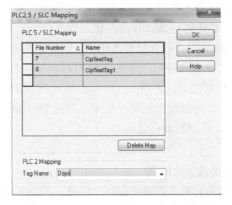

图 3-40   PLC2,5/SLC Mapping 对话框

对应的标签设置如图 3-41 所示。

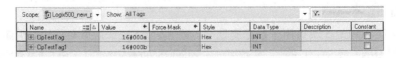

图 3-41   对应的标签设置

2. 访问 Logix5000 需要的 DF1 命令

Logix5000 支持下列 DF1 命令：

1）PLC5/PLC3/SLC505 typed read/write (FNC 67, 68)；

2）PLC5/PLC3 word range read/write (FNC 00, 01)；

3）SLC typed read/write (FNC A2, AA, AB)；

4）PLC2 unprotected read/write (CMD 01, CMD 08)。

3.4 DF1 协议编程举例

下面的 PLC 通信软件是用 Visual Studio 2015 编写的通信工具。在计算机侧通过这个软件可以与 AB 的 PLC 进行通信。下面我们就以 3.1 节常用的 MicroLogix1100 读取和写入命令 protected typed logical read with three address fields 和 protected typed logical write with three address fields 为例，开发通信工具。计算机通信工具对话框如图 3-42 所示，包括 3 部分：第 1 部分是串口设定，主要是 COM 口的一些常用设定，例如串口、波特率、数据位、校验位、停止位等，需要与 PLC 的串口设置保持一致；第 2 部分是命令组成部分的设置；第 3 部分是发送和接收数据的显示位。使用这个软件时，第 1 步先参考 PLC 通道端口的设置进行 COM 口设定并单击"打开串口"按钮，打开串口；第 2 步设置命令内容，内容设置完后，单击"发送 / 接收"按钮，开始发送和接收数据。

图 3-42 计算机通信工具对话框

3.4.1 计算机与 Micro Logix1100 通信举例

1. 硬件连接

Micro Logix1100 PLC 本身有一个圆口的串行端口，计算机的串行端口是一个 D9 口，因此我们需要有一个串口转换电缆。可以自己做一个，也可以用 AB 的官方电缆。这里用的是 AB 官方推荐的 Allen-Bradley 通信电缆，型号为 1761-CBL-PM02.3ER.C，用它把计算机与 PLC 的串口连接起来，PLC 通道设置如图 3-43 所示。

2. 向 PLC 写数据

根据第 1 步 PLC 端通道 0 的设置，设置软件的串口设定部分，然后单击"打开串口"。注意：串口设定部分的参数需要与图 3-43 PLC 侧的串口设置完全一样，否则通信会有问题。串口打开后，

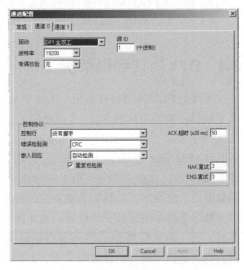

图 3-43　PLC 通道设置

假设我们想写入 PLC N7:0 通道的数据为 0200 Hex，那么命令行设置如图 3-44 所示。

图 3-44　写数据命令行设置

1）发送数据字符段定义如下：

DATAFILE FILE ELE. S/ELE

DLE	STX	DST	SRC	CMD	STS	<u>TNS</u>	FNC	SIZE	NO	TYPE	NO	NO
10	02	01	00	0F	00	18 00	AA	02	07	89	00	00

<u>DATA</u>	DLE	ETX	<u>CRC</u>
02 00	10	03	24 89

2）接收数据字符段定义如下：

DLE	ACK	DLE	STX	DST	SRC	CMD	STS	<u>TNS</u>	DLE	EXT	<u>CRC</u>
10	06	10	02	00	01	4F	00	18 00	10	03	94 19

3）命令发送完毕后，PLC 的 N7：0/1 被置 1，如图 3-45 所示。

图 3-45　N7：0 通道数据

3. 从 PLC 读数据

假设我们想读 N7：0 通道数据，那么命令行设置如图 3-46 所示。

1）发送数据字符段定义如下：

DATA FILE FILE ELE. S/ELE

DLE	STX	DST	SRC	CMD	STS	<u>TNS</u>	FNC	SIZE	NO	TYPE	NO	NO
10	02	01	00	0F	00	01 00	A2	02	07	89	00	00

DLE	ETX	<u>CRC</u>
10	03	62 B0

2）接收数据字符段定义如下：

DLE	ACK	DLE	STX	DST	SRC	CMD	STS	<u>TNS</u>	<u>DATA</u>	DLE	EXT
10	06	10	02	00	01	4F	00	01 00	02 00	10	03

<u>CRC</u>

A3 09

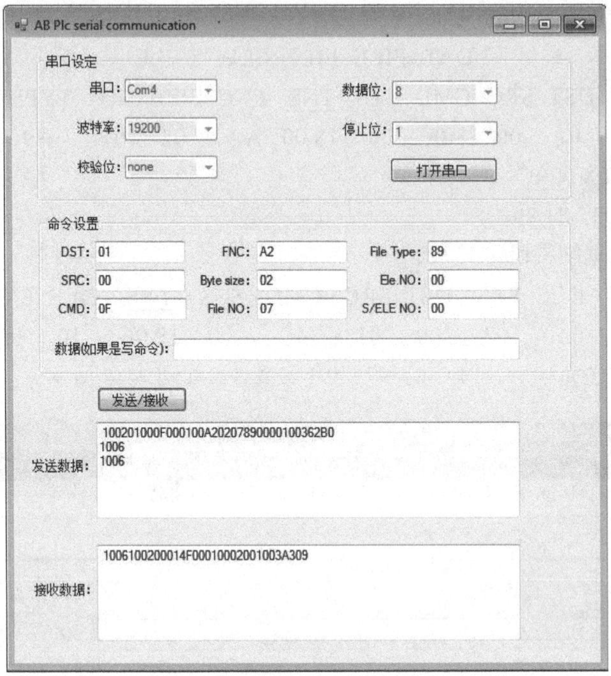

图 3-46　读数据命令行设置

3.4.2　计算机与 Logix5000 通信举例

1. 硬件连接

Logix5000 PLC CPU 本身有一个 D9 的串行端口，计算机的串行端口也是一个 D9 口，因此需要一根串口电缆。这里选择的是 Logix5000 通信电缆，型号为 1756-CP3，用它把计算机和 PLC 的串口连接起来。或者自行制作一根电缆，线序如图 3-47 所示。

1）RSLogix5000 连接 Logix5000 后，需要如图 3-48 所示设置 System Protocol。

2）按照图 3-49 设置串口。

2. 向 PLC 写数据

根据图 3-49 的串口设置，设置软件的串口设定部分，然后单击"打开串口"。串口打开后，假设我们想写入 PLC N8 通道的数据为 0B00 Hex（N8 描述参考 3.3 节），那么命令行设置如图 3-50 所示。

1）发送数据字符段定义如下：

DLE	STX	DST	SRC	CMD	STS	TNS	FNC	DATA SIZE	FILE NO	FILE TYPE	ELE. NO	S/ELE NO
10	02	01	00	0F	00	00 00	AA	02	08	89	00	00

DATA DLE ETX CRC
0B 00 10   03 75 2B

2）接收数据字符段定义如下：

DLE ACK DLE STX DST SRC CMD STS TNS DLE EXT CRC
 10   06   10   02   00   01   4F   00   00 00   10   03   14 1E

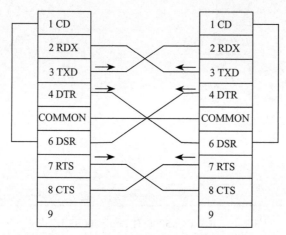

图 3-47 计算机与 Logix5000 通信电缆线序

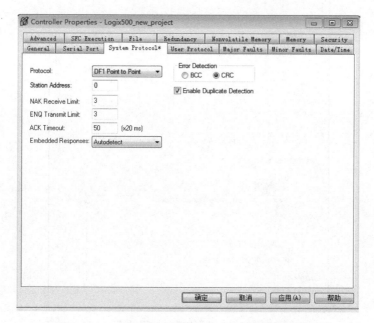

图 3-48 RSLogix5000 对 Logix5000 通信协议设置

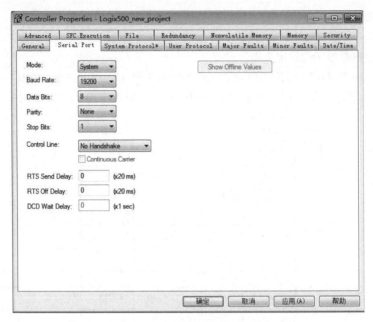

图 3-49   RSLogix5000 对 Logix5000 串口设置

图 3-50   写数据命令行设置

3）命令发送完毕后，Logix5000 PLC 的 N8 被置为 0x000B，如图 3-51 所示。

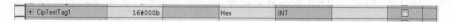

| + CipTestTag1 | 16#000b | Hex | INT | ☐ |

图 3-51　RSLogix5000 显示 Logix5000 标签 CipTestTag1 的值

3. 从 PLC 读数据

假设我们想读 N8：0 通道数据，那么命令行设置如图 3-52 所示。

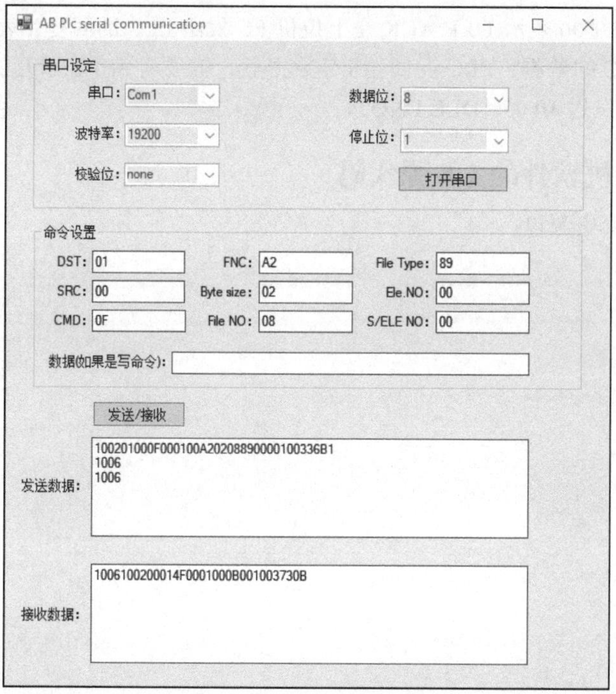

图 3-52　读数据命令行设置

1）发送数据字符段定义如下：

									DATA	FILE	FILE	ELE.	S/ELE
DLE	STX	DST	SRC	CMD	STS	TNS	FNC	SIZE	NO	TYPE	NO	NO
10	02	01	00	0F	00	01 00	A2	02	07	89	00	00

DLE	ETX	CRC
10	03	36 B1

2）接收数据字符段定义如下：

DLE	ACK	DLE	STX	DST	SRC	CMD	STS	TNS	DATA	DLE	EXT	CRC
10	06	10	02	00	01	4F	00	01 00	0B 00	10	03	73 0B

关于 3.4.1 节和 3.4.2 节涉及的命令字符的更详细解释请参考 3.1 节的相关内容。另外，DATA、CRC 和 TNS 字节都是低字节优先，例如发送和接收的数据为 0B00 Hex，但实际为 00B Hex。

如果在读写通信的过程中有错误，那么在 DLE EXT 前面将会有 EXT STS 字段，若上面接收到的数据 DATA 后直接就是 DLE EXT，则表示通信没有错误，注意这个问题。

上面对话框的发送数据栏一共有 3 条命令，第 1 条是发送的正式命令行，第 2 行和第 3 行的 10 06 表示 DLE ACK 是上位机 PC 发给 PLC 的回复，表示正确接收到了 PLC 发给 PC 的数据，PLC 返回给 PC 数据后，需要等待 PC 回复 DLE ACK，否则 PLC 会重复发送 10 05（DLE ENQ）。

3.4.3　计算机软件的 C# 源代码

见本书配套资源包。

西门子 PLC 串口通信

西门子 PLC 支持多种串行通信方案：自由口、PPI、MPI、USS、Modbus、Profibus-DP 等。具体每种 PLC 支持的串行通信方案见表 4-1。

表 4-1　西门子 PLC 支持的串行通信方案

型号	PPI	MPI	自由口	USS	Modbus	Profibus-DP
S7-200/200CN	✔	✔	✔	✔	✔	✔
S7-200 SMART	✔	✔	✔	✔	✔	✔
S7-300/400		✔	✔		✔	✔
S7-1200		✔	✔		✔	✔
S7-1500		✔	✔		✔	✔

上表的 PPI 和 MPI 协议是西门子内部协议，没有公开，所以我们也不便做过多解读，另外，Profibus-DP 协议大部分西门子系列 PLC 需要扩展模块处理，我们也不做介绍，因此本章主要介绍 PLC CPU 自带端口支持的西门子公开自由口协议和在自由口协议上的 Modbus 协议。下面我们就以常用的西门子 S7-200 PLC 为例，讲解计算机如何通过以上两种协议与 PLC 进行通信。

4.1　自由口通信

所谓自由口通信，就是通信协议是由用户自由定义的，对于 S7-200 PLC 而言，是基于自带的 485 端口的应用协议，除 PPI 外，其他的都是自由口通信，例如 Modbus 协议就是特定的自由口通信协议。

4.1.1   自由口概述

S7-200 CPU 的串口通信默认为 PPI 模式，如果想实现自由口通信，首先需要在程序里把通信端口设置为自由口模式，通信端口设置为自由口模式后，西门子编程软件 STEP 7-Micro/WIN（PPI 协议）将不能够再与 PLC 进行通信，如果想通过它监视 PLC，那么需要把 PLC 的模式开关调到 STOP 模式，PLC 将自动把通信端口转回为 PPI 模式，如果再把开关调到 RUN 模式，那么通信端口将变为自由口模式。

选择自由口模式后，我们可以完全控制通信端口的操作，通信协议也将受我们控制。

S7-200 CPU 上的通信端口是标准的 RS-485 半双工串行通信口，串行字符的通信格式包括：1 个起始位、7 或 8 个数据位、1 个奇 / 偶校验位或没有校验位、1 个停止位。

波特率可以设置为 1200、2400、4800、9600、19 200、38 400、57 600 或 112 500。

凡是符合以上格式的串行通信设备都可以与 S7-200 串口通信，例如计算机、打印机等外围设备。

自由口通信硬件为 RS-485 串口，采用正负 A、B 两根信号线作为传输线路，两根线之间的电压差为 $+(2V \sim 6V)$ 表示逻辑 1，两根线之间的电压差为 $-(2V \sim 6V)$ 表示逻辑 0，RS-485 串口定义见表 4-2。

表 4-2   RS-485 串口定义

连接器	针	解释	端口 0/ 端口 1
	1	屏蔽	外壳接地
	2	24V 返回	逻辑地
针 1 针 6	3	RS-485 信号 B	RS-485 信号 B
	4	发送申请	RTS（TTL）
	5	5V 返回	逻辑地
针 5 针 9	6	+5V	+5V，100Ω 串联电阻器
	7	+24V	+24V
	8	RS-485 信号 A	RS-485 信号 A
	9	不用	10 位协议选择（输入）
连接器外壳		屏蔽	外壳接地

S7-200 PLC 的自带端口是 RS-485 接口，而计算机一般只支持 RS-232 接口，所以如果计算机与 PLC 通信，需要使用中转模块把 RS-485 变为 RS-232，这里使用西门子提供的官方 PC/PPI 线缆，型号为 6ES7 901-3CB30-0XA0，使用该线缆时，需要把 DIP 开关 5 设置为 0，并设置响应的通信速率。

自由口通信的基本格式如下：

- 1 个数据帧的组成

字符 1	字符 2	…	字符 n

- 1 个传输字符的格式

起始位	数据位	校验位	停止位
1 bit	7 或 8 bit	0 或 1 bit（奇 / 偶）	1 bit

端口协议的选择，以及字符传输格式和波特率的设定需要通过设置特殊寄存器 SMB30（port0）/SMB130（port1）来完成。

4.1.2 自由口的工作原理

自由口通信在 PLC 端需要通过编程实现，自由口有两条指令：发送（XMT）和接收（RCV）。

自由口模式使用发送指令（XMT）通过通信端口传输数据，使用接收指令（RCV）启动或终止接收数据，并通过指定端口（PORT）把接收的消息存储在数据缓存区（TBL）中。数据缓存区中的第 1 个地址指定接收的字节数，自由口指令如图 4-1 所示。

ENO 设为 0 表示执行命令时有错误发生，发生错误的条件如下：

- 0006（间接地址）
- 0009（端口 0 上同时发送和接收）
- 000B（端口 1 上同时发送和接收）
- 接收到参数错误信号 SM86.6 或 SM186.6
- CPU 没有处于自由口模式

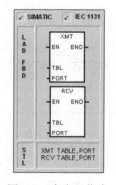

图 4-1 自由口指令

用户可以通过用户程序选择自由口模式来控制 PLC 的串行通信端口。当用户选择自由口模式时，用户程序通过接收中断和传输中断控制通信端口发送和接收指令。在自由口模式下，通信协议完全由梯形图程序控制。SMB30（用于端口 0）和 SMB130（用于端口 1，如果有两个端口）用于选择波特率和奇偶校验。

当 PLC CPU 处于 STOP 模式时，禁用自由口模式并重新建立正常通信（例如编程状态）。

只有当 PLC 处于 RUN 模式时，才能进行自由口通信。通过将 SMB30（端口 0）或 SMB130（端口 1）的协议选择位设置为 01 来启用自由口模式。在自由口模式下，无法与 PLC 编程设备进行通信。

注意 SM0.7 能够反映 CPU 工作模式开关的当前位置。当 SM0.7=0 时，开关处于 TERM 位置；当 SM0.7=1 时，开关处于 RUN 位置。

---

1. 特殊寄存器 SMB30 和 SMB130

SMB30 控制自由口端口 0 的通信方式，SMB130 控制自由口端口 1 的通信方式，可以对 SMB30 和 SMB130 进行读写。

SMB30 和 SMB130 分别配置通信端口 0 和 1，用于自由口操作，并提供波特率、奇偶校验和数据位数的选择。表 4-3 描述了特殊寄存器 SMB30 和 SMB130 的字节含义。

表 4-3   特殊寄存器 SMB30 和 SMB130 的字节含义

端口 0	端口 1	描述
SMB30 的格式	SMB130 的格式	MSB 7　　　　　　　　LSB 0 p p d b b b m m
SM30.6 和 SM30.7	SM130.6 和 SM130.7	pp：校验选择 00= 不校验 01= 奇校验 10= 不校验 11= 偶校验
SM30.5	SM130.5	d：每个字符的数据位 0=8 位 / 字符 1=7 位 / 字符
SM30.2 到 SM30.4	SM130.2 到 SM130.4	bbb：自由口波特率 000=38 400 bit/s 001=19 200 bit/s 010=9600 bit/s 011=4800 bit/s 100=2400 bit/s 101=1200 bit/s 110=600 bit/s 111=300 bit/s
SM30.0 和 SM30.1	SM130.0 和 SM130.1	mm：协议选择 00= 点到点接口协议（PPI 从站） 01= 自由口协议 10=PPI 主站模式 11= 保留（缺省 PPI 从站）

2. 发送指令 XMT

XMT 指令为自由口发送指令，激活的条件是沿触发。PORT 代表用哪个端口发送，PORT=0 表示使用端口 0 发送，PORT=1 表示使用端口 1 发送。TBL 表示发送缓存区。发送指令 XMT 如图 4-2 所示。

1）发送指令允许用户发送缓存区的一个或多个字符，最多为 255 个。自由口的发送只需要在程序里定义好要发送的字节数即可，发送缓存区字节结构见表 4-4。

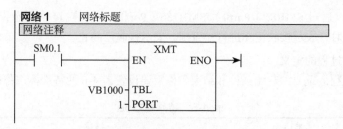

图 4-2　发送指令 XMT

表 4-4　发送缓存区字节结构

地址（BYTE）	TBL	TBL+1	TBL+2	TBL+3	…	TBL+n
数据	n	被发送的数据				

2）在以上例子程序中，若 VB1000=10，则被发送的数据的地址为 VB1001～VB1010。

3）在应用自由口通信时，发送指令比较简单，基本协议规则都在接收指令程序里定义。

3. 接收指令 RCV

RCV 指令为自由口接收指令，激活的条件是沿触发。PORT 代表用哪个端口接收，PORT=0 表示使用端口 0 接收，PORT=1 表示使用端口 1 接收。TBL 表示接收缓存区。接收指令 RCV 如图 4-3 所示。

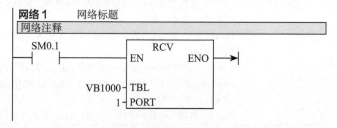

图 4-3　接收指令 RCV

1）对于自由口的接收，若发送方发送的消息报文包含的字符数为 n（$n \leqslant 255$），则接收缓存区字节结构见表 4-5。

表 4-5　接收缓存区字节结构

地址（BYTE）	TBL	TBL+1	TBL+2	TBL+3	…	TBL+n
数据	n	接收到的数据				

2）在以上例子程序中，若 VB1000=10，则表示已经接收了 10 个字节的数据，并且接收到的数据的存储地址为 VB1001～VB1010。

3）可以通过 SMB86（Port0）/SMB186（Port1）来监视接收状态：当 SMB86/SMB186=0 时，表示接收正在进行；否则，表示接收已终止。

4. 接收过程的定义

接收过程最重要的起始条件和结束条件需要设置表 4-6 的特殊标志位来完成。

表 4-6　特殊标志位

端口 0	端口 1	描述
SMB86	SMB186	MSB 7 ... LSB 0 `n r e 0 0 t c p` n：1= 通过用户的禁止命令终止接收信息 r：1= 接收信息终止（输入参数错误或无起始接收条件） e：1= 接收结束字符 t：1= 接收信息终止（超时） c：1= 接收信息终止（超出最大字符数） p：1= 接收信息终止（奇偶校验错误）
SMB87	SMB187	7 6 5 4 3 2 1 0 `en sc ec il c/m tmr bk 0` en：0= 禁止接收信息功能，1= 允许接收信息功能 每次执行 RCV 指令检查允许 / 禁止接收信息位 sc：0= 忽略 SMB88 或 SMB188，1= 使用 SMB88 或 SMB188 的值检测信息的开始 ec：0= 忽略 SMB89 或 SMB189，1= 使用 SMB89 或 SMB189 的值检测信息的结束 il：0= 忽略 SMB90 或 SMB190，1= 使用 SMB90 或 SMB190 的值检测空闲状态 c/m：0= 定时器是内部字符定时器，1= 定时器是信息定时器 tmr：0= 忽略 SMB92 或 SMB192，1= 超过 SMB92 或 SMB192 中设置的时间时终止 bk：0= 忽略（间断）条件，1= 用 break 条件来检测消息的开始
SMB88	SMB188	信息的起始字符
SMB89	SMB189	信息的结束字符
SMB90 SMB91	SMB190 SMB191	以 ms 为单位的空闲线路时间间隔，空闲线路时间结束后接收的第 1 个字符是报文的起始字符。SMB90（或 SMB190）为高字节，SMB91（或 SMB191）为低字节
SMB92 SMB93	SMB192 SMB193	字符间 / 报文间定时器超时值（单位为 ms），如果超时，停止接收报文。SMB92（或 SMB192）为高字节，SMB93（或 SMB193）为低字节
SMB94	SMB194	接收的最大字符数（1 ~ 255 字节）

满足执行 RCV 指令条件时启动接收，接收启动后，需要等待满足起始条件，满足起始条件后，SMB86/SMB186=0 开始接收数据，满足结束条件后 SMB86/SMB186 ≠ 0，结束接收产生中断，这是一个完整的接收过程，如图 4-4 所示。

当缓存的最后一个字符被接收后，PLC 生成一个中断事件（端口 0 是中断事件 23，端口 1 是中断事件 24）。通过监视 SMB86 或 SMB186，接收数据也可以不用中断事件：当该位为非 0 数时，代表接收指令处在非活动状态或终止状态；当该位为 0 时，代表接收正在进行。

RCV 指令允许用户选择消息的开始和结束条件，SMB86 到 SMB94 用于端口 0，SMB186 到 SMB194 用于端口 1。

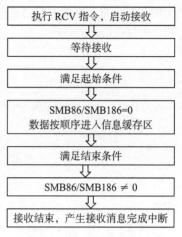

图 4-4   完整的接收过程

注意　当接收数据超限或者奇偶校验失败导致自动接收消息功能自动停止时，用户必须为接收消息功能定义开始条件和接收条件，因此起始条件和结束条件就是我们学习自由口接收指令的关键。

（1）接收指令的起始条件

接收指令使用接收消息控制字节（SMB87 或 SMB187）的位定义消息的起始和结束条件。

接收指令包含以下几种起始条件。

1）空闲线路检测：空闲线路定义为传输线路上的安静或空闲时间。RCV 指令执行后开始计时，当通信线路安静或空闲达到 SMB90 或 SMB190 中指定的毫秒数时，启动接收。如果在空闲线路时间到期之前收到字符，则接收消息功能将忽略这些字符并重新启动空闲线路计时器。空闲线路时间到期后，接收消息功能会将随后接收到的所有字符存储到消息缓存区中。

空闲线路时间应始终大于以指定波特率传输一个字符（起始位、数据位、奇偶校验位和停止位）需要的时间。空闲线路时间的典型值是在指定波特率下传输三个字符所需的时间。

用户使用空闲线路检测作为二进制协议的起始条件，没有特定起字符的定义或协议指定消息之间的最短时间，空闲线路检测接收数据过程如图 4-5 所示。

SMB87 或 SMB187 的典型空闲线路检测设置如下：

设置：il=1，sc=0，bk=0，SMB90/SMB190= 以毫秒为单位的超时空闲时间。

2）起始字符检测：启动字符是设置在 SMB88 或 SMB188 中的字符，当接收到与 SMB88 或 SMB188 相同的字符时，被认为满足起始条件，从这一刻起，接收线路上的起始字符和后续字符将被陆续存入数据缓存区，接收消息功能将忽略在开始字符之前接收的任何字符。

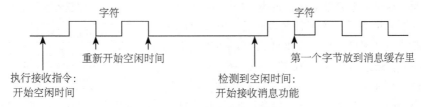

图 4-5   空闲线路检测接收数据过程

如果对 ASCII 协议使用起始字符检测，则其他 ASCII 消息的开始都使用相同的字符，SMB87 或 SMB187 的典型起始字符检测设置如下：

设置：il=0，sc=1，bk=0，SMB90/SMB190= 不用，SMB88/SMB188= 开始字符。

3）空闲线路和起始字符检测：接收指令可以结合空闲线路和起始字符来启动消息。当执行接收指令时，接收消息功能搜索空闲线路条件。在找到空闲线路条件后，接收消息功能查找指定的起始字符。如果接收到除起始字符之外的任何字符，则接收消息功能重新启动搜索空闲线路状态。在满足空闲条件和接收起始字符之前接收的所有字符都被忽略。当满足空闲条件且接收到起始字符后，起始字符和所有的后续字符一起放在消息缓存区中。

SMB87 或 SMB187 的典型空闲线路和起始字符检测设置如下：

设置：il=1，sc=1，bk=0，SMB90/SMB190=0，SMB88/SMB188= 起始字符。

4）断开检测：当通信总线上的数据维持"0"状态的时间大于一个完整字符传输时间时，通信接收方会指示断开状态。完整字符传输时间定义为传输起始位、数据位、奇偶校验位和停止位的时间总和。

在断开检测条件下，执行 RCV 指令时，断开条件之前接收到的任何字符都会被忽略，断开条件之后接收到的字符会被存储到接收缓存区中。

通常，只有在协议需要时，才使用断开检测作为启动条件，SMB87 或 SMB187 的典型断开检测设置如下：

设置：il=0，sc=0，bk=1，SMB90/SMB190= 不用，SMB88/SMB188= 不用。

5）断开和起始字符检测：在该组合起始条件下，执行 RCV 指令时，接收消息功能将检测断开条件，断开条件满足后，接收消息功能将查找指定的起始字符。如果接收到的字符不是起始字符，则接收消息功能将开始重新检测断开条件，在满足断开条件之前以及起始字符之前接收到的所有字符都将被忽略，满足起始条件后接收到的起始字符与所有后续字符被一起存入接收缓存区。

SMB87 或 SMB187 的典型断开和起始字符检测设置如下：

设置：il=0，sc=1，bk=1，SMB90/SMB190= 不用，SMB88/SMB188= 开始字符。

6）任意字符检测：接收指令可以配置为立即开始接收任意字符及所有字符，并将它们放置在消息缓存区中。在这种情况下，空闲线路时间（SMB90 或 SMB190）设置为零，这就迫使接收指令在执行后立即开始接收字符。

SMB87 或 SMB187 的典型任意字符检测设置如下：

设置：il=1，sc=0，bk=0，SMB90/SMB190=0，SMB88/SMB188= 不用。

在任何字符上启动消息允许使用消息计时器来超时接收消息。如果在指定的时间内没有从设备接收到响应，则需要超时。执行接收指令时，消息定时器启动，因为空闲时间设置为 0。如果没有满足其他结束条件，则消息定时器超时并终止接收消息功能，这种应用的 SMB87 或 SMB187 的任意字符检测设置如下：

设置：il=1，sc=0，bk=0，SMB90/SMB190=0，SMB88/SMB188= 不用，c/m=1，tmr=1，SMB92/SMB192= 以毫秒为单位的消息超时。

（2）接收指令的结束条件

接收消息指令 RCV 支持多种结束条件，结束条件可以是一种条件或者几种条件的组合。结束字符、字符间隔定时器、消息计时器或最大字符数等结束条件可以组合使用，当采用组合条件时，只要有一个条件满足就将终止消息接收。各种 RCV 指令的结束条件如下。

1）结束字符检测：执行 RCV 指令并找到起始条件之后，接收消息功能将检查接收到的每一个字符，并判断其是否与结束字符匹配。接收到结束字符时，会将其存入接收缓存区并终止信息接收。

通常，使用 ASCII 协议进行结束字符检测，其中每条消息都以特定字符节尾。使用结束字符检测有一定的局限性，因为使用者需要确保协议中不包含结束字符，如果正常的协议中包含结束字符，那么接收就会结束导致协议没有传送完整。

SMB87 或 SMB187 的典型结束字符检测设置如下：

设置：ec=1，SMB89/SMB189= 结束字符。

2）字符间隔定时器检测：字符间隔时间是从一个字符的节尾（停止位）到下一个字符的节尾（停止位）所需要的时间。如果字符之间的时间（包括第 2 个字符）超过 SMB92 或 SMB192 中指定的毫秒数，那么接收消息功能终止。在接收到后一个字符时，重新启动字符间隔定时器。

通常，可以使用字符间隔定时器来终止没有特定消息结束字符的协议消息。该定时器必须大于所选波特率设置传输一个字符所需时间的值，因为定时器要包括接收一个完整字符（起始位、数据位、奇偶校验位和停止位）的时间。字符间隔定时器结束接收示例如图 4-6 所示。

SMB87 或 SMB187 的典型字符间隔定时器检测设置如下：

设置：c/m=0，tmr=1，SMB89/SMB189= 以毫秒为单位的超时时间。

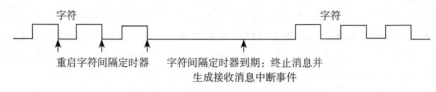

图 4-6 字符间隔定时器结束接收示例

3）消息计时器检测：消息计时器在消息开始后的指定时间内终止消息。当满足接收消息功能的启动条件时，消息计时器就启动。当 SMB92 或 SMB192 中指定的毫秒数已经过去时，消息计时器将过期。

通常，当通信设备不能保证字符间没有间隙时，使用消息计时器，对于调制解调器，可以使用消息计时器指定在消息启动后允许接收消息的最大时间。消息计时器的典型值是在选定波特率下接收最长消息所需时间的 1.5 倍。消息计时器结束接收示例如图 4-7 所示。

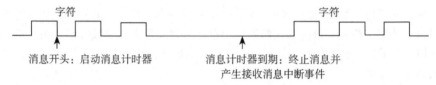

图 4-7 消息计时器结束接收示例

SMB87 或 SMB187 的典型消息计时器检测设置如下：

设置：c/m=1，tmr=1，SMB89/SMB189= 以毫秒为单位的超时时间。

4）最大字符数检测：接收指令必须被告知要接收的最大字符数（SMB94 或 SMB194）。当满足或超过此值时，终止接收消息功能。接收指令要求用户在 SMB94/SMB194 里指定一个最大字符数，即使它没有专门的终止条件也要指定一个，这是因为消息接收指令需要知道接收消息的最大值，以便不会覆盖放在消息缓存区之后的用户数据，最大字符数为 255。

最大字符数可以终止协议的消息，其中消息长度是已知的并且总是相同的，一般与结束字符、字符间隔定时器或消息计时器结合使用。

5）奇偶校验错误：接收指令在硬件出现奇偶校验错误时自动终止接收指令。只有启用奇偶校验，才能使用这种类型的结束条件。该结束条件在 SMB30 或 SMB130 中启用。没有办法禁用这个功能。

6）用户终止：用户程序可以将 SMB87 或 SMB187 中的使能位（EN）设置为 0，接收指令将被立即终止。

注意 在 6 个结束条件中，后 3 个必须正确设置，如果后 3 个不满足，那么前 3 个设置无效。

---

5. 使用字符中断控制接收数据

除了使用 RCV 接收数据外，还有一种方式，即使用字符中断控制接收数据，在介绍这种方式之前，我们首先介绍一些自由口中断事件，见表 4-7。

表 4-7　自由口中断事件

事件	端口 0	端口 1	中断事件
	8	25	接收单个字符完成
中断号	9	26	发送完成
	23	24	接收信息（数据帧）完成

为了使协议更加灵活，还可以使用字符中断控制接收数据。接收到的每一个字符都会产生中断，接收到的字符放置在 SMB2，奇偶校验状态（如果启用）在执行中断之前就被放置在 SMB3 中，并且附加到接收字符中。SMB2 是自由口接收字符缓冲器。在自由口模式下，接收到的每一个字符都放入这个缓冲器中，以方便用户程序调用。SMB3 用于自由口模式并且包含一个奇偶校验位，当接收字符有奇偶校验错误时，奇偶校验位置 1。当接收字符上检测到奇偶校验错误时，字符的其他位被保留。可以使用奇偶校验位丢弃消息或者把否定应答放到消息里。

当字符中断以高波特率（38.4kbaud 到 115.2kbaud）使用时，时间中断之间很短。例如，38.4kbaud 的字符中断为 260μs，57.6kbaud 的为 173μs，115.2kbaud 的为 86μs。因此，要确保中断例程非常短，以避免丢失字符，否则请使用接收指令。

SMB2 和 SMB3 在端口 0 和端口 1 是共享的。当接收到端口 0 的字符时，端口导致中断例程（中断事件 8），SMB2 包含端口 0 接收到的字符，SMB3 包含该字符的奇偶性状态。当接收到端口 1 的字符时，端口导致中断例程（中断事件 25），SMB2 包含端口 1 接收到的字符，SMB3 包含该字符的奇偶性状态。

4.1.3　计算机通过自由口与 PLC 通信举例

本例在计算机端使用 Visual Studio 2015 为编程软件编写通信程序，PLC 端选择 S7-200 作为硬件终端，编程软件选择 STEP 7-Micro/WIN，PLC 的接收缓存区为 VB100，使用空闲线路状态作为接收起始条件，使用结束字符作为接收结束条件。

1. PLC 端编程

1）主程序：这个程序接收一串字符直到收到换行符（0A）为止，然后再把消息传回发送者，PLC 主程序如图 4-8 所示。

主程序注释如下。

第 1 步，初始化自由口：波特率选择 9600，数据位选择 8，选择没有奇偶校验。

第 2 步，初始化消息控制位 RCV 使能，RCV 指令处于等待状态，等待检测到消息的结束字符，检测到空闲线路状态作为消息的起始条件。

第 3 步，设置消息结束字符 0A Hex（换行）。

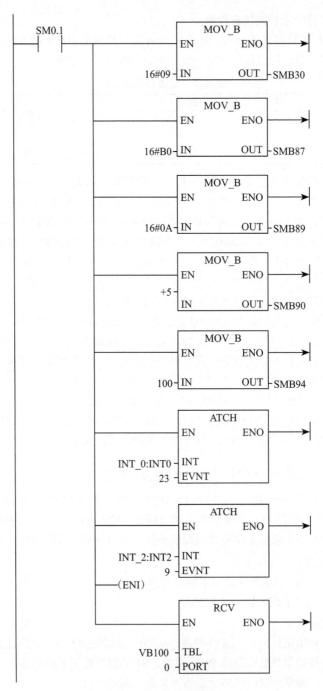

图 4-8 PLC 主程序

第 4 步，设置空闲超时为 5ms。

第 5 步，设置最大字符数为 100。

第 6 步，连接中断事件 0（接收完整事件）。

第 7 步，连接中断事件 2（发送完整事件）。

第 8 步，启用中断事件 1。

第 9 步，启用接收缓存为 VB100。

2）中断事件 0：接收完成的中断程序，如图 4-9 所示。

①如果接收状态显示接收的结束字符，那么附上一个 10ms 定时触发发送和返回。

②如果因为其他原因接收完成，那么开始一个新的接收。

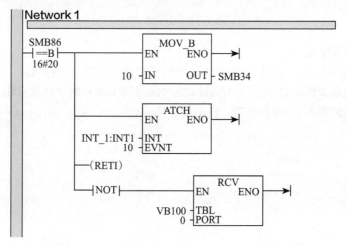

图 4-9　中断事件 0

3）中断事件 1：10ms 定时中断，如图 4-10 所示。

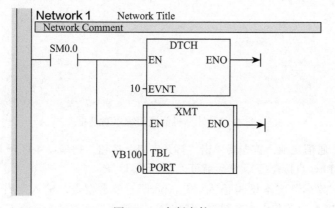

图 4-10　中断事件 1

①分离定时中断。

②在端口上传回消息给用户。

4）中断事件 2：发送完整的中断，启用另一个接收指令，如图 4-11 所示。

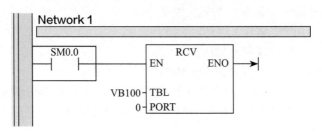

图 4-11　中断事件 2

2. 计算机端编程

计算机端用 C# 开发上位机程序与 PLC 通过自由口协议进行通信，计算机侧通信程序对话框如图 4-12 所示，串口设定与 PLC 的 SWB30 的设置相匹配，波特率为 9600，数据位为 8，无奇偶校验，停止位为 1。

图 4-12　计算机侧通信程序对话框

1）程序通信之前，首先要单击"打开串口"按钮，把串口 4 打开（串口 4 通过通信电缆与 PLC 直接连接），然后就可以通信了。

2）在"数据"文本框里输入"Freeport"，单击发送，输入字符就发送给了 PLC，由于 PLC 只接收十六进制数，所以第 1 步需要把字符"Freeport"变为对应的十六进制数，再将接收结束字符 0A 附到后面，在发送数据栏就自动变为"46 72 65 65 70 6F 72 74 0A"，当 PLC 程序检测到 0A 时，结束接收，数据就被存入 VB100 开始的寄存器，PLC 的寄存器数据如图 4-13 所示。

	Address	Format	Current Value	New Value
1	VB100	Hexadecimal	16#00	
2	VB101	ASCII	'F'	
3	VB102	ASCII	'r'	
4	VB103	ASCII	'e'	
5	VB104	ASCII	'e'	
6	VB105	ASCII	'p'	
7	VB106	ASCII	'o'	
8	VB107	ASCII	'r'	
9	VB108	ASCII	't'	
10	VB109	Hexadecimal	16#0A	

图 4-13　PLC 的寄存器数据

3）根据 PLC 的程序设定接收完数据后，就会把接收到的数据发送给接收者，程序的接收数据栏就接收到 PLC 发送给计算机的十六进制字符，转换成字符串就是 Freeport，这就完成了一个完整的发送和接收过程，实现了计算机与 PLC 的通信。我们在实际使用中可能读写 I/O 的情况比较多，按照上面的步骤改变接收和发送的缓存区，就能实现 I/O 寄存器的读写。

4）计算机程序的 C# 源代码：
见本书配套资源包。

4.2　PLC 的 Modbus 通信协议

Modbus 通信协议是 Modicon 公司提出的一种报文传输协议，作为一种通用的工业协议广泛应用于工业现场通信。不同的厂商生产的控制设备都可以通过 Modbus 进行通信，也可通过 Modbus 协议集成网络对控制设备进行监控。

Modbus 协议根据传输类型的不同分为串行 Modbus 协议和基于 TCP/IP 的 Modbus 协议，本章主要介绍串行 Modbus 协议，基于 TCP/IP 的 Modbus 协议将在第 9 章介绍。

这里我们主要用到串行 Modbus 协议，串行 Modbus 协议是主 - 从协议，采用请求 - 响应方式，主站发送请求信息给从站，从站收到后发出响应信息应答主站。该协议位于 OSI 模型的表示层，串行总线只可以有一个主站，最多可以有 247 个从站，主站发起通信，从站没有收到请求不会回复，Modbus 物理层可以是 RS-485 接口，也可以是 RS-232 接口。

4.2.1　串行 Modbus 协议介绍

串行 Modbus 协议有 ASCII 和 RTU 两种消息传输模式，西门子 PLC 为 Modbus

RTU 提供了协议指令，因此我们主要以 Modbus RTU 为例讲解这节内容，使用 Modbus RTU 模式通信时，计算机为主站，PLC 为从站，消息最长为 256 字节，以字节为单位传输，用循环冗余（CRC）进行错误校验。

Modbus 通信的传输字符包括 1 个起始位、8 个数据位、1 个或 0 个校验位（可选择奇偶校验或无校验）和 1 个停止位。

Modbus 通过 S7-200 CPU 通信口的 RS-485 半双工实现通信，使用端口的自由口功能。

1. Modbus RTU 消息帧的结构

编写计算机程序就需要了解 Modbus RTU 消息帧的结构，下面是 Modbus 消息帧的基本结构，包括占用的字节数，见表 4-8，注意 CRC 校验是低字节在前高字节在后，发送和接收只支持十六进制数。

表 4-8   Modbus 消息帧的基本结构

站地址	功能码	数据 1	⋯	数据 n	CRC 低字节	CRC 高字节
8bit	8bit		$n \times 8$bit		8bit	8bit

1）站地址需要与 PLC 程序里 MBUS_INIT 指令的 addr 参数一致，范围为 0 ~ 247。

2）对于功能码，Modbus 的操作对象有 4 种，即线圈、离散输入、输入寄存器和保持寄存器，根据对象的不同，常用的 Modbus 功能码见表 4-9。

表 4-9   Modbus 功能码

功能码	十六进制	描述
1	0x01	读单个或多个线圈（数字量输出）的状态，返回任意数量输出点的 ON/OFF 状态
2	0x02	读单个或多个线圈（数字量输入）的状态，返回任意数量输入点的 ON/OFF 状态
3	0x03	读单个或多个保持寄存器，返回存储区 V 的内容，保持寄存器在 Modbus 中以字为单位，在一个请求中最多读 120 个字
4	0x04	读单个或多个模拟输入寄存器，返回模拟量输入值
5	0x05	写单个线圈（数字量输出），将数字量输出点置为指定的值，不是被强制的，用户程序可以应 Modbus 请求改写该值
6	0x06	写单个保持寄存器，在 PLC 的变量存储区 V 中写入单个保持寄存器的值
15	0x0F	写多个线圈（数字量输出），在映像寄存器 Q 中写入多个数字量输出值。输出的起始点必须是一个字节的最低位（例如 Q0.0 或 Q2.0），写输出的点数必须是 8 的整倍数。这些点不是被强制的，用户程序可以应 Modbus 请求改写该值
16	0x10	写多个保持寄存器，在存储区 V 中写入保持寄存器的值，在一个请求中最多可以写 120 个字

2. Modbus 功能码和数据详解

Modbus 的功能码和数据是 Modbus 消息帧的重要部分，因为功能码的不同数据部分对应的有所区别，下面就常用的几种进行介绍。

（1）功能码 1

功能码 1 用来读单个或多个逻辑线圈（数字量输出）的 ON/OFF 状态。响应帧中 PLC 返回的输出位按每 8 位 1 个字节打包，第 1 位在返回的起始数据字节的最低位（第 0 位）。如果请求读取的输出点不能被 8 整除，则用 0 填充返回的最后一个数据字节的高位，起始地址和点数各占 2 个字节。

请求帧和应答帧见表 4-10 和表 4-11。

表 4-10　功能码 1 请求帧

站地址	01	起始位地址	点数	CRC 低字节	CRC 高字节

表 4-11　功能码 1 应答帧

站地址	01	数据字节数 n	数据字节 1	…	数据字节 n	CRC 低字节	CRC 高字节

举例：用功能码 1 读取 1 号站中从 Q0.0 开始的 9 点输入值，Q0.0 对应的 Modbus 地址为 16#0000（占 1 个字），读取的点数对应的十六进制数为 16#0009，CRC 为 16#0CFC，则请求帧为 01 01 00 00 00 09 FC 0C（十六进制数），注意 CRC 的低字节在前。假设 Q0.0 ～ Q1.0 中仅 Q0.0、Q0.2 和 Q0.4 为 1 状态，则读取的第 1 个字节 QB0 为 16#15，第 2 个字节 QB1 为 16#00，CRC 为 16#6CB7，响应帧为 01 01 02 15 00 B7 6C（十六进制数）。

（2）功能码 2

功能码 2 用来读单个或多个线圈（数字量输入）的 ON/OFF 状态，帧格式和返回的输入位的输入格式同功能码 1，起始地址和点数各占 2 个字节。请求帧和应答帧见表 4-12 和表 4-13。

表 4-12　功能码 2 请求帧

站地址	02	起始位地址	点数	CRC 低字节	CRC 高字节

表 4-13　功能码 2 应答帧

站地址	02	数据字节数 n	数据字节 1	…	数据字节 n	CRC 低字节	CRC 高字节

（3）功能码 3

功能码 3 用来读取单个或多个保持寄存器（存储区 V 中的字）的内容，最多可以读取 120 字，首字地址和寄存器数各占 2B。

请求帧见表 4-14。

表 4-14 功能码 3 请求帧

站地址	03	首字地址	寄存器数	CRC 低字节	CRC 高字节

应答帧见表 4-15。

表 4-15 功能码 3 应答帧

站地址	03	数据字节数 n	数据字节 1	…	数据字节 n	CRC 低字节	CRC 高字节

举例：用功能码 3 读取 1 号站中 Modbus 寄存器地址为 10，即 16#000A（地址格式参考 4.2.2 节），则请求帧就是 01 03 00 0A 01 DE E4。假设寄存器 10 的值为 16#AA55，则应答帧为 01 03 01 AA 55 CE 25。

（4）功能码 4

功能码 4 用来读单个或多个模拟输入寄存器，其请求帧和应答帧的格式同功能码 3，首字地址和寄存器数各占 2 个字节。请求帧和应答帧见表 4-16 和表 4-17。

表 4-16 功能码 4 请求帧

站地址	04	首字地址	寄存器数	CRC 低字节	CRC 高字节

表 4-17 功能码 4 应答帧

站地址	04	数据字节数 n	数据字节 1	…	数据字节 n	CRC 低字节	CRC 高字节

（5）功能码 5

功能码 5 将某一开关量输出点（Q）置位或复位。数据字 16#FF00 表示将输出置位为 1，数据字 16#0000 表示将输出复位为 0，其他的数据无效，输出地址占 2 个字节，其请求帧与应答帧相同，见表 4-18。

表 4-18 功能码 5 消息帧

站地址	05	输出地址	数据字	CRC 低字节	CRC 高字节

（6）功能码 6

功能码 6 将一个数据字写入存储区 V，其请求帧与应答帧相同，寄存器地址用双字节表示，见表 4-19。

表 4-19 功能码 6 消息帧

站地址	06	寄存器地址	数据字	CRC 低字节	CRC 高字节

举例：用功能码 6 将数据 16#AA55 写入 Modbus 寄存器地址 10，即 16#000A（地址格式参考 4.2.2 节），则请求帧与应答帧均为 01 06 00 0A AA 55 17 57(十六进制数)。

（7）功能码 15

功能码 15 用来改写多个开关量输出点。8 位输出组成 1 个字节，请求帧中的起始位写入第 1 个数据字节的最低位。起始的输出位必须是 1 个字节的最低位（例如

Q0.0 或 Q2.0），所写的输出点数必须为 8 的倍数。位数占 1 个字节，字节数占 1 个字节。这些点不是被强制的，程序可以改写这些值。请求帧和应答帧见表 4-20 和表 4-21，起始位地址和位数各占 2 个字节。

表 4-20　功能码 15 请求帧

站地址	0F	起始位地址	位数	字节数 n	数据字节 1	…	数据字节 n	CRC

表 4-21　功能码 15 应答帧

站地址	0F	起始位地址	位数	CRC

（8）功能码 16

功能码 16 用来写多个 V 存储区字，1 个请求帧最多可写入 120 个字。字数占 1 个字节，字节数占 1 个字节。请求帧和应答帧见表 4-22 和表 4-23，首字地址和位数各占 2 个字节。

表 4-22　功能码 16 请求帧

站地址	10	首字地址	位数	字节数 n	数据字节 1	…	数据字节 n	CRC

表 4-23　功能码 16 应答帧

站地址	10	首字地址	位数	CRC

4.2.2　串行 Modbus 协议 PLC 指令库介绍

PLC 端的串行 Modbus 协议通过 Modbus 指令库编写程序实现 Modbus 功能，Modbus 指令库包括主站指令和从站指令，因为本书主要讲的是计算机和 PLC 通信原理，所以这里只介绍 Modbus 的从站指令，将计算机当作主站，PLC 当作从站进行通信。

下面开始介绍 PLC 的 Modbus 从站指令库及其使用方法。

Modbus 指令库有两种版本，一种版本用于 CPU 端口 0，另一种版本用于 CPU 端口 1，两个库的其他方面都是一样的，只是端口 1 的指令名字多个 _P1，另外 Modbus 从站指令只支持端口 0，也就是说只有端口 0 可以作为从设备。

1. 从站指令使用的 PLC 资源

从站指令需要使用如下的 PLC 资源：

1）初始化从站协议专用端口 0，用于 Modbus 从站协议通信。当端口 0 用于从站协议通信时，它不能再用于其他目的，包括与西门子编程软件通信等。MBUS_INIT 控制指令分配端口 0 为 Modbus 从站或者 PPI 端口。

2）Modbus 协议从站指令影响与端口 0 上的自由口通信相关的所有 SM 位置。

3）Modbus 协议从站指令使用 3 个子程序和 2 个中断。

4）Modbus 协议从站指令需要 1857 个字节的程序空间用于两个 Modbus 从站指令。

5）Modbus 协议从站指令需要 779 个字节的 V 型内存块，该块的起始地址可以自由分配，也可以由变量分配。

注意 端口 0 变回 PPI 模式需要通过以下操作：使用 MBUS_INIT 控制指令重新分配为 PPI 协议端口，或者将 PLC 上的模式开关调到 stop 位置。

---

2. Modbus 协议的初始化和执行时间

Modbus 协议从站 Modbus RTU 通信利用 CRC（循环冗余校验）来确保通信信息的完整性。Modbus 从站协议使用 CRC 表预先计算的值，以减少处理消息所需的时间。初始化 CRC 表大约需要 240ms。这个初始化由 MBUS_INIT 中的子程序完成，通常在用户程序进入运行模式后的第 1 次扫描时完成。如果 MBUS_INIT 子例程和任何其他用户在初始化所需的时间超过 500ms 后扫描看门狗，则需要重置看门狗定时器并保持输出启用。输出模块看门狗定时器通过写入模块的输出重置。

当执行 MBUS_SLAVE 子程序服务请求时，扫描时间会延长，因为对于请求者应答中的每一个字节，扫描时间延长了 420μs，所以最大请求 / 应答（读或写 120 个字）时扫描时间延长了大约 100ms。

3. Modbus 地址

Modbus 地址通常被写成 5 个字符值，包含数据类型和偏移量。第 1 个字符决定数据类型，后 4 个字符选择适当数据类型的值。

（1）Modbus 从站协议地址

主站发送信息需要映射到正确的从站地址，从站支持以下地址：

1）00001 ~ 00128 映射到输出地址 Q0.0 ~ Q15.7；

2）10001 ~ 10128 映射到输入地址 I0.0 ~ Q15.7；

3）30001 ~ 30032 映射到输入寄存器（一般模拟输入）AIW0 ~ AIW62；

4）40001 ~ 4XXXX 映射到存储区 V 的保持寄存器。

表 4-24 列出了从 Modbus 地址到 PLC 地址的映射。

表 4-24　从 Modbus 地址到 PLC 地址的映射

Modbus 地址	PLC 地址
00001	Q0.0
00002	Q0.1
00003	Q0.2
⋮	⋮
00127	Q15.6

（续）

Modbus 地址	PLC 地址
00128	Q15.7
10001	I0.0
10002	I0.1
10003	I0.2
⋮	⋮
10127	I15.6
10128	I15.7
30001	AIW0
30002	AIW2
30003	AIW4
⋮	⋮
30032	AIW62
40001	HoldStart
40002	HoldStart+2
40003	HoldStart+4
⋮	⋮
4XXXX	HoldStart+2X(XXXX−1)

（2）Modbus 从站协议允许的最大数量

Modbus 从站协议允许 Modbus 主站可访问的输入、输出、模拟输入和保持寄存器的数量如下：

1）MBUS_INI 的 MaxIQ 参数指定允许 Modbus 主站访问的离散输入或输出（I 或 Q）的最大数量。

2）MBUS_INI 的 MaxAI 参数指定允许 Modbus 主站访问的输入寄存器（AIW）的最大数量。

3）MBUS_INI 的 MaxHold 参数指定允许 Modbus 主站访问的保持寄存器的最大数量。

（3）使用 Modbus 地址时需要注意的问题

1）官方手册给出的 Modbus 数据的首地址是 1，但是 S7-200 数据的首地址是 0，例如 Q0.0 的 Modbus 地址是 00000，而不是 00001。

2）手册中的 Modbus 地址左起第 2 位用来表示元器件的类型，例如 I0.0 的 Modbus 地址为 010001，因为数据类型的信息已经包含在请求帧和应答帧的功能码中，所以在 S7-200 的 Modbus 地址中，表示元器件类型的位应该是 0。例如，I0.0 的 Modbus 地址为 010001，但是在 S7-200 使用的 Modbus 地址里应该是 000000。

3）Modbus 地址表保持寄存器对应 S7-200 的变量存储器，保持寄存器以字为单位寻址，Modbus 指令 MBUS_INIT 的起始地址 HoldStart 参数一般设为 0，那么要访问或者写入的以字为单位的存储器的地址就是 HoldStart 的地址。理解寄存器地址是计算机通过 Modbus RTU 读取西门子 PLC 保持寄存器的关键，这里着重讲解一下。Modbus RTU 通信协议就是将不同位置的数据通过相同的方式进行交流，Modbus 的4XXXX 地址形式就是标准，相当于翻译器，而 Modbus RTU 两端上的设备各自将不同寄存器地址的数据放在 4XXXX 里进行交流，4XXXX 地址名称对应 Modbus 地址，该地址是 Modbus 通信双方设备的中间抽象地址，而我们平常所说的 VW20、VW200等是实际的 PLC 寄存器地址。我们在设计计算机和西门子 Modbus 通信帧时，要发送的寄存器地址（例如功能码 3、6、16 需要的寄存器参数）是 Modbus 地址，也就是4XXXX 的地址，但是我们在发送 Modbus RTU 数据时，由于功能码已经决定了访问哪个区域，（例如功能码 3 就是访问 40001 开始的保持寄存器区），因此我们在发送读写保持寄存器的 Modbus 地址时，只取后 4 位并将其转换为十六进制，例如如果我们要读取40008 的寄存器数据，那么在实际的命令中寄存器地址就是 16#0008，40008 这个地址在西门子 PLC 端对应的实际寄存器是哪个取决于参数 HoldStart，例如指令的 HoldStart地址是 &VB1000，那么 40008 对应的西门子 PLC 的寄存器名称就是 VW1014，Modbus地址转换为西门子 PLC 寄存器实际地址的计算方法为 HoldStart 地址 +（4000X-40001）×2。图 4-14 是 HoldStart 地址为 &VB1000 用 Modbus 调试软件 ModScan32 扫描出来的 Modbus 地址（右）与西门子 PLC 寄存器地址（左）对应关系，通过该图读者应该能够很好地理解 Modbus 地址与西门子 PLC 实际寄存器地址的关系。

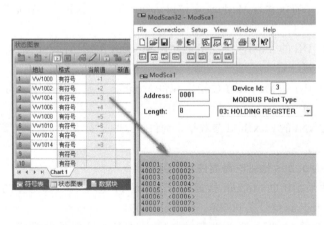

图 4-14   Modbus 地址与西门子 PLC 寄存器地址对应关系

4. Modbus 从站指令

Modbus 从站指令包括 MBUS_INIT 和 MBUS_SLAVE 两个指令，MBUS_INIT指令是 MBUS_SLAVE 指令的前提，想要执行 MBUS_SLAVE 必须通过 MBUS_INIT

指令。

要在 PLC 中使用 Modbus 从站指令，必须遵守以下步骤：

1）在程序中插入 MBUS_INIT 指令，只执行一次扫描 MBUS_INIT 指令，可以使用 MBUS_INIT 指令启动或更改 Modbus 通信参数。当插入 MBUS_INIT 指令时，几个隐藏的子程序和中断程序会自动添加到程序中。

2）使用库内存命令分配内存 V 所需的起始地址，用于 Modbus 从站指令。

3）只在程序中放置一个 MBUS_SLAVE 指令，程序每次扫描到一个接收服务请求就会调用该指令。

4）Modbus 主设备与 PLC 上的端口 0 使用通信电缆进行连接。

（1）MBUS_INIT 指令

MBUS_INIT 指令用于启用、初始化或禁用 Modbus 通信。在使用 MBUS_SLAVE 指令之前，必须正确执行 MBUS_INIT 指令。指令完成后，立即设置 Done 位并继续下一条指令，MBUS_INIT 指令如图 4-15 所示。

当 EN 被置为 ON 后，每一次扫描执行一次这个指令，因为只有指令通信状态每改变一次，才需要执行 MBUS_INIT。因此，应该通过一条上升沿脉冲设置 EN，或仅在第 1 次扫描时执行。参数解释如下：

1）Mode 选择通信协议：如果值为 1，则分配端口 0 为 Modbus 协议并启动 Modbus 协议；如果值为 0，则分配端口 0 为 PPI 协议并禁止 Modbus 协议。

2）Baud 是输入波特率选项，波特率有 1200、2400、4800、9600、19 200、38 400、57 600 或 115 200。

3）Addr 将地址设置为 1 ~ 247。

图 4-15   MBUS_INIT 指令

4）通过 Parity 能够设置匹配 Modbus 主节点的奇偶校验，所有设置使用一个停止位。可接收的设置为：0= 无校验，1= 奇校验，2= 偶校验。

5）通过 Delay 向标准的 Modbus 消息超时添加指定的毫秒数来扩展 Modbus 消息结束超时条件。有线网络设为 0，具有纠错功能的调制解调器设为 50 到 100ms，如果使用扩频无线电，延时设置为 10 到 100ms。延时值可以设为 0 到 32 767ms。

6）MaxIQ 设置 Modbus 地址 0XXXX 和 1XXXX 可用的 I 和 Q 点的数量，值为 0 到 128。值为 0 时，将禁用对输入和输出的所有读写操作。MaxIQ 的建议值为 128，允许访问 PLC 中的所有 I 和 Q 点。

7）MaxAI 设置可用于 Modbus 地址的字输入（AI）寄存器的数量，值为 0 到 32 的 3XXXX。如果值为 0，将禁用模拟输入的读取。MaxAI 允许访问所有 PLC 模拟输入的建议值如下：0-CPU221、16-CPU222、32-CPU224、CPU224XP、CPU226。

8）MaxHold 设置 Modbus 地址 4XXXX 可用的 V 存储器中的字保持寄存器的数量。例如，要允许主机访问 2000 字节的 V 存储器，可将 MaxHold 设置为 1000 字的值（保持寄存器）。

9）HoldStart 是 V 存储器中保持寄存器的起始地址。该值通常设置为 VB0，因此可将 HoldStart 设置为 &VB0（VB0 的地址）。可以将其他的 V 存储器的地址指定为保持寄存器的起始地址，以允许在项目的其他位置使用 VB0。Modbus 主站可以从 HoldStart 开始访问 V 存储器的 MaxHold 内容，如果计算机端程序读取寄存器地址是 20，那么实际访问的 PLC 寄存器地址就是 HoldStart 地址 +38。

10）MBUS_INIT 指令完成后，Done 输出将打开。

11）Error 输出字节包含执行指令的结果。

（2）MBUS_SLAVE 指令

MBUS_SLAVE 指令用于处理来自 Modbus 主站的请求，每次扫描时执行，以允许它检查并响应 Modbus 请求，MBUS_SLAVE 指令如图 4-16 所示。

如果 EN 为 ON，则该指令在每次扫描时执行。

MBUS_SLAVE 指令没有输入参数，当 MBUS_SLAVE 指令响应 Modbus 请求时，Done 输出打开。如果没有服务请求，则关闭输出。

Error 包含指令执行的结果，此输出仅在 Done 打开时有效。如果 Done 处于禁用状态，则不会更改错误参数。Error 结果解释见表 4-25。

图 4-16　MBUS_SLAVE 指令

表 4-25　Error 结果解释

错误代码	描述
0	无错误
1	内存范围问题
2	非法的波特率或奇偶校验
3	非法的从站地址
4	非法的 Modbus 参数值
5	保持寄存器重叠 Modbus 字符
6	接收的奇偶校验错误
7	接收的 CRC 错误
8	非法功能要求 / 不支持的功能
9	非法内存地址要求
10	从站功能没有启动

5. Modbus 库文件的安装和使用

我们在使用 Modbus 从站指令之前，需要确认 STEP 7-Micro/WIN 32 有没有

如图 4-17 所示的指令库，如果没有，需要从西门子网站下载 Modbus 指令库文件
Toolbox_V32-STEP 7-Micro/WIN 32 并安装。

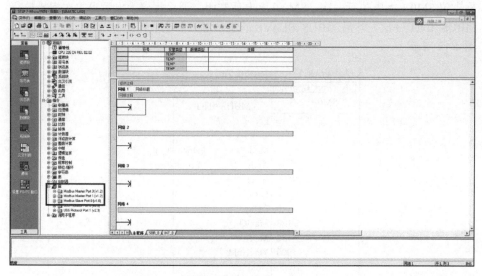

图 4-17 STEP 7-Micro/WIN Modbus 指令库

Modbus 指令库安装完后，需要为 Modbus 从站指令分配库内存，分配步骤为单击文件→库存储区，就会弹出如图 4-18 所示的库存储区分配对话框，为 Modbus 指令分配 V 存储区地址，可以使用系统建议的起始地址，也可以手动输入起始地址，Modbus 从站指令占用 779 个字节的存储区。注意，已经分配完的 V 存储区不要与 MBUS_INIT 指令中使用的 HoldStart 和 MaxHold 参数分配的 V 存储区重叠，库指令数据区是相应库子程序和中断程序所要使用的变量存储空间。编程时不要分配这些指令数据区给库，否则编译会产生许多相同的错误。这个地址修改后需要下载到 PLC 才能起作用。

图 4-18 库存储区分配对话框

4.2.3 计算机通过 Modbus RTU 协议与 PLC 通信举例

1. PLC 端编程

PLC 端编程比较简单，包含两个指令——MBUS_INIT 和 MBUS_SLAVE，将参

数配置如下：从站地址为 1，波特率为 9600，奇偶校验为偶校验，延时时间为 0，最大 IQ 访问量为 128，最大模拟访问量为 32，最大寄存器访问量为 1000。特殊寄存器标志位 SM0.1 上电执行一次，SM0.0 上电后常闭，那么程序上电后第 1 次扫描执行 MBUS_INIT 一次，然后 MBUS_SLAVE 处于常触发状态，PLC Modbus 从站编程如图 4-19 所示。

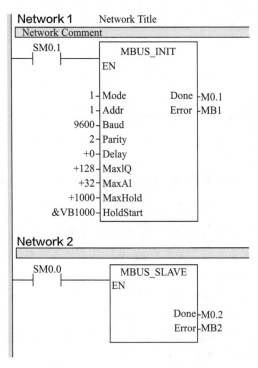

图 4-19　PLC Modbus 从站编程

2. 计算机端编程

计算机端编程软件使用 Visual Studio 2015，计算机端程序对话框如图 4-20 所示。

1）串口的设置需要与图 4-19 中 MBUS_INIT 的设置相匹配，先单击打开串口按钮，把串口打开。

2）在 Modbus 数据帧设置文本框中输入命令，然后单击发送就把消息发给 PLC，下面的命令是把 Q0.0 置 1，然后发送数据区是实际发送给 PLC 的十六进制数，接收数据区是接收到 PLC 的反馈信息，由于功能码 5 的发送和接收数据帧结构一样，所以发送和接收区的内容一样。CRC 校验位是在程序里通过代码计算出来的，所以在程序对话框中没有体现 CRC 校验部分。

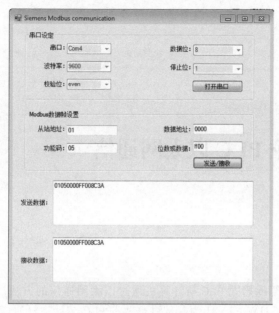

图 4-20　计算机端程序对话框

3）C# 程序源代码：

见本书配套资源包。

第 5 章 | Chapter5 |

欧姆龙 PLC 以太网通信

本章主要介绍欧姆龙 PLC 与计算机通过以太网通信的方法，我们以 CJ1G 和以太网通信模块 CJ1W-ETN21 为基础讲解两种 PLC 与计算机通信的方法，一种是 FINS 通信，另一种是 Socket 通信服务。

5.1 FINS 通信概述

FINS（Factory Interface Network Service）是欧姆龙公司开发的用于工业自动化控制网络的指令 / 响应系统，使用 FINS 指令可以实现各种网络间的无缝通信，通过发送 FINS 指令，计算机可以从 PLC 读取或写入数据区的内容，甚至可以控制 PLC 的运行状态。FINS 协议支持工业以太网，所以计算机可以通过以太网与欧姆龙 PLC 通信，数据以数据包的方式通过以太网发送和接收，同时 PLC 和 PLC 之间也支持 FINS 通信，FINS 通信示意图如图 5-1 所示。

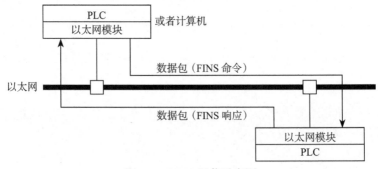

图 5-1 FINS 通信示意图

5.1.1 FINS 通信网络层模型

在 FINS 通信中，设备包括 IP 地址（网络层）和 FINS 节点地址（应用层）两个地址。此外，9600 被用作本地 UDP 或 TCP 的默认设置端口号（传输层），它主要用于给应用层 FINS 通信作标识（也可以在 CX-Programmer → Unit Setup → Setup 里更改 FINS/TCP 的端口号，但是我们一般都用 9600，不做更改）。FINS 网络层结构如图 5-2 所示。

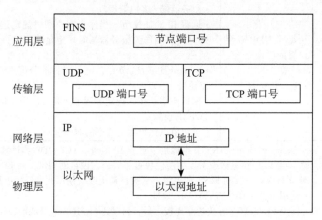

图 5-2　FINS 网络层结构

FINS 通信是一种基于网络的通信方法，它得到了大多数欧姆龙以太网相关产品的支持，欧姆龙 PLC 支持 FINS 通信，可以使用 TCP/IP 或 UDP/IP，FINS/UDP 和 FINS/TCP 通信各有特点，具体选择哪种通信方式，可以参考：①如果设备不支持 FINS/TCP，那么只能选择 FINS/UDP。②当 FINS 节点在同一以太网段时，FINS/UDP 更有优势。③当 FINS 节点通过多个 IP 网络层连接时，使用 FINS/TCP，FINS/TCP 能够提供更好的通信质量。④当网络连接不可靠时（例如无线局域网），选择 FINS/TCP，FINS/TCP 能够提供更好的通信质量。

以太网的 FINS 通信规范见表 5-1。

表 5-1　以太网的 FINS 通信规范

项	规范	
节点数	254	
消息的长度	最多 2012 字节	
缓存区数量	192	
协议名称	FINS/UDP	FINS/TCP
使用的协议	UDP/IP	TCP/IP
	在 CX-Programmer → UnitSetup 中选择 UDP/IP 或 TCP/IP	

（续）

项	规范	
连接的数量	…	16
端口号	默认的是 9600，可以改变	默认的是 9600，可以改变
保护	否	是（当 PLC 作为服务器时，对客户端的 IP 地址做了规范）
其他	每个 UDP 需要设置的项： • 广播 • 地址转换方法	每个连接需要设置的项： • 服务器端 / 客户端规范 • 远程 IP 地址规范：当作为客户端时规定远程服务器端的 IP 地址，当作为服务器端时规定允许连接的客户端的 IP 地址 • 自动分配 FINS 节点，也可以自动分配客户端的 FINS 节点地址 • 保持激活状态，规定远程节点是否使用保持激活状态功能 TCP/IP 设置： • 远程节点保持激活状态的时间
内部表	这是一个远程 FINS 节点地址、远程 IP 地址、TCP/UDP 和远程端口号的对应表，当 PLC 供电后或者以太网模块重启后，它被自动创建，当 FINS/TCP 的连接建立时或者接收到 FINS 命令时，它被自动更改。使用此表启用下列功能： • 使用 TCP/UDP 方法转换 IP 地址 • 使用 FINS/TCP 方法建立连接之后，自动进行 FINS 节点地址转换 • 使用 FINS/TCP 方法自动转换客户端的 FINS 节点地址 • 多个 FINS 连接程序可以同时连接	

因为本书主要介绍计算机和 PLC 的通信，而且在计算机侧使用 TCP/IP 通信更方便和易懂，所以本书着重讲解 FINS 的 TCP/IP 通信方法。

5.1.2 FINS 命令

FINS 通信是通过发送 FINS 命令帧及接收响应帧来实现的（也有没有响应的命令）。

命令帧和响应帧都包括用于存储传输控制信息的 FINS 头、用于存储命令的 FINS 命令和用于存储命令参数和传输 / 响应数据的 FINS 参数 / 数据。

FINS 命令帧格式见表 5-2，响应帧格式见表 5-3。

表 5-2　FINS 命令帧格式

帧段	字段	大小（字节）	描述
FINS 头	ICF	1	信息控制域，用于表明指令和响应
	RSV	1	系统保留
	GCT	1	网关允许数量
	DNA	1	目标网络号
	DA1	1	目标节点号

（续）

帧段	字段	大小（字节）	描述
FINS 头	DA2	1	目标单元号
	SNA	1	源网络号
	SA1	1	源节点号
	SA2	1	源单元号
	SID	1	服务和响应标识号，可任意设置，发送和响应相同
FINS 命令	MRC	1	主指令
	SRC	1	从指令
FINS 参数 / 数据	Parameter/Data Field	最大 2000	用于标明所操作的数据地址、范围等，在响应帧中的前两个字节 MRES 和 SRES 构成响应码，用来诊断错误信息

表 5-3　FINS 响应帧格式

帧段	字段	大小（字节）	描述
FINS 头	/	10	与命令帧一样
FINS 命令	/	2	与命令帧一样
FINS 参数 / 数据	MRES	1	主响应码
	SRES	1	从响应码
	DATA	最大 1998	响应数据，有一些帧数据长度为 0

下面我们就开始介绍 FINS 命令。

1.FINS 头

1）ICF（信息控制域）示意图如图 5-3 所示，80（Hex）代表要求响应，81（Hex）代表不要求响应。

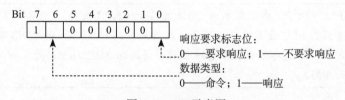

图 5-3　ICF 示意图

如果是计算机发给 PLC，那么 PLC 返回 C0 ；如果是 PLC 发给计算机，那么计算机反馈给 PLC 40。

2）RSV（系统保留）设置为 00（Hex）。

3）GCT（网关允许数量）设置为 02（Hex）。

4）DNA（目标网络号）指定目标节点所在网络的号码。地址可以在以下范围内指定：

- 00（Hex）：本地网络。
- 01 到 7F（Hex）：目标网络号（1 到 127）。

5）DA1（目标节点号）指定的节点地址是用于 FINS 的地址，是 PLC 以太网单元 IP 地址末尾数。

- 00（Hex）：本地 PLC 单元。
- 01 到 FE（Hex）：目标节点地址（1 到 254）。
- FF（Hex）：广播。

当挂载多个通信单元时，DA1 指定节点连接到由 DNA 指定的网络单元地址。

6）DA2（目标单元号）规定目标单元节点号：

- 00（Hex）：PLC（CPU 单元）。
- 10 到 1F（Hex）：CPU 总线单元，单元号为 0 到 15。
- E1（Hex）：内部板。
- FE（Hex）：连接到网络的单元。

7）SNA（源网络号）指定本地节点所在网络的号码，可以指定的取值范围与 DNA 相同。

8）SA1（源节点号）指定本地节点地址，可以指定的取值范围与 DA1 相同，发送命令的节点的 IP 地址尾数，如果是计算机，那么就是计算机的 IP 地址尾数。

9）SA2（源单元号）指定本地节点上的单元号，它可指定的取值范围与 DA2 相同。

10）SID（服务和响应标识号）用于标识源节点发送命令的次数，可以设置为 00 到 FF。命令中的 SID 由发送响应的节点返回。

2. FINS 命令

FINS 命令由 MRC 和 SRC 两部分组成，其功能见本书配套资源包表 5-4。

注意　如果 PLC 的 CPU 单元版本为 2.0 或更高的 CS/CJ 系列、CP 系列或 NSJ 控制器，并且在 PLC 设置中选择了通过网络发送到 CPU 单元的 FINS 命令的写入保护选项，则这些命令将不会被接收，并返回 2102 Hex 的结果代码（由于保护而无法写入）。

我们在使用 FINS 命令时，对 PLC 的状态有要求，某些状态下某些内存区域是不允许读写的，FINS 命令限制见本书配套资源包表 5-5。

3. FINS 参数 / 数据

FINS 参数 / 数据部分由于受到所访问区域的限制，每个命令所对应的参数 / 数据都有差别，受访内存区域支持的命令和内存代码见本书配套资源包表 5-6。

下面介绍几种常用的命令。

（1）读取 I/O 区域（0101）(MEMORY AREA READ)

在读取 I/O 区域时需要 3 个参数，它们是内存代码、开始地址和读取位数，内存代码见表 5-6。开始地址占 3 个字节，分别是 Word（2 个字节）和 Bit（1 个字节），例如 CIO0010.10，那么开始地址就是 000A0A Hex。反馈代码如果是 0000，代表没有错误；如果是非 0 值，表示通信有错误。命令和应答格式见表 5-7 和表 5-8。

表 5-7　读取 I/O 区域命令格式

01	01				
命令代码	内存代码		开始地址		读取位数

表 5-8　读取 I/O 区域应答格式

01	01			...	
命令代码	反馈代码		数据		

（2）写入 I/O 区域（0102）(MEMORY AREA WRITE)

写入数据至同一种类型内存规定数位的连续地址，命令和应答格式见表 5-9 和表 5-10，内存代码见表 5-6。

表 5-9　写入 I/O 区域命令格式

01	02				...
命令代码	内存代码	开始地址	写入位数	数据	

表 5-10　写入 I/O 区域应答格式

01	02	
命令代码		反馈代码

（3）读取多个 I/O 区域（0104）(MULTIPLE MEMORY AREA READ)

从指定的字开始，批量读取指定数量的非连续 I/O 存储区字的内容。指定存储区的数据将按命令指定的顺序返回，每个项可以读取的字节数取决于所读取的 I/O 区域，内存代码见表 5-6，命令和应答格式见表 5-11 和表 5-12。

表 5-11　读取多个 I/O 区域命令格式

01	04			...	
命令代码	内存代码	开始地址		内存代码	开始地址

表 5-12　读取多个 I/O 区域应答格式

01	04		...	...		...
命令代码	反馈代码	内存代码	数据	内存代码		数据

（4）读取程序区域（0306）(PROGRAM AREA READ)

读取程序区域连续的规定数量的数据，读取程序是读取机器语言（object code），每个命令最多读取 512 个字节的数。命令和应答格式见表 5-13 和表 5-14，参数说明如下：

1）程序代码：设置为 FFFF。

2）开始地址：设置一个相对于 00000000 的相对地址，必须为偶数且在应答帧中返回。

3）字节数：偶数 0200（Hex）字节数或更小的字节数，实际读取的字节数将返回到应答帧中。应答帧最后一个字的 bit15 如果是 1，那么该字就是最后一个字；如果是 0，那么该字就不是最后一个字，剩下的 bit0 ～ 14 是读取的字节数。

表 5-13 读取程序区域命令格式

03	06	FF	FF						
命令代码	程序代码			开始地址				字节数	

表 5-14 读取程序区域应答格式

03	06		FF	FF			… （最大 512 字节）		
命令代码	反馈代码	程序代码		开始地址		字节数	数据		

（5）写入程序区域（0307）(PROGRAM AREA WRITE)

将指定数量的数据写入从指定字开始的连续程序区域。每个命令最多可写入 512 个字节。若要写入更大数量的数据，需要使用多个命令，并为每个命令指定开始地址和字节数，命令和应答格式见表 5-15 和表 5-16。

表 5-15 写入程序区域命令格式

03	07	FF	FF				… （最大 512 字节）		
命令代码	程序代码		开始地址		字节数		数据		

表 5-16 写入程序区域应答格式

03	07			FF	FF				
命令代码	反馈代码	程序代码		开始地址			字节数		

注意　实际写入的字节数将在应答帧中返回。当最后一次写入程序区域的数据时，必须打开第 15 位，以便 PC 生成索引。如果只写入索引标记，则指定字节数为 8000。

（6）改变操作模式（0401）(RUN)

改变 PLC CPU 的操作模式到 MONITOR（监视）或者 RUN（运行）模式，使 PLC 能够执行其程序。当执行 RUN 模式时，CPU 单元将启动操作，在这之前必须确认系统的安全性。当启用"禁止覆盖受保护程序"设置时，此命令无效。命令和应答格式见表 5-17 和表 5-18。如果只发送命令代码或命令代码和程序代码，则模式更改为监视模式；如果发送此命令时 CPU 单元模式已经在预期的模式，则应答命令正常完成。

1）程序代码：设置为 FFFF。

2）模式：02（Hex）为 MONITOR 模式，04（Hex）为 RUN 模式。

表 5-17　改变操作模式（RUN）命令格式

04	01	FF	FF	
命令代码		程序代码		模式

表 5-18　改变操作模式（RUN）应答格式

04	01	
命令代码		反馈代码

（7）改变操作模式（0402）(STOP)

改变 PLC 的操作模式到 PROGRAM（编程）模式，需要我们特别注意的是，当执行停止时，CPU 单元将停止工作，因此在执行之前要确保系统的安全性，命令和应答格式见表 5-19 和表 5-20。

表 5-19　改变操作模式（STOP）命令格式

04	02	FF	FF
命令代码		程序代码	

表 5-20　改变操作模式（STOP）应答格式

04	02	
命令代码		反馈代码

（8）读取机器配置（0501）(CPU UNIT DATA READ)

该命令读取控制器 CPU 单元型号、总线单元配置、单元内部系统版本、远程 I/O 数据、区域数据和 CPU 单元信息。命令和应答格式见表 5-21 ～表 5-24。

表 5-21　读取机器配置命令格式

05	01	
命令代码		数据

如果将 00（Hex）指定为要读取的数据，即从 CPU 单元型号到区域数据，那么应答格式见表 5-22。

表 5-22　读取机器配置的应答格式（数据区为 00）

05	01		20 字节	20 字节	40 字节	12 字节
命令代码	反馈代码		CPU 单元型号	系统版本	系统留用	区域数据

如果将 01（Hex）指定为要读取的数据，即从总线单元配置到 CPU 单元信息，那么应答格式见表 5-23。

表 5-23　读取机器配置的应答格式（数据区为 01）

05	01	64 字节		
命令代码	反馈代码	总线单元配置	远程 I/O 数据	CPU 单元信息

如果未输入任何内容作为要读取的数据，即从 CPU 单元型号到 CPU 单元信息，那么应答格式见表 5-24。

表 5-24　读取机器配置应答格式

05	01		20 字节	20 字节	40 字节	12 字节	64 字节		
命令代码	反馈代码	CPU 单元型号	系统版本	系统留用	区域数据	总线单元配置	远程 I/O 数据	CPU 单元信息

（9）读取 CPU 状态（0601）(CPU UNIT STATUS READ)

本命令为读取 CPU 的状态，命令和应答格式见表 5-25 和表 5-26。

表 5-25　读取 CPU 状态命令格式

06	01
命令代码	

表 5-26　读取 CPU 状态应答格式

06	01							16 字节
命令代码	反馈代码	状态	模式	致命错误数据	非致命错误数据	信息是/否	错误代码	错误信息

参数解释如下。

1）状态（反馈）：PLC 的操作状态。

00——STOP（程序没有执行）；

01——RUN（程序在执行）；

80——CPU 处于待机状态。

2）模式（反馈）：处于以下一种模式。

00——编程；

02——监视；

04——运行。

3）致命错误数据（反馈）格式如图 5-4 所示。

4）非致命错误数据（反馈）格式如图 5-5 所示。

（10）读取时间数据（0701）(CLOCK READ)

此命令读取 CPU 时钟，命令和应答格式见表 5-27 和表 5-28。

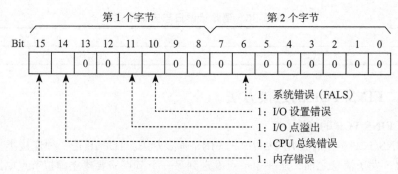

图 5-4　致命错误数据（反馈）格式

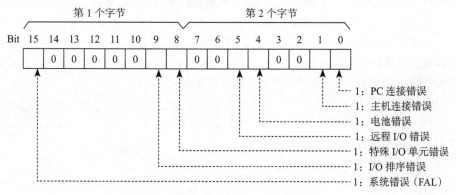

图 5-5　非致命错误数据（反馈）格式

表 5-27　读取时间数据命令格式

07	01
命令代码	

表 5-28　读取时间数据应答格式

07	01							
命令代码	反馈代码	年	月	日	小时	分钟	秒	星期

参数用 BCD 码表示。

（11）清除错误日志（2101）(ERROR CLEAR)

清除 CPU 错误日志命令和应答格式见表 5-29 和表 5-30。

表 5-29　清除错误日志命令格式

21	01	FF	FF
命令代码		错误复位号	

表 5-30 清除错误日志应答格式

21	01		
命令代码		反馈代码	

5.1.3 FINS/TCP 的连接方法

1. FINS/TCP 的特性

FINS/TCP 是一种使用 TCP/IP 的 FINS 通信方法。TCP/IP 是一种连接类型的通信协议，发送消息之前，从一个节点发送到另一个节点需要建立虚拟节点电路，即连接。一旦建立连接，通信是相当可靠的。发送的数据到达目标节点后，目标节点回复响应确认（ACK），如果发送有问题，则根据需要自动执行重试。

使用 FINS/TCP 时，必须确认哪个是服务器端节点，哪个是客户端节点。

如果是计算机和 PLC 之间的通信，则计算机通常应设置为客户端，PLC 作为服务器端；如果通信在两个 PLC 之间，可以将其中一个设置为客户端，另一个设置为服务器端，FIN/TCP 消息发送示意图如图 5-6 所示。

FINS/TCP 有以下特性。

1）由于重试处理等因素，TCP/IP 数据传输更加可靠，因此 FINS/TCP 更适合处理跨越多个 IP 网络层的通信错误。

2）远程客户端可以通过服务器上的设置来限制，即服务器可以不接收未指定 IP 地址的访问。

3）不能使用广播。

4）TCP/IP 有各种重试过程，这与 UDP/IP 相比往往会降低其性能。

5）可以连接有限数量的节点（最多 16 个连接），并且任何给定节点一次只能与最多 16 个其他节点通信。

6）一次连接 FINS/TCP（连接号、远程 IP 地址）已在单元设置中设置，可以在梯形图程序中使用 FINS 命令更改（即 FINS/TCP 连接远程节点更改请求）。

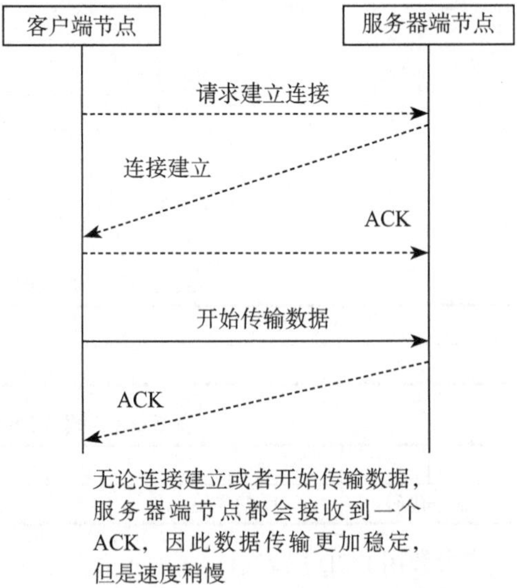
客户端节点
服务器端节点
请求建立连接
连接建立
ACK
开始传输数据
ACK
无论连接建立或者开始传输数据，服务器端节点都会接收到一个ACK，因此数据传输更加稳定，但是速度稍慢

图 5-6 FINS/TCP 消息发送示意图

2. FINS/TCP 帧格式

表 5-31 显示了通过以太网发送的 FINS/TCP 帧格式。

表 5-31　FINS/TCP 帧格式

Ethernet V2	IP 帧	TCP 帧	FINS/TCP 报头	FINS 帧	FCS

如表 5-31 所示，FINS/TCP 使用嵌套结构，即 Ethernet V2、IP 帧、TCP 帧、FINS/TCP 报头和 FINS 帧。如果 TCP 数据部分（FINS/TCP 报头 +FINS 帧）超出段大小（以太网单元默认值为 1024 个字节，节点之间能够自动调整），将被分割成 TCP 组用于传输，分割的 TCP 数据倾向于在远程节点的 TCP/IP 协议层自动加入。TCP/IP 协议层不能确定其中的数据被分割组，因此来自不同的分割组会全部被连接在一起。因此，当使用 FINS/TCP 时，必须在 FINS 帧的开头添加 FINS/TCP 报头，用作 FINS 帧分隔符。

3. FINS/TCP 的 TCP 端口号

TCP 端口号是 TCP 标识应用层（即本书中的 FINS 通信服务）的编号，当使用 TCP/IP 通信时，必须分配这个端口号给通信服务。

以太网单元对于 FINS/TCP 本地 TCP 端口号（以太网单元的 TCP 端口号）的默认设置是 9600。若要设置另一个号码，使用"单元设置"中的设置选项卡，为 FINS/TCP 端口进行设置。

在以太网单元，根据接收到的帧中的远程 TCP 端口号，将接收到的 TCP/IP 帧识别为 FINS 帧，主机应用程序通常用作 FINS/TCP 客户端。

4. FINS/TCP 连接号

FINS/TCP 允许同时建立多达 16 个 FINS/TCP 连接，并且这 16 个连接在以太网单元中由连接号管理。当通过 CX-Programmer → Unit Setup → FINS/TCP 设置项设置连接时，使用这些连接号分别设置连接。

5. FINS/TCP 连接状态（n+23 字）

当建立与远程节点的连接时，打开对应于 FINS/TCP 连接状态在 CIO 区域中分配的 CPU 总线单元字（n=1500+25 × 单元号）的部分，如果连接由于远程节点通信中有错误或者 FINS 命令的远程节点更改请求而导致通信终止，则该位关闭。FINS/TCP 连接状态见表 5-32。

表 5-32　FINS/TCP 连接状态

n+23	15	14	13	12	11	10	09	08	07	06	05	04	03	02	01	00

15 对应 16 号连接，00 对应 1 号连接

6. FINS/TCP 通信过程

使用 FINS/TCP 建立连接之后，立即交换 FINS 节点地址，这使得能够确定可以连接到 FINS 节点地址的 16 个连接号，并在内部表中管理它们。FINS/TCP 通信过程如图 5-7 所示。

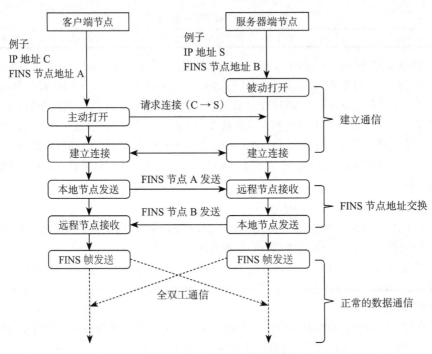

图 5-7   FINS/TCP 通信过程

当 FINS/TCP 服务器端建立连接后，它可以通过以下方法终止通信：

- 客户端关闭连接。
- 客户端发送 FINS 命令关闭连接（FINS/TCP 连接远程节点改变要求：命令代码为 2730 Hex）。
- 当保持激活功能生效时，服务器端没有响应。
- 如果从客户端接收到除 FINS 帧发送命令之外的命令，则在发送 FINS 帧发送错误通知命令之后关闭连接。

当 FINS/TCP 客户端建立连接后，它可以通过以下方法终止通信：

- 服务器端关闭连接。
- 当保持激活功能生效时，客户端没有响应。
- 如果从服务器端接收到除 FINS 帧发送或者连接确认命令之外的命令，则在发送 FINS 帧发送错误通知命令之后关闭连接。

7. FINS 节点地址

使用 FINS 消息服务时，必须在服务器端的程序中分配 FINS 节点地址以进行通信。服务器应用程序使用的 FINS 节点地址通常使用固定分配的方式提前分配。节点分配完后，如果有 FINS/TCP 通信请求，服务器就把这些节点地址自动分配给以太网上的客户端。

（1）节点地址自动分配过程

在需要建立连接交换 FINS 节点地址时，客户端的节点地址为 0（不设置节点地址）。在接收信息的服务器上，服务器从自动分配的尚未连接的节点地址（默认为 239 ~ 254）里分配 FINS 节点地址并发送到客户端。交换完 FINS 节点地址后，客户端使用分配的节点地址来创建 FINS 帧（替换分配在 FINS 报头的 SA1 的值）。

（2）为 FINS 节点地址的自动分配设置范围

可以用作自动分配的 FINS 节点地址的范围在以太网单元的单元设置中设置。正常情况下（默认状态），节点地址 239 ~ 254 被分配给连接 1 ~ 16。这些分配可以更改，但是如果没有特别的原因，则应该使用默认的节点地址设置范围。当使用自动分配的 FINS 节点地址时，节点地址 239 ~ 254 用于连接到服务器的应用程序，因此需要将以太网单元的节点地址设置为这个范围之外的地址。

（3）更改 FINS 节点自动分配的设置范围地址

1）选择 CX-Programmer → FINS/TCP 选项卡，更改自动分配 FINS 节点地址的设置范围。在 FINS/TCP 选项卡中，分配的节点号显示在下面每个连接号的列表中，如图 5-8 所示。

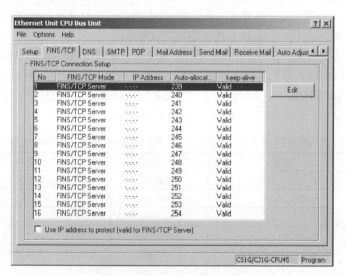

图 5-8　FINS/TCP 选项卡

2）如果想更改自动分配的节点地址，单击要更改的节点号，再单击 Edit 按钮，则弹出编辑 FINS/TCP 节点对话框，如图 5-9 所示。

3）图 5-9 中 Auto-allocated FINS node 后面的文本框就是 FINS 节点自动分配的连接地址。如果想更改这个数，那么更改后单击 OK 按钮，然后传送设置到以太网模块就完成了手动范围设置。

另外，在建立 FINS/TCP 连接之前，需要右击 CX-Programmer 的 I/O 选项卡，选择 Unit Setup，确认下面的信息没有问题。

1）Setup 选项卡：

- FINS/TCP port（默认为 9600）；
- TCP/IP keep-alive（默认为 120min）。

2）FINS/TCP 选项卡：

- FINS/TCP server/client。

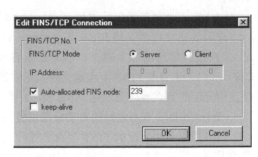

图 5-9　编辑 FINS/TCP 节点对话框

如果连接计算机，则需要把这项选择为 server。

5.1.4　FINS/TCP 的模式规范

1. FINS/TCP 报头

（1）FINS NODE ADDRESS DATA SEND（客户端到服务器端）命令（握手协议）

执行此命令时，客户端节点将自己的 FINS 节点地址存储在客户端节点地址中并通知服务器端。这个命令在 TCP 连接建立之后发送。

当使用自动分配的 FINS 节点地址时，指定客户端的节点地址为 00000000 Hex。

如果 FINS/TCP 服务器端或者客户端已经建立连接再发送这个命令，就会有错误代码（00000003 Hex：不支持此命令）出现在 FINS FRAME SEND ERROR NOTIFI-CATION 命令里，连接中断。命令格式见表 5-33。

表 5-33　FINS NODE ADDRESS DATA SEND 命令格式（客户端到服务器端）

类型	描述	大小（字节）	内容（Hex）	备注
FINS/TCP 报头	报文头	4	46494E53	ASCII 码：'FINS'
	长度	4	0000000C	12 字节：从命令开始的长度
	命令	4	00000000	
	错误代码	4	00000000	未使用，因此不用服务器端检查
	客户端节点地址	4	00000000 ～ 000000FE	0 ～ 254，注意 FINS 客户端节点地址是 0

（2）FINS NODE ADDRESS DATA SEND（服务器端到客户端）命令（握手协议反馈）

执行此命令时，服务器端节点将自己的 FINS 节点地址通知给客户端，此命令在服务器端接收到 FINS NODE ADDRESS DATA SEND（服务器端到客户端）命令之后发送。服务器端接收到客户端发送过来的 FINS NODE ADDRESS DATA SEND 命令首先进行解码，如果检测到命令里的错误代码，则把错误代码添加到命令里发送给客户端，然后关闭连接。

当客户端接收到含有错误代码的命令时，TCP/IP 端口马上关闭，错误代码为 00000000 Hex 表示通信正常。

当节点地址被自动分配给客户端时，客户端会把自动分配的节点地址存储在客户端节点地址段里。

如果 FINS/TCP 服务器端或者客户端已经建立连接再发送这个命令，就会有错误代码（00000003 Hex：不支持此命令）出现在 FINS FRAME SEND ERROR NOTIFI-CATION 命令里，连接中断。命令格式见表 5-34，错误代码见表 5-35。

表 5-34　FINS NODE ADDRESS DATA SEND 命令格式（服务器端到客户端）

类型	描述	大小（字节）	内容（Hex）	备注
FINS/TCP 报头	报文头	4	46494E53	ASCII 码 'FINS'
	长度	4	0000000C	16 字节：从命令开始的长度
	命令	4	00000001	
	错误代码	4	00000000	见表 5-35
	客户端节点地址	4	00000000 ～ 000000FE	1 ～ 254
	服务器端节点地址	4	00000000 ～ 000000FE	1 ～ 254

表 5-35　FINS NODE ADDRESS DATA SEND 命令错误代码

错误代码（Hex）	描述
00000000	正常
00000001	报文头不是 ASCII 码 'FINS'
00000002	数据长度超限
00000003	不支持的命令
00000020	所有的连接都在用
00000021	指定的节点已经连接
00000022	试图从一个未指定的 IP 地址访问受保护的节点
00000023	FINS 节点地址超范围
00000024	服务器端和客户端用了相同的节点地址
00000025	所有可用的节点地址都已用完

（3）FINS FRAME SEND 命令

使用 TCP/IP 发送 FINS 帧时，需要将 FINS FRAME SEND 命令添加到 FINS 帧里，命令格式见表 5-36。

表 5-36　FINS FRAME SNED 命令格式

类型	描述	大小（字节）	内容（Hex）	备注
FINS/TCP 报头	报文头	4	46494E53	ASCII 码：'FINS'
	长度	4	00000014 ～ 000007E4	20 到 2020 字节：从命令开始的长度
	命令	4	00000002	
	错误代码	4	00000000	未使用，因此不用服务器端检查
	FINS 帧	12 ～ 2012	…	从 FINS 报头 ICF 到数据结束位

（4）FINS FRAME SEND ERROR NOTIFICATION 命令

如果 FINS FRAME SEND 命令的 FINS/TCP 报头发生错误，则使用此命令，源节点发送完此命令后马上关闭连接，接收命令的节点接收到此命令后也马上关闭连接。命令格式见表 5-37，错误代码见表 5-38。

表 5-37　FINS FRAME SEND ERROR NOTIFICATION 命令格式

类型	描述	大小（字节）	内容（Hex）	备注
FINS/TCP 报头	报文头	4	46494E53	ASCII 码：'FINS'
	长度	4	00000008	8 字节：从命令开始的长度
	命令	4	00000003	
	错误代码	4	…	见表 5-38

表 5-38　FINS FRAME SEND ERROR NOTIFICATION 命令错误代码

错误代码（Hex）	描述
00000000	正常
00000001	报文头不是 ASCII 码 'FINS'
00000002	数据长度超限
00000003	不支持的命令

（5）CONNECTION CONFIRMATION 命令

当服务器端接收到客户端发送的 FINS NODE ADDRESS DATA SEND（客户端到服务器端）命令后，发现命令里的 IP 地址和 FINS 节点已经建立连接时，服务器端将发送这个命令，接收此命令的客户端可以销毁或不理睬。

命令发送后，如果远程节点通过 TCP 层返回 ACK，则连接建立；如果远程节点通过 TCP 层返回 RST，则连接关闭。命令格式见表 5-39。

表 5-39　CONNECTION CONFIRMATION 命令格式

类型	描述	大小（字节）	内容（Hex）	备注
FINS/TCP 报头	报文头	4	46494E53	ASCII 码：'FINS'
	长度	4	00000008	8 字节：从命令开始的长度
	命令	4	00000006	

（续）

类型	描述	大小（字节）	内容（Hex）	备注
FINS/TCP 报头	错误代码	4	00000000	未使用，因此不用服务器端检查
	保留	4	…	保留位

2. 连接序列

1）正常的连接序列如图 5-10 所示。

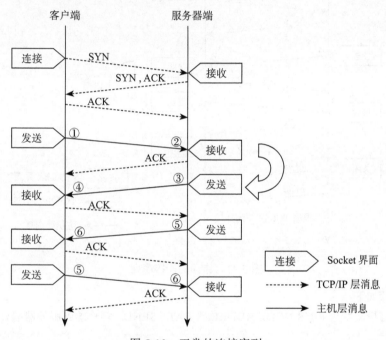

图 5-10　正常的连接序列

步骤如下：

① TCP 连接建立后，客户端使用 FINS NODE ADDRESS DATA SEND（客户端到服务器端）命令发送客户端节点地址。

②服务器端从接收的消息中获得客户端的 FINS 节点地址。

③服务器端使用 FINS NODE ADDRESS DATA SEND（服务器端到客户端）命令发送服务器端节点地址。

④客户端从接收的消息中获得服务器端的 FINS 节点地址。

⑤ FINS 消息使用 FINS FRAME SEND 命令发送。

⑥ FINS 消息从接收到的消息中分离出来。

在步骤⑤和⑥中，客户端和服务器端都可以在两个方向上发送和接收（命令 / 响应）FINS 消息。

2）错误的连接序列如图 5-11 所示。

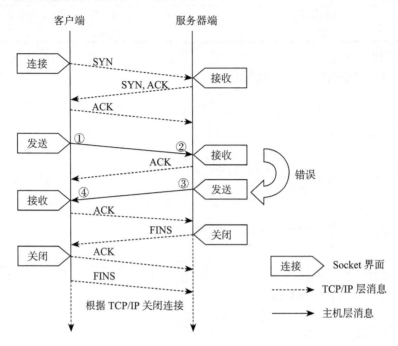

图 5-11　错误的连接序列

步骤如下：

①客户端发送 FINS NODE ADDRESS DATA SEND（客户端到服务器端）命令到服务器端。

②接收到的消息头探测到错误，原因是报文头没有 ASCII 码 'FINS'。

③服务器端发送一个包含错误代码的 FINS NODE ADDRESS DATA SEND（服务器端到客户端）命令给客户端，并且关闭 TCP/IP 端口。

④客户端检测到错误代码，马上关闭 TCP/IP 端口。

3）自动分配 FINS 节点地址的连接序列如图 5-12 所示。

步骤如下：

①服务器端自动分配给客户端的 FINS 节点地址是 00000000 Hex，并且客户端使用 FINS NODE ADDRESS DATA SEND（客户端到服务器端）命令发送它。

②服务器端从客户端发过来的消息里检测出客户端的节点地址，并且查看是否为指定的 FINS 节点地址，服务器端控制自动分配客户端的节点地址。

③服务器端存储自己的节点地址到服务器端节点地址域并且自动分配一个客户

端节点地址域，使用 FINS NODE ADDRESS DATA SEND（服务器端到客户端）命令
发送给客户端。

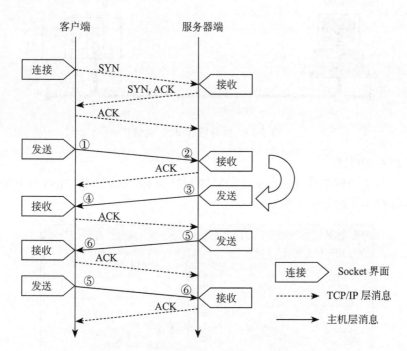

图 5-12　自动分配 FINS 节点地址的连接序列

④服务器端节点地址从接收到的报文的服务器端节点地址域获得，客户端节点
地址从客户端节点地址域获得。

⑤使用 FINS FRAME SEND 命令发送一个 FINS 消息报文。

⑥ FINS 消息从接收到的消息中分离出来。

在步骤⑤和⑥中，客户端和服务器端都可以在两个方向上发送和接收（命令 / 响
应）FINS 消息。

5.1.5　计算机通过 FINS/TCP 与欧姆龙 PLC 通信举例

当计算机发送 FINS 报文时，计算机程序必须创建报文帧格式，同时接收到的其
他网络节点的回应数据也需要用帧格式去解析。计算机需要编程组织 FINS/TCP 报
文并且利用 TCP/IP 把报文发送给 PLC，注意 PLC 的以太网默认 FINS/TCP 端口是
9600，当然也可以在 CX-Programmer 的 Unit Setup 里更改这个端口号。

下面是一个计算机和 PLC 通信的例子，PLC 是服务器端，计算机是客户端，如
图 5-13 所示。

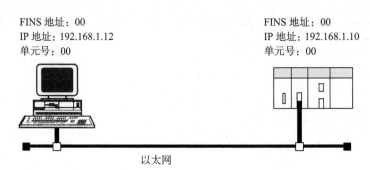

FINS 地址：00　　　　　　　　　　　FINS 地址：00
IP 地址：192.168.1.12　　　　　　　IP 地址：192.168.1.10
单元号：00　　　　　　　　　　　　单元号：00

以太网

图 5-13　计算机和 PLC 通信

1. PLC 侧设置

进入 PLC 的网络设置对话框，设置 IP 地址为 192.168.1.10，FINS/TCP 端口选择默认的 9600，如图 5-14 所示。

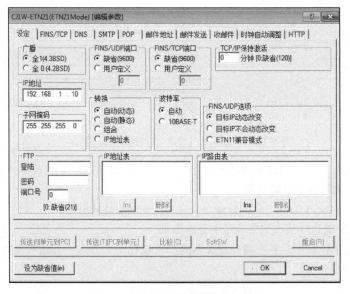

图 5-14　PLC 的网络设置对话框

2. 计算机侧编程

接下来，使用 C# 开发计算机和 PLC 的通信程序，按照之前介绍的正常的连接序列的第 1 步建立 TCP 连接，在 PLC 以太网设置界面里输入 PLC 的 IP 地址和端口号，然后单击下面的连接按钮，就建立了 TCP 连接，就可以进行 FINS/TCP 通信。注意，所有的通信字符都是十六进制数发送，例如 46494E53（Hex）转换为 ASCII 码就是 'FINS'。接下来就是 FINS 通信部分。

（1）发送 FINS NODE ADDRESS DATA SEND（客户端到服务器端）命令（握手协议）

单击"握手通信"按钮完成握手，如图 5-15 所示。

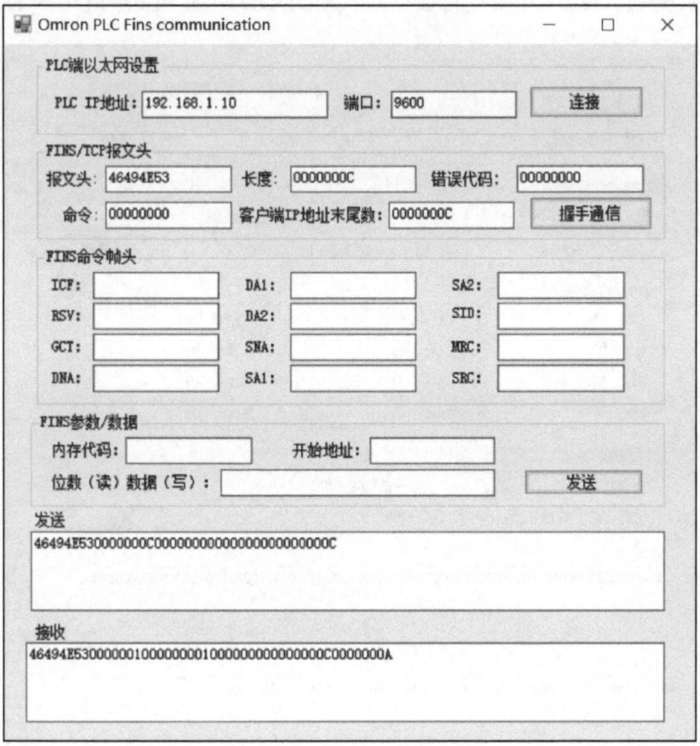

图 5-15　FINS/TCP 握手通信

发送和接收消息报文解析如下。

计算机发送握手信号字符段定义：

报文头	长度	命令	错误代码	客户端节点地址
46494E53	0000000C	00000000	00000000	0000000C

PLC 对握手信号回复字符段定义：

报文头	长度	命令	错误代码	客户端节点地址	服务器端节点地址
46494E53	00000010	00000001	00000000	0000000C	000000A

（2）通过 FINS FRAME SEND 命令写入 PLC 数据

握手完成后，计算机就可以给 PLC 发送命令，发送写入 PLC DM 区 D1 数据格式如下，单击"发送"按钮完成发送。

握手完成，PLC 获得计算机的 FINS 节点地址，同时计算机也从 PLC 返回的字符里获得 PLC 的 FINS 节点地址，接下来就可以使用 FINS FRAME SEND 命令发送 FINS/TCP 数据帧，图 5-16 就是将数据 CCCCDDDD 写入 PLC 的 D1 ～ D2。

图 5-16　将数据写入 PLC 的 D1 ～ D2

发送和接收消息报文解析如下。

计算机发送写入数据字符段定义：

报文头	长度	命令	错误代码	ICF	RSV	GCT	DNA	DA1	DA2
46494E53	0000001E	00000002	00000000	80	00	02	00	0A	00

SNA	SA1	SA2	SID	MRC	SRC	内存代码	开始地址	位数	数据
00	0C	00	01	01	02	82	000100	0002	CCCCDDDD

PLC 反馈给计算机的字符段定义：

报文头	长度	命令	错误代码	ICF	RSV	GCT	DNA	DA1	DA2
46494E53	00000016	00000002	00000000	C0	00	02	00	0C	00

SNA	SA1	SA2	SID	MRC	SRC	错误
00	0A	00	01	02	02	0000

（3）通过 FINS FRAME SEND 命令读取 PLC 数据

读取 PLC 的 D1 ～ D2 数据如图 5-17 所示。

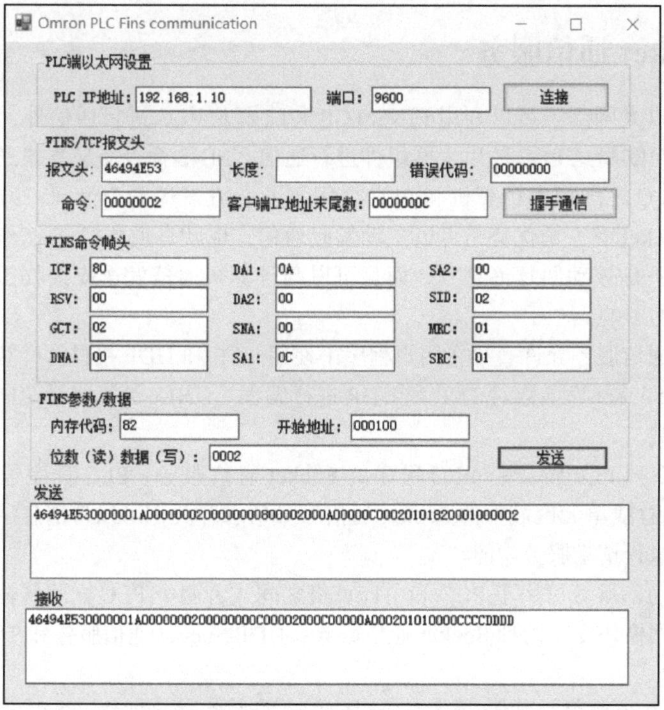

图 5-17　读取 PLC 的 D1 ～ D2 数据

发送和接收消息报文解析如下。

计算机发送读取数据字符段定义：

报文头	长度	命令	错误代码	ICF	RSV	GCT	DNA	DA1	DA2
46494E53	0000001A	00000002	00000000	80	00	02	00	0A	00

SNA	SA1	SA2	SID	MRC	SRC	内存代码	开始地址	位数
00	0C	00	02	01	02	82	000100	0002

PLC 反馈给计算机的字符段定义：

报文头	长度	命令	错误代码	ICF	RSV	GCT	DNA	DA1	DA2
46494E53	0000001A	00000002	00000000	C0	00	02	00	0C	00

SNA	SA1	SA2	SID	MRC	SRC	错误	数据
00	0A	00	02	01	01	0000	CCCCDDDD

（4）计算机侧 C# 程序源代码

见本书配套资源包。

5.2　Socket 通信服务

计算机以太网除了可以利用 FINS/TCP 和欧姆龙 PLC 进行通信外，还可以通过 Socket 方式与欧姆龙 PLC 的以太网组件进行通信。FINS 命令是应答式通信，也就是说 PLC 和 PLC 之间或者计算机和 PLC 之间需要一方发送命令询问，另一方回复信息。但是 Socket 有一个优势是可以主动发起通信，也就是说能把 PLC 作为信息的主动发起方而不是被动回复消息方，而且可以与计算机通信发送或接收任意字符，不受协议格式的影响。

Socket 通信服务允许直接在用户程序中使用 TCP 和 UDP 接口。计算机可以直接调用标准的 Socket 库函数对 TCP 和 UDP 进行编程。UNIX 计算机系统同样支持调用 Socket 库函数。

CJ/CS 系列 PLC 都支持 PLC 程序的 Socket 通信服务。PLC 程序通过控制 CIO 区域中 CPU 总线单元区域中的 Socket 通信服务请求开关，可以将消息字符发送到以太网单元，执行请求服务功能。

Socket 通信服务可用于 PLC 和主计算机之间或者两个 PLC 之间传输任意格式的数据。以太网模块支持两种 Socket 通信服务：UDP Socket 通信服务和 TCP Socket 通信服务。

以太网单元最多支持 16 个 Socket 通信服务的 Socket 连接，8 个用于 UDP，另外 8 个用于 TCP。Socket 号 1 到 16 分配给 UDP 和 TCP 的 Socket，通过为每个 Socket 号分配 Socket 端口，并使用梯形图程序管理 Socket。当打开 Socket 时，分配 Socket 端口号。

5.2.1　TCP 通信

每次传输数据时都遵循以下步骤，以确保数据正确地传输到远程节点：

- 远程节点正常收到数据后返回 ACK。
- 本地节点收到远程节点的 ACK 后开始发送下一个数据，或者在规定的时间段内没有收到 ACK 再重发一次数据。

TCP 传输过程如图 5-18 所示。

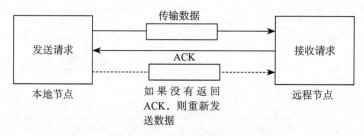

图 5-18　TCP 传输过程

当打开 Socket 请求时，TCP 将指定远程 IP 地址和远程 TCP 端口号，发出发送请求时，将指定要发送的字节数和数据。使用 TCP 时，只有关闭已经打开的 Socket 后，才能与其他远程设备进行通信。

1. 打开 TCP Socket

TCP 启动数据传输之前，需要在两个节点之间建立虚拟通信电路，虚拟通信电路被称为"连接"。

对节点执行 Open 命令，建立连接。根据节点是客户端还是服务器端，Open 的方法有所不同，被动打开方法用于将节点作为服务器端，主动打开方法用于将节点作为客户端。建立 TCP 连接如图 5-19 所示。

图 5-19　建立 TCP 连接

建立 TCP 连接时需要注意以下事项：

1）一旦建立了连接，必须关闭当前 TCP Socket 连接后，才能与其他 TCP Socket 进行通信，其他服务器端和客户端的 Socket 也是如此。最多可以同时打开 8 个 TCP Socket。

2）使用 UDP Socket 可以与多个其他 UDP Socket 进行通信。

3）当两个节点之间建立连接时，提供服务的节点称为服务器端，接收该服务的节点称为客户端。首先启动服务器端并等待来自客户端的服务请求，客户端向服务器端请求打开连接，然后传输数据。当使用 TCP 时，客户端－服务器端关系不需要编程，因为协议会自动驱动。

2. TCP 通信过程

TCP 通信过程如图 5-20 所示，该过程使用 TCP Socket 服务在主机和以太网单元之间通信。在本书中，PLC 是服务器端，计算机是客户端。

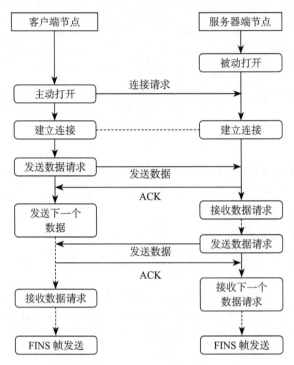

图 5-20   TCP 通信过程

5.2.2   Socket 服务

1. Socket 服务功能

以太网单元的 Socket 服务用于在 PLC 与不支持 FINS 和 C-Code 协议的应用设备之间的通信。通过专用控制位（称为 Socket 服务请求开关），打开或者关闭 Socket 服务，CS/CJ 系列 PLC 可以通过用户程序使用 Socket 服务。本书主要介绍 PLC 和计算机通信，所以这里主要讲解 PLC 通过专用控制位来控制 PLC 以 TCP/IP 与计算机进行通信，计算机和 PLC Socket 服务过程如图 5-21 所示。

可以在 CPU 总线单元中的 Socket 服务参数区中设置参数后，打开 Socket 服务请求开关并使用 Socket 服务，使用 Socket 服务请求时，UDP 和 TCP 组合最多可以同时打开 8 个 Socket。另外，UDP 和 TCP 不能同时使用相同的 Socket 号（每个 Socket 只有一个 Socket 服务参数区，即 UDP 和 TCP 必须相同的区域）。图 5-22 提供了通过 Socket 服务请求开关执行 Socket 服务的过程。

说明：

1）CIO 区域中的 CPU 总线单元中的 Socket 服务请求开关用于从 CPU 单元向以太网单元发送服务请求。

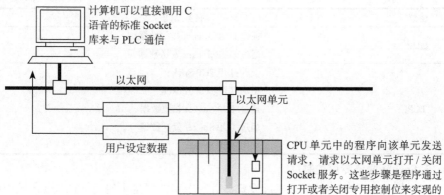

图 5-21　计算机和 PLC Socket 服务过程

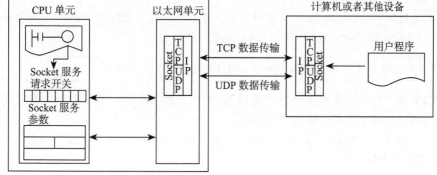

图 5-22　通过 Socket 服务请求开关执行 Socket 服务的过程

2）DM 区域中的 CPU 总线单元中的 Socket 服务参数用于指定从以太网单元请求服务。DM 区域中的 CPU 总线单元也用于接收从以太网单元到 CPU 单元的处理结果。

在 DM 区域的 CPU 总线单元中的 Socket 服务参数中设置需要的参数后，Socket 服务请求开关用于请求打开，发送、接收或关闭 UDP/TCP。请求发送时，发送在参数区域中设置的发送 / 接收数据地址的数据；请求接收时，将数据接收到参数区域中设置的发送 / 接收数据地址。

2. Socket 服务请求功能

可以使用 Socket 服务请求来执行表 5-40 列出的 Socket 服务功能。

表 5-40　Socket 服务功能

协议	服务功能
UDP	打开 UDP Socket

（续）

协议	服务功能
UDP	通过 UDP Socket 接收数据
	通过 UDP Socket 发送数据
TCP	被动打开 TCP Socket
	主动打开 TCP Socket
	通过 TCP Socket 接收数据
	通过 TCP Socket 发送数据
	关闭 TCP Socket

3. Socket 服务专用控制位

以太网单元的 Socket 服务通过设置参数和专用控制位来使用，在 DM 区域中的 CPU 总线单元中分配的 Socket 服务参数中设置所需参数，然后在内存中打开 Socket 服务请求开关来使用此方法，总共有 8 个端口（UDP 和 TCP 组合）可用于 Socket 服务。

使用 Socket 服务功能的过程如下：

1）使用 CX-Programmer 或编程软件，在 DM 区域中分配的 Socket 服务参数区域 $1 \sim 8$（$m+18 \sim m+88$）中进行 Socket 服务设置。

注意 分配的 DM 区域中的第 1 个字 m=D30000+（100× 单元号）。

2）从"选项"菜单中选择"传输到 PLC"，然后单击"是"按钮，将分配的 DM 区域中的设置数据传输到 CPU 单元。

3）通过专用控制位将 CIO 区域中的每一个 Socket 服务请求开关 $1 \sim 8$ 从 OFF（关）切换为 ON（开）。

4. Socket 服务功能所需的设置

使用 Socket 服务时，必须在 PLC 的"设备设置"中进行设置。在 CX-Programmer 的 Unit Setup 中设置 Socket 服务相关项，如图 5-23 所示。

1）广播一般都默认为全 1。

2）IP 地址默认为 192.168.1.10。

3）子网掩码使用默认值或者 255.255.255.0。

4）IP 路由表指当以太网单元通过 IP 路由器与其他 IP 网段中的节点进行通信时需要设置的项。

5. CIO 区域 Socket 参数分配

CIO 区域字从字 $n+1$ 开始的 CPU 总线单元 CIO 区域中分配。n 的值可以根据单元号计算：

起始字 n=CIO1500+（25× 单元号）

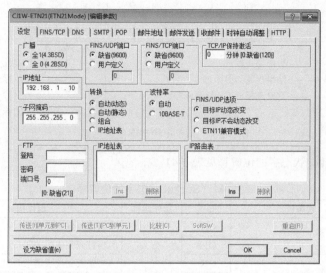

图 5-23　设置 Socket 服务相关项

Socket 单元状态字中提供了 UDP/TCP Socket 状态，如图 5-24 所示，UDP 和 TCP 的每个 Socket 都有一个状态字。

	15	8	7	0
$n+1$		UDP Socket No.1 状态		
$n+2$		UDP Socket No.2 状态		
$n+3$		UDP Socket No.3 状态		
$n+4$		UDP Socket No.4 状态		
$n+5$		UDP Socket No.5 状态		
$n+6$		UDP Socket No.6 状态		
$n+7$		UDP Socket No.7 状态		
$n+8$		UDP Socket No.8 状态		
$n+9$		TCP Socket No.1 状态		
$n+10$		TCP Socket No.2 状态		
$n+11$		TCP Socket No.3 状态		
$n+12$		TCP Socket No.4 状态		
$n+13$		TCP Socket No.5 状态		
$n+14$		TCP Socket No.6 状态		
$n+15$		TCP Socket No.7 状态		
$n+16$		TCP Socket No.8 状态		

图 5-24　UDP/TCP Socket 状态

每个 Socket 状态字的位示意如图 5-25 所示。

图 5-25　Socket 状态字的位示意

每个 Socket 状态字的位解释见表 5-41。

表 5-41　Socket 状态字的位解释

位	状态位	开关	操作组件	组件描述
0	打开标志	ON		当接收到打开请求时打开
		OFF		当打开完成时关闭
1	接收标志	ON		当接收到接收请求时打开
		OFF		当接收完成时关闭
2	发送标志	ON		当接收到发送请求时打开
		OFF		当发送完成时关闭
3	关闭标志	ON		当接收到关闭请求时打开
		OFF		当关闭完成时关闭
13	数据接收标志	ON	单元	当打开的 Socket 接收到远程节点的数据时打开
		OFF		当打开的 Socket 请求接收时关闭
14	结果存储错误标志	ON		如果为以太网单元的 Socket 服务请求命令指定的结果存储存在错误，则打开
		OFF		该标志在任何服务请求处理标志（位 0～3）再次接通时（即在处理完成时）同时接通
15	TCP 连接 /UDP 打开标志	ON		当 UDP 打开过程完成后或者 TCP 连接建立后打开
		OFF		关闭处理完成后关闭（当打开处理以错误结束时，将保持 OFF）

6. DM 区域分配

在 DM 区域的 CPU 总线单元区域中分配 DM 区域字，起始字 m 由以下公式计算：

起始字 m=D30000+（100× 单元号）

（1）TCP Socket 接收的字节数

TCP Socket 状态字中存储了 TCP Socket 在接收缓存区中保存的数据的字节数。CIO 区域的数据接收标志根据这些状态字 ON/OFF。当改变专用控制位时，这些区域被暂时设为 0000 Hex。如果接收请求完成后，接收缓存区还有数据，则字节数存储在 TCP Socket 接收的字节数中，并且数据接收标志再次 ON。在确认所接收的字节数中包含所需的数据后，应执行接收请求，TCP Socket 接收字节数状态位如图 5-26 所示，接收缓存区中最多存储 4096 字节的数据，但此状态字可设置的值最大为 1984（07C0）。

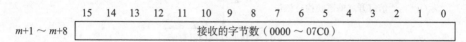

| | 15 | 14 | 13 | 12 | 11 | 10 | 9 | 8 | 7 | 6 | 5 | 4 | 3 | 2 | 1 | 0 |
| $m+1 \sim m+8$ | | | | | | | 接收的字节数（0000 ～ 07C0） | | | | | | | | | |

图 5-26　TCP Socket 接收字节数状态位

（2）TCP 连接状态

TCP 连接状态用于监视已使用 TCP Socket 打开的端口的状态。即使端口关闭后，也会存储此端口状态，并保持该状态直到使用 Socket 再次打开端口，TCP 连接状态位如图 5-27 所示。

| | 15 | 14 | 13 | 12 | 11 | 10 | 9 | 8 | 7 | 6 | 5 | 4 | 3 | 2 | 1 | 0 |
| $m+9 \sim m+16$ | − | − | − | − | − | − | − | − | − | − | − | − | | | | |

图 5-27　TCP 连接状态位

0 ～ 3 位（十六进制表示）的状态描述见表 5-42。

表 5-42　0 ～ 3 位的状态描述

反馈码	状态	描述
00000000	CLOSED	关闭连接
00000001	LISTEN	等待连接
00000002	SYN SENT	SYN 处于活动状态
00000003	SYN RECEIVED	SYN 收到并发送
00000004	ESTABLISHED	连接已经建立
00000005	CLOSE WAIT	收到消息并且等待完成
00000006	FIN WAIT1	完成并发送了消息
00000007	CLOSING	完成并交换了消息，等待 ACK
00000008	LAST ACK	发送消息并完成，等待 ACK
00000009	FIN WAIT2	完成并接收到了 ACK，等待消息
0000000A	TIME WAIT	关闭后，暂停两倍的最大段周期（2MSL）

7. 通过专用控件使用 Socket 服务

（1）TCP Socket 打开流程

TCP Socket 打开流程如图 5-28 所示。

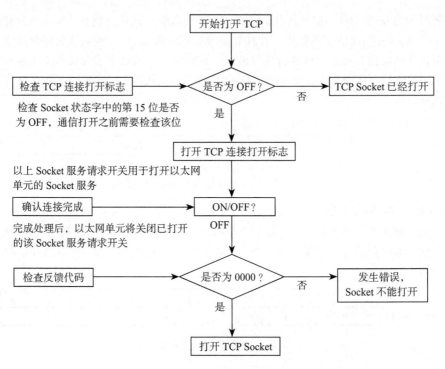

图 5-28   TCP Socket 打开流程

（2）Socket 服务参数

请求 Socket 服务的 Socket 服务参数区域位于 CPU 单元 DM 区域 CPU 总线单元区域中。Socket 服务参数区域分配如图 5-29 所示。分配给以太网单元作为 CPU 总线单元的 DM 区域中的第 1 个字 m 的计算如下：

m=D30000+（100× 单元号）

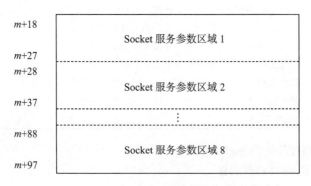

图 5-29   Socket 服务参数区域分配

每个 Socket 服务参数区域的配置见表 5-43。

表 5-43 Socket 服务参数区域的配置

偏移	15	14	13	12	11	10	9	8	7	6	5	4	3	2	1	0
+0	Socket 选项								UDP/TCP Socket 号							
+1	本地 UDP/TCP 端口号															
+2	远程 IP 地址															
+3																
+4	远程 UDP/TCP 端口号															
+5	发送 / 接收的字节数															
+6	发送 / 接收数据地址															
+7																
+8	超时值															
+9	反馈代码															

表 5-44 显示了每个 Socket 服务所需的参数及使用情况。

表 5-44 Socket 服务所需的参数及使用情况

参数	字数	范围（Hex）	Socket 服务			
			TCP 被动打开	TCP 主动打开	TCP 接收	TCP 发送
Socket 选项	1	指定位	…	…	…	…
UDP/TCP Socket 号		0001 到 0008	W	W	W	W
本地 UDP/TCP 端口号	1	0000 到 FFFF	W	RW	…	…
远程 IP 地址	2	00000000 到 FFFFFFFF	RW	W	…	…
远程 UDP/TCP 端口号	1	0000 到 FFFF	RW	W	…	…
发送 / 接收的字节数	1	0000 到 07C0	…	…	RW	…
发送 / 接收数据地址	2	内存地址	…	…	W	W
超时值	1	0000 到 FFFF Hex	W	…	…	…
反馈代码	1	…	R	R	R	R

注：W——用户写；

RW——由用户在执行时写入，然后在完成时读取结果；

R——完成时由用户读取结果；

……——不使用。

（3）参数解释

1）Socket 选项：对于 TCPOPEN REQUEST（主动或被动）命令，规定是否使用保持激活功能。当使用保持激活功能时，打开位 8（设置为 1）。

2）UDP/TCP Socket 号：打开 UDP/TCP 的 Socket 号。

3）本地 UDP/TCP 端口号：指定要用于通信的 Socket 的 UDP 或 TCP 端口号，选择端口号时避开下面的端口号：

- 9600 是 FINSUDP 专用端口号，所以 UDP Socket 不要指定这个端口号；
- 不要占用 FTP 服务器的 TCP 端口号 20 和 21；
- 不要占用电子邮件通信的端口号 25；
- 通常使用 1024 以上的端口号。

4）远程 IP 地址：指定远程设备的 PLCIP 地址：

- Socket 服务区偏移 +2 是 IP 地址的前两位，+3 为后两位，例如若远程 IP 地址是 196.36.32.55（C4.24.20.37 Hex），则 +2 为 C424，+3 为 2037。
- 在 UDP Socket 发出接收请求时，不使用此参数。远程 IP 地址将与响应数据一起存储，并作为远程 IP 地址写入 Socket 服务参数区。
- 打开被动 TCP Socket 时，远程 IP 地址和远程 TCP 端口号组合会有不同的规定，组合解释见表 5-45。

表 5-45   远程 IP 地址和远程 TCP 端口号组合解释

远程 IP 地址	远程 TCP 端口号	描述
0	0	接收所有的连接
0	不是 0	只接收相同的连接请求端口号
不是 0	0	只接收同一个远程 IP 地址的连接请求
不是 0	不是 0	只接收相同的连接请求端口号和 IP 地址

如果远程 IP 地址设置为 0，则可以与任何远程节点建立连接，并且连接节点的远程 IP 地址将作为远程 IP 地址存储在 Socket 服务参数中。如果设置了特定的远程 IP 地址，则只能与具有指定 IP 地址的节点建立连接。

如果远程 TCP 端口号设置为 0，则无论使用何种 TCP 端口号，都可以与任何远程节点建立连接。如果设置了特定的远程 TCP 端口号，则只能使用指定 TCP 端口号与节点建立连接。

5）远程 UDP/TCP 端口号：指定远程设备使用的 UDP/TCP 端口号。

在发送 UDP Socket 的接收请求时不使用此参数。远程 UDP/TCP 端口号将与响应数据一起存储，并作为远程 UDP/TCP 端口号写入 Socket 服务参数区。

6）超时值：设置完成通信的时间限制，以 0.1 s 为单位，从接收请求开关（TCP/UDP）或 TCP 被动打开请求开关打开时算起。如果通信超时，则存储响应代码 0080 Hex（超时）。如果设置为 0，则请求服务将不计时。

7）发送 / 接收的字节数：发送要发送的字节数或要接收的字节数。传输完成后，此处写入已发送或接收的实际字节数。

8）发送 / 接收数据地址：指定要发送数据的第 1 个字的地址或要接收数据

的第 1 个字的地址。始终将位数设置为 00 Hex。

偏移	15 8	7 0
+6	区域代码	字地址最左边两位
+7	字地址最右边两位	位数（总是 00 Hex）

内存区域地址规定见表 5-46。

表 5-46 内存区域地址规定

区域		区域代码（Hex）	字的地址（Hex）
CIO、HR 和 AR 区域	CIO	B0	0000 到 17FF
	HR	B2	0000 到 01FF
	AR	B3	01C0 到 03BF
DM 区域	DM	82	0000 到 7FFF
EM 区域	Bank 0	A0	0000 到 7FFF
	⋮	⋮	⋮
	Bank C	AC	0000 到 7FFF

（4）Socket 服务请求开关

通过 Socket 专用控制位，可以请求 Socket 服务，这些位称为套接字服务请求开关，在 CPU 单元中打开。通过以太网单元请求 Socket 服务。

Socket 服务请求开关在 CIO 区域的 CPU 总线单元区域中分配，从字 $n+19$ 开始，n 的值可以由单元号计算，Socket 服务请求开关地址如图 5-30 所示。

n=CIO 1500+(25 × 单元号)

偏移:	15 8	7 0
$n+19$	Socket 服务请求开关 2	Socket 服务请求开关 1
$n+20$	Socket 服务请求开关 4	Socket 服务请求开关 3
$n+21$	Socket 服务请求开关 6	Socket 服务请求开关 5
$n+22$	Socket 服务请求开关 8	Socket 服务请求开关 7

图 5-30 Socket 服务请求开关地址

每组 Socket 服务请求开关的配置如图 5-31 所示。

服务开关说明见表 5-47。

当请求的进程完成时，以太网单元关闭请求开关。

注意 在 CIO 区域的 CPU 总线单元区域中，分配给以太网单元的第 1 个字的位 2 还有一个 Socket 强制关闭开关。当 Socket 强制关闭开关打开时，所有打开的 Socket 都将被强制关闭。

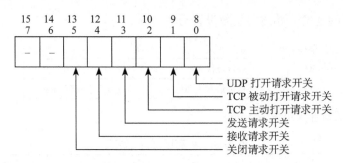

图 5-31   Socket 服务请求开关的配置

表 5-47   服务开关说明

位		开关	状态	谁操作	描述
8	0	UDP 打开请求开关	ON	用户	当打开时，UDP Socket 被打开
			OFF	单元	当打开处理完成时（即建立连接时），单元关闭开关
9	1	TCP 被动打开请求开关	ON	用户	当打开时，被动 TCP Socket 被打开
			OFF	单元	当打开处理完成时（即建立连接时），单元关闭开关
10	2	TCP 主动打开请求开关	ON	用户	当打开时，主动 TCP Socket 被打开
			OFF	单元	当打开处理完成时（即建立连接时），单元关闭开关
11	3	发送请求开关	ON	用户	当打开时，执行发送处理
			OFF	单元	当打开处理完成时（即建立连接时），单元关闭开关
12	4	接收请求开关	ON	用户	当打开时，执行接收处理
			OFF	单元	当打开处理完成时（即建立连接时），单元关闭开关
13	5	关闭请求开关	ON	用户	当打开时，执行关闭处理
			OFF	单元	当打开处理完成时（即建立连接时），单元关闭开关

当通过 Socket 服务请求开关使用 Socket 服务时，梯形图编程需要在关闭 Socket 服务请求时检查反馈代码。

5.2.3   计算机通过 Socket 服务与 PLC 通信举例

以下的例子是使用 Socket 服务在 PLC 和计算机之间传输 25 个字节的数据，PLC 端以太网单元（单元号为 0）是主动打开连接，计算机是被动打开连接，计算机作为服务器端，PLC 作为客户端。计算机 IP 地址为 192.168.1.12，端口为 4096，PLC 以太网 IP 地址为 192.168.1.10，计算机和 PLC 连接如图 5-32 所示。

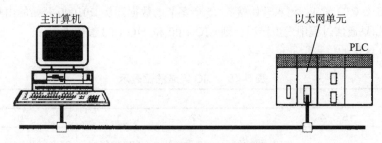

图 5-32　计算机和 PLC 连接

计算机端使用 TCP/UDP Socket 调试工具作为服务器端，端口设置为 4096，设置完等待连接窗口如图 5-33 所示。

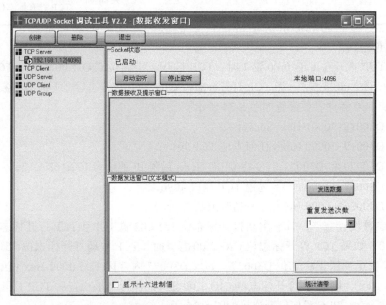

图 5-33　TCP/UDP Socket 调试工具设置完等待连接窗口

PLC 端程序设置通过 CIO0.00 到 CIO 0.03 控制通信，这只是我们的程序设置，你也可以设置其他位来控制（例如实际的 I/O 点等），由于我们是打开 Socket1，所以控制位 n=CIO 1500+(25×0)=1500，因此本例的 Socket 控制位就是 n+19=CIO 1519 的前 8 位，即 1519.00 到 1519.07，Socket 状态位就是 n+9=1509，Socket 服务参数区就是 D30018 到 D30027，执行过程如下：

- CIO 0.00 置 1，请求打开 TCP Socket；
- CIO 0.01 置 1，请求关闭 TCP Socket；

- CIO 0.02 置 1，请求发送从 D00000 开始的 25 个字节的数据；
- CIO 0.03 置 1，请求开始接收 25 个字节的数据到从 D01000 开始的内存区；
- 如果通信过程中发生错误，则 CIO 1.00 和 CIO 1.03 被置 1。

CIO 区域的位表示见表 5-48。

表 5-48　CIO 区域的位表示

区域	位				
	15 ~ 4	3	2	1	0
CIO 0000		TCP 接收位	TCP 发送位	TCP 关闭位	TCP 打开位
CIO 0001		TCP 接收错误标志位	TCP 发送错误标志位	TCP 关闭错误标志位	TCP 打开错误标志位
CIO 0002		TCP 接收标志位	TCP 发送标志位	TCP 关闭标志位	TCP 打开标志位

1. 建立连接

当 TCP 打开位 CIO 0.00 置 1 时，TCP 打开，错误位 CIO 1.00 复位，TCP 打开标志位 CIO 2.00 被置 1。当 TCP 打开标志位 CIO 2.00 被置 1 后，下面的参数被写入参数区，PLC 程序参数配置如图 5-34 所示。

- D30018：0001 Hex=Socket 1；
- D30019：0000 Hex= 任何本地 TCP 端口；
- D30020 和 D30021：C0A8 010C Hex= 远程 IP 地址为 192.168.1.12；
- D30022：1000 Hex= 远程 TCP 端口 4096；
- D30026：0000 Hex= 没有超时限制。

当参数设置完毕，TCP 主动打开标志位 1519.02 置 1 并且 TCP 打开标志位 CIO 2.00 置 0。如果 TCP 打开标志位 CIO 2.00 置 0 时，TCP 主动打开标志位 1519.02 置 0，则检查反馈错误标志位 D30027。如果 D30027 内存区不是 0000 Hex（执行成功为 0000 Hex），则 TCP 打开标志位 CIO 1.00 置 1，执行结果检查后 TCP 打开标志位 CIO 0.00 置 0，PLC 程序打开连接如图 5-35 所示。

Socket 1 TCP 打开后就连上了计算机的 TCP/UDP Socket 调试工具建立的服务器端，建立连接后的窗口如图 5-36 所示。

2. 关闭连接

当 TCP 关闭位 CIO 0.01 置 1 时，TCP 关闭错误标志位 CIO 1.01 置 0，同时 TCP 关闭标志位 CIO 2.01 置 1，下面的参数被写入参数区：D30018：0001 Hex= TCP Socket 1。当参数设置完成后，TCP 关闭控制位 1519.05 置 1，TCP 关闭标志位 CIO 2.01 置 0。当 CIO 2.01 置 0 时，TCP 关闭控制位 1519.05 置 0，如果检查反馈代码区

域 D30027 存储数据不是 0，那么将 TCP 关闭错误标志位 CIO 1.01 置 1。PLC 程序
关闭连接如图 5-37 所示。

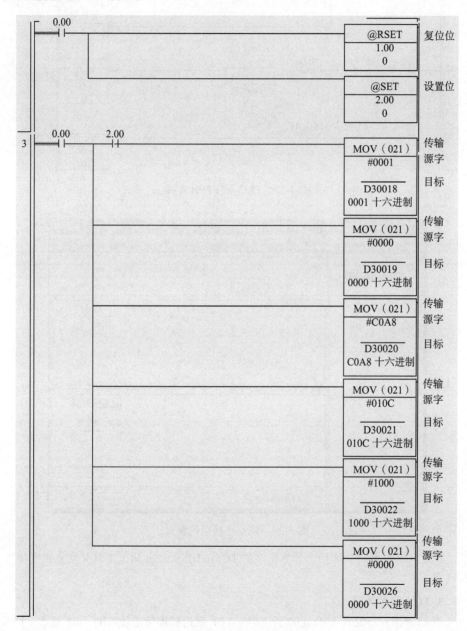

图 5-34　PLC 程序参数配置

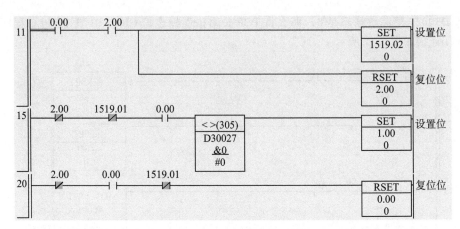

图 5-35   PLC 程序打开连接

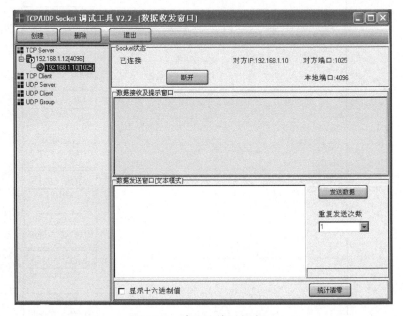

图 5-36   建立连接后的窗口

PLCTCP Socket 关闭后,计算机端的 TCP/UDP Socket 调试工具又恢复到等待连接状态。

3. TCP 发送数据

当 TCP 发送标志位 CIO 0.02 置 1 时,TCP 发送错误标志位 CIO 1.02 置 0,下面的参数将被传到参数区:

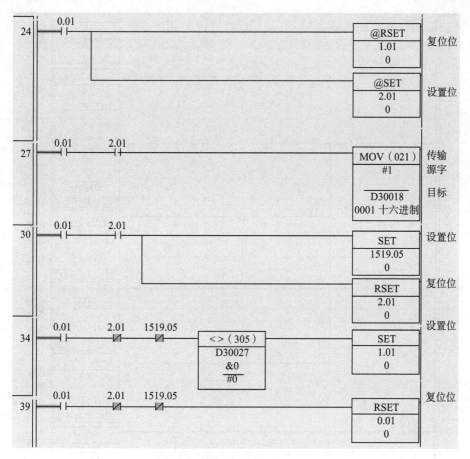

图 5-37   PLC 程序关闭连接

- D30018：0001 Hex=TCP Socket 1；
- D30023：0019 Hex= 要发送的字节数为 25；
- D30024 和 D30025：8200 0000 Hex= 发送数据的开始地址为 D00000。

参数设置完毕后，发送控制位 1519.03 置 1 并且 TCP 发送标志位 CIO 2.02 置 0。如果发送控制位 1519.03 在 TCP 发送标志 CIO 2.02 关闭时关闭，则检查套接字服务参数区域中响应代码 D30027 的内容，如果不是 0000 Hex（正常），则打开 TCP 发送错误标志 CIO 1.02。当执行结果检查完后，TCP 发送标志位置 0，PLC 程序发送数据如图 5-38 所示。

PLC 内存 D00000 ~ D00019 的数据如图 5-39 所示。

发送完成后，计算机端的程序就会接收到 PLC 发送的数据，如图 5-40 所示，与图 5-39 中的数据一致。

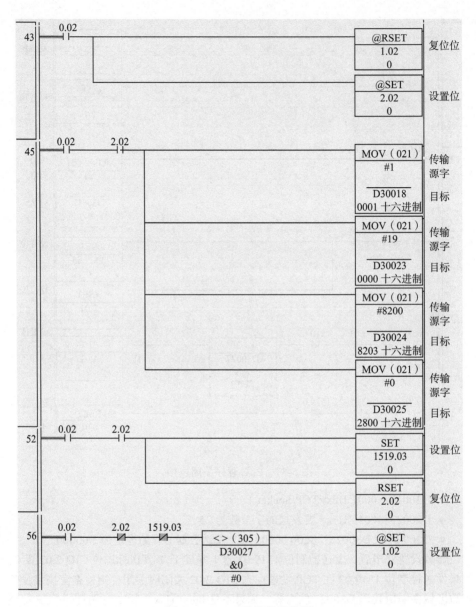

图 5-38　PLC 程序发送数据

	+0	+1	+2	+3	+4	+5	+6	+7	+8	+9
D00000	736F	636B	6574	2063	6F6D	6D75	6E69	6361	6974	6F6E
D00010	2074	6573	7400	0000	0000	0000	0000	0000	0000	0000

图 5-39　PLC 内存 D00000 ～ D00019 的数据

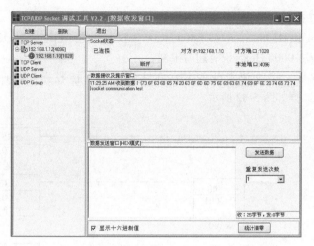

图 5-40   计算机端的程序接收到 PLC 发送的数据

4. TCP 接收数据

计算机端的 TCP/UDP Socket 调试工具发送字符串 "socket communication test"，如图 5-41 所示。

图 5-41   TCP/UDP Socket 调试工具发送字符串

当 PLC 端 TCP 接收位 CIO0.03 打开时，TCP 接收错误标志位 CIO 1.03 关闭，TCP 接收标志位 1509.03 关闭，并且检查 TCP Socket D30001 接收的字节数。如果数据存储到了缓存区中，则 TCP 接收标志位 CIO 2.03 将打开。

当 TCP 接收标志位 CIO 2.03 置 1 时，下面参数被写入参数区：

● D30018：0001 Hex=TCP Socket 1；

- D30023: 0019 Hex= 要发送的字节数为 25;
- D30024 和 D30025: 8203 E800 Hex= 接收数据的开始地址为 D01000;
- D30026: 0000 Hex= 没有超时限制。

设置参数后,接收请求开关 1519.04 打开,TCP 接收标志位 CIO 2.03 关闭。
PLC 程序接收数据如图 5-42 所示。

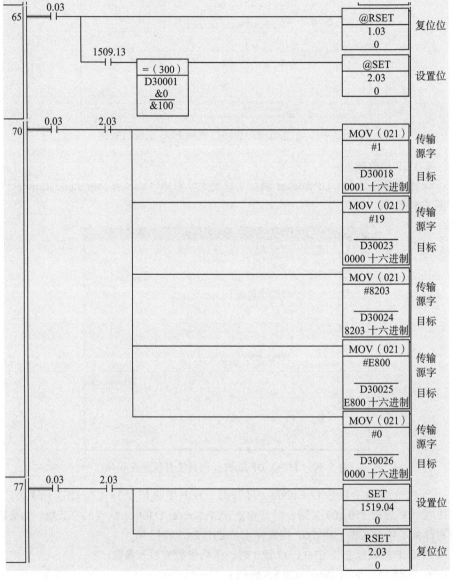

图 5-42   PLC 程序接收数据

执行完接收后，PLC 内存 D01000 ~ D01019 的数据如图 5-43 所示，与计算机发送的数据一致。

	+0	+1	+2	+3	+4	+5	+6	+7	+8	+9
D01000	so	ck	et	c	om	mu	ni	ca	ti	on
D01010	t	es	t.	..	..	..	..	..	..	..
D01020										

图 5-43　PLC 内存 D01000 ~ D01019 的数据

如果接收请求开关 1519.04 在 TCP 接收标志位 CIO 000203 关闭时关闭，则检查套接字服务参数区域中反馈代码 D30027 的内容，如果不是 0000 Hex（正常结束），则打开 TCP 接收错误标志位 CIO 000103。

检查执行结果后，PLC 程序关闭 TCP 接收位（CIO 000003），如图 5-44 所示。

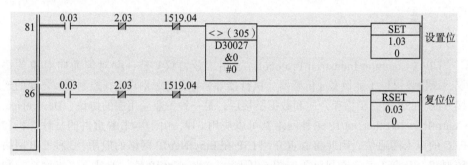

图 5-44　PLC 程序关闭 TCP 接收位

第6章 Chapter6

CIP 和 EtherNet/IP

　　CIP（Common Industrial Protocol，通用工业协议）是一种对等面向对象的协议，该协议提供工业设备（传感器、执行器等）与更高级别设备（控制器）之间的连接方法。CIP 独立于物理介质和数据链接层，是一种工业应用层的协议，DeviceNet、ControlNet 和 EtherNet/IP 三种网络都可以应用 CIP，由于本书着重讲的是计算机和 PLC 的以太网通信，因此将着重介绍 CIP 在 EtherNet/IP 网络的应用。3 种 CIP 网络模型和 ISO/OSI 参考模型对照如图 6-1 所示，EtherNet/IP 是一种基于以太网技术和 TCP/IP 技术的工业以太网，网络层和传输层使用 TCP/IP 技术，应用层使用 CIP。

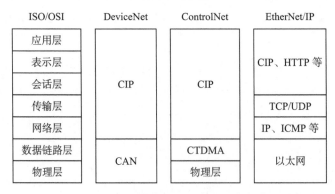

图 6-1　3 种 CIP 网络模型和 ISO/OSI 参考模型对照

CIP 有两个主要功能：

- 以 I/O 设备相关控制为导向的数据传输；
- 传输系统控制相关信息，如系统配置参数等。

6.1　CIP 对象

6.1.1　对象的定义

CIP 利用抽象对象模型来描述，抽象对象有如下功能：

- 提供通信服务套件；
- 提供 CIP 节点的外部可视行为；
- 提供 CIP 产品内部信息访问和交换的常见方法。

一个 CIP 节点是一个对象的模型的集合。对象是产品中特定组件的抽象表示，产品内部映射就是对象模型的具体实施，在该协议中，对象建模用于表示设备的网络可见行为。设备被建模为对象集合。每个类对象都是相关服务、属性和行为的集合。服务是对象执行的过程；属性表示对象的特征，可以改变；行为表示对象如何响应特定事件。

类为一组对象，它们代表相同类型的系统组件的对象。对象实例是一个类中的特定对象的实际表示，每个实例类都具有相同的属性集，但有自己的一套特殊的属性值，对象类如图 6-2 所示。

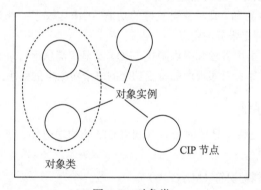

图 6-2　对象类

对象实例和对象类具有属性、相关服务和实现行为。

属性是一个对象或对象类的特性，提供属性状态信息或对管理对象的操作，并提供服务来触发用于执行任务的对象 / 类。对象的行为表明它是如何响应特定事件的。例如，一个人可以被抽象地视为实例人类，所有人类具有相同的属性集（年龄、性别等），因为每个属性的值不同，我们每个人的外表和行为看起来都不同，见表 6-1。

表 6-1　对象实例举例

Class（类）	Instanc（实例）	Attribute（属性）	Attribute Value（属性值）
人类	李某刚	性别	男性
		年龄	31 岁

（续）

Class（类）	Instanc（实例）	Attribute（属性）	Attribute Value（属性值）
人类	刘某娟	性别 年龄	女性 50 岁

在描述 CIP 服务和协议时，使用以下相关术语。

1）对象：产品中特定组件的抽象表示。

2）类：一组代表同一种系统组件的对象。类是对象的泛化。类中所有对象的形式和行为都是相同的，但包含不同的属性值。

3）实例：一个具体和实际（物理）发生的对象，例如美国是对象类国家的实例。

4）属性：对象外部可见物体特征的描述。通常情况下，属性提供状态信息或管理对象的操作，例如一个对象的 ASCII 名称、循环对象的重复率等。

5）实例化：创建对象的实例，并将所有实例属性初始化为零，除非在对象定义中指定默认值。

6）行为：对象行为的规范，由对象检测到的不同事件导致的动作，例如接收服务请求、检测内部故障、定时器超时等。

7）服务：由对象和 / 或对象类支持的功能。CIP 定义了一组通用服务，并提供了对象类和供应商特定服务的定义。

8）通信对象：引用管理和提供隐式（I/O）及显式消息运行时交换的对象类。

9）应用程序对象：对实现产品特定功能的多个对象类的引用。

6.1.2　对象的寻址

本节介绍逻辑上独立寻址的公共基础跨 CIP 的物理组件。下面描述的是如何通过 CIP 网络访问对象。

1. 媒体访问控制标识符（MAC ID）

分配整数标识值给 CIP 网络上的每个节点，此值是唯一的，是区别于网络上其他节点的重要标识，通常用作节点地址，但在 TCP/IP 上是 IP 地址用作节点地址，而不是以太网 MAC ID。在本书中，对 MAC ID 的引用将被解释为节点地址。每个网络特定定义了要用作节点地址的 MAC ID，如图 6-3 所示。

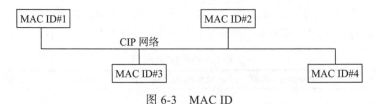

图 6-3　MAC ID

2. 类标识符（类 ID）

类标识符可以从网络访问分配给每个对象类一个整数标识值，类标识符如图 6-4 所示。

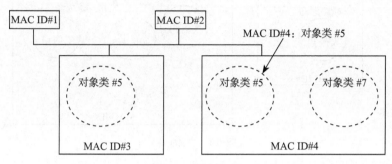

图 6-4　类标识符

3. 实例标识符（实例 ID）

分配给对象实例的整数标识值用于区别同类中其他的实例，并且该值在它所在的 MAC ID 类中是唯一的，实例标识符如图 6-5 所示。

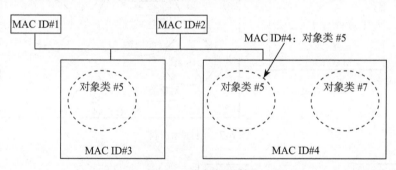

图 6-5　实例标识符

也可以针对类中的特定对象实例来处理类本身，这是通过使用实例 ID 值 0 来实现的。CIP 保留实例 ID 值 0 表示对类的引用，而不是类中的特定实例类，实例类如图 6-6 所示。

4. 属性标识符（属性 ID）

属性标识符分配一个整数标识值给类或实例属性，属性标识符如图 6-7 所示。

5. 服务代码

这是指特定对象的整数标识值实例和 / 或对象类的功能，服务代码如图 6-8 所示。

6. 对象寻址范围

CIP 使用以下规则为上述对象的寻址定义范围：

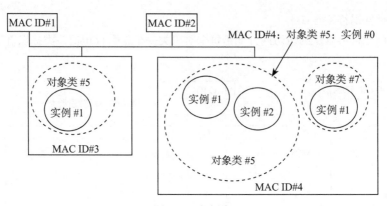

图 6-6　实例类

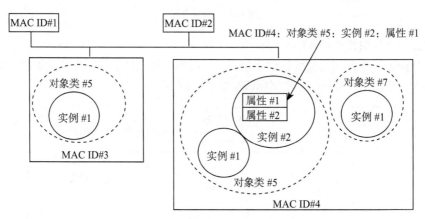

图 6-7　属性标识符

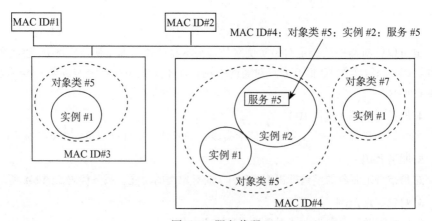

图 6-8　服务代码

1）公开的：其含义由 ODVA 定义。这些 CIP 定义的值在所有 CIP 节点之间提供通用性和一致性。

2）特定于供应商的：特定于设备供应商的一系列值，由供应商将他们的设备扩展到可用的开放选项之外，供应商内部管理此范围内的值的使用。

3）特定于对象类的值：其含义由对象类定义。此范围适用于服务代码的定义，只有服务的地址才有这个类型。

7. 网络概述

CIP 是基于连接的方案，以方便所有应用的通信。一个 CIP 连接提供了多个端点之间的通信路径。端点连接的应用程序需要共享数据，与特定的节点建立连接时，为连接分配一个标识值，该标识值称为连接 ID（CID）。

连接对象模型是应用程序到应用程序相关的特定通信特征。术语"端点"是指其中的一个通信涉及的连接实体。CIP 由以下两种类型的连接方式建立连接：

1）I/O 连接：在生产者应用程序和一个或多个使用者应用程序之间提供专用的通信路径。I/O 数据传输被称为隐式消息。

2）显式消息连接：在两个设备之间提供通用的、多用途的通信路径。这些连接通常被称为显式消息连接。显式消息提供以典型请求 / 响应为导向的网络通信。

由于本书主要介绍计算机和 PLC 通信，因此我们主要以显示消息为主，隐式消息主要用于 PLC 和 PLC 之间或者 PLC 和各个 I/O 模块之间的通信，这里就不多介绍。

8. 显式消息连接

显式消息连接在两个设备之间提供通用、多用途通信路径，在显式消息连接之间交换显式消息。显式消息用于命令执行特定任务并报告执行任务的结果。显式消息提供了执行典型的面向请求 / 响应报文的功能。

CIP 定义了显式消息通信协议，该协议声明消息的含义。一个显式消息由连接 ID 和关联的消息通信原型组成，显式消息通信原理如图 6-9 所示。

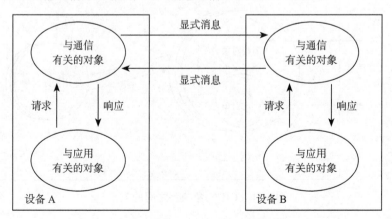

图 6-9 显式消息通信原理

9. CIP 对象模型介绍

CIP 对象模型包括以下组件：

1）未连接消息管理器（UCMM）：处理未连接的 CIP 显式消息。

2）连接类：分配和管理与 I/O 和显式消息连接相关的内部资源。

3）连接对象实例：管理通信特定方面特定的应用程序到应用程序的网络关系。

4）连接管理器：用于控制节点中连接对象实例的对象类。

5）连接特定对象：提供物理 CIP 网络连接的配置状态。

6）消息路由器：分配显式消息给相应的处理程序对象。

7）应用程序对象：实现产品的预期目的。

CIP 对象模型之间的关系如图 6-10 所示。

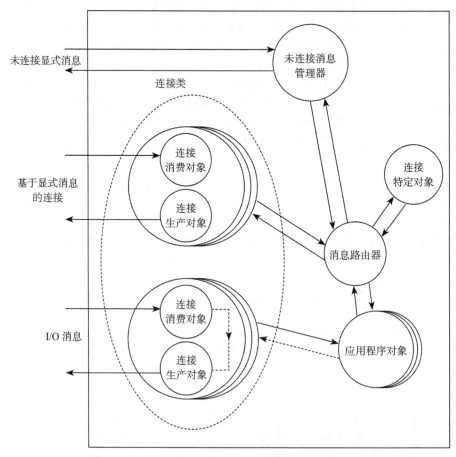

图 6-10 CIP 对象模型之间的关系

6.2　CIP 消息协议

CIP 是网络连接的顶层。一个连接是在多个应用程序之间建立一条路径。连接建立后，连接传输被分配一个连接 ID（CID）。如果连接到双向通信，则要建立两个 ID，连接和连接 ID 如图 6-11 所示。

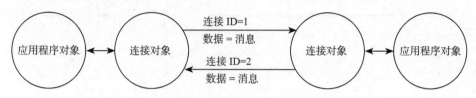

图 6-11　连接和连接 ID

连接 ID 的定义和格式取决于网络定义。

6.2.1　连接建立概述

本节介绍如何动态地建立显式消息。

1. 显式消息和 UCMM

未连接消息管理器（UCMM）负责处理无连接显式信息的请求和响应，包括建立显式消息和 I/O 连接。如果节点 A 试图与节点 B 建立显式连接，那么它将以广播的方式发出一个要求建立显式连接的未连接请求信息，网络上所有的节点都能接收到该请求，并根据节点信息判断是否是发给自己的，如果节点 B 发现是发给自己的，其 UCMM 做出反应，也以广播的形式发出一个包含 CID 的未连接响应报文，节点 A 接收到后，获得 CID，显式连接建立完毕。网络定义如何访问 UCMM 和跨 UCMM 进行消息传递。

当使用 UCMM 建立显式消息连接时，目标应用程序对象是"消息路由对象（类代码 2）"。

建立显式消息连接的步骤如图 6-12 所示。

显式消息连接是无条件的点对点连接，点对点连接只存在两个设备之间，请求连接的设备（客户端）是连接的一个端点，而接收并响应该请求的模块（服务器端）是连接的另一个端点，显式消息的点对点连接如图 6-13 所示。

2. 显式消息点对点连接

在讨论与连接端点相关的行为时，常使用的名词是客户端和服务器端，客户端是指发起传输的模块，服务器端是对该传输做出反应的模块。显式消息传输和 I/O 连接都使用以上两个名词。显式消息点对点数据传输流程如图 6-14 所示。

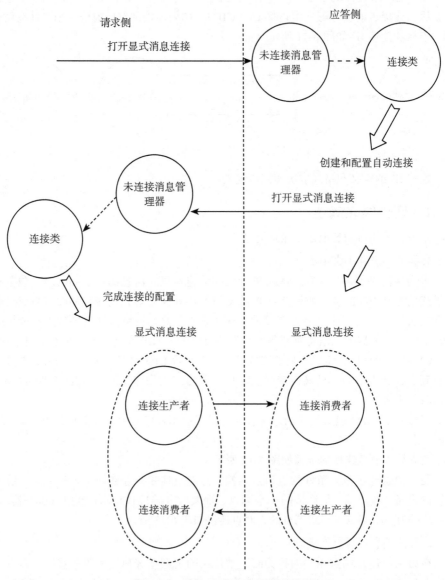

图 6-12　建立显式消息连接的步骤

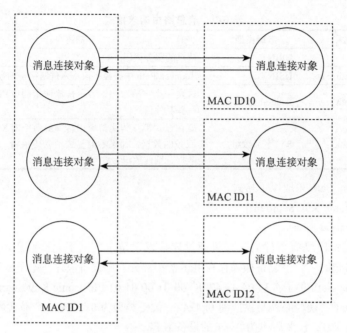

图 6-13　显式消息的点对点连接

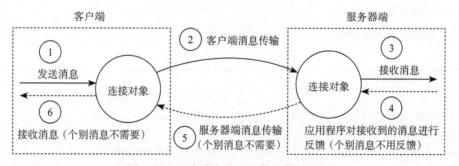

图 6-14　显式消息点对点数据传输流程

6.2.2　消息路由请求 / 应答的格式

CIP 定义了一种标准数据格式，用于与消息路由器对象之间传递数据，此数据格式在 CIP 中的各个位置都能使用，包括 Connection Manager 对象的 Unconnected Send 服务和大多数 CIP 网络的 UCMM 数据结构。

1. 消息路由请求格式

消息路由请求格式见表 6-2。

表 6-2　消息路由请求格式

参数名称	数据类型	描述
Service	USINT	请求的服务代码
Request_Path_Size	USINT	Request_Path 中路径字段十六进制字符的数目
Request_Path	Padded EPATH	这是一个字节数组，表示传输请求的应用程序的路径和一些其他信息
Request_Data	8 位字节数组	要在显式消息传递请求中传递的每个对象定义的特定于服务的数据，如果不随显式消息传递请求一起发送其他数据，则此数组为空

Request_Path 采取以下格式：

[Electronic Key Segment]

Application Path

电子密钥段是有条件的，如果通过连接发送请求，则不允许使用电子密钥段，否则就是可选的。一个设备如果存在电子密钥部分，则设备应评估电子密钥段。

Request_Path 例子：34 04 42 42 0C 00 01 00 81 01 Electronic Key Segment 指示目标设备的电子密钥段必须与供应商 0x4242，设备类型为 0x000C，产品代码为 0x001，主要版本为 x01，次要版本为 0x01 的设备兼容。

20 04 24 01 30 03 Application Path 指定程序集对象的实例 1、属性 3 的应用路径。

2. 消息路由应答格式

消息路由应答格式见表 6-3。

表 6-3　消息路由应答格式

参数名称	数据类型	描述
Reply_Service	USINT	应答服务代码加上 0x80
Reserved	USINT	总是 0
General_Status	Padded EPATH	应答状态，正常为 0x00
Size_of_Additional_Status	8 位字节数组	附加应答状态码的数量（16 位字）
Additional_Status	16 位字数组	附加应答状态码，如果附加应答状态码的数量是 0，那么就没有附加应答状态码
Response_Data	8 位字节数组	请求对象的应答数据

3. 路径段的用法和解释

CIP 路径段是指定不同对象之间的关系，用于指定这种关系的值称为路径。路径属性由多个段组成，并且通常引用另一个对象的类、实例和属性。路径的数据类型为 EPATH。

使用路径的示例如下：

● 在连接和连接管理器对象中，路径指示 I/O 数据要移入 / 移出的对象。

- 在组装对象中，路径指示其他对象中的属性，这些属性用于形成组装的 I/O 数据。
- 在参数对象中，路径指示参数对象正在描述的另一个对象的实际属性。

路径属性的例子如图 6-15 所示。

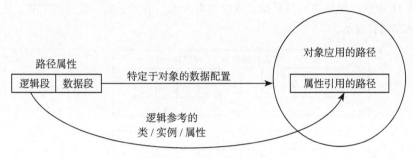

图 6-15　路径属性的例子

路径（数据类型为 EPATH）可以用两种不同的格式表示：

- Padded（表示填充 EPATH 数据类型）；
- Packed（表示压缩 EPATH 数据类型）。

Padded 的每个段应为 16 位字。如果需要填充字节来实现对齐，则该段应指定填充字节的位置。Packed 不得包含任何填充字节。当一个组件被定义为 EPATH 数据类型时，它应指示 EPATH 格式（Packed 或 Padded）。

CIP 路径段类型的解释：编码的每个片段都包含一个片段类型 / 段格式字节，该字节指示如何解释该片段。段类型 / 段格式信息包含在段的第 1 个字节中，因此任何编码的第 1 个字节都包含段类型 / 段格式字节，如下所示。

- 端口段——用于从一个子网络路由到另一个子网络；
- 逻辑段——逻辑参考信息（例如类、实例、属性等）；
- 网络段——指定某些网络上传输所需的网络参数；

- 字符段——符号名字；
- 数据段——嵌入式数据（例如配置数据）。

（1）端口段

端口段是指离开节点的通信端口和路由路径中下一个设备的连接地址。端口段如图6-16所示。位从高位到低位，从左到右表示。字节从低字节到高字节，从上到下，从左到右表示。

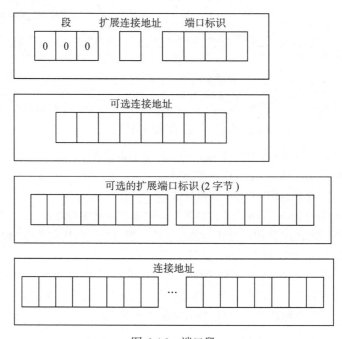

图 6-16　端口段

如果连接地址是一个字节，则位4（扩展连接地址）应设置为0；如果连接地址大于一个字节，则位4应设置为1，并且其字节大小应在端口段的第2个字节中。

端口标识位0～3应指示通过哪个端口离开节点，但是标识位0～3能表达的最大十进制数是15（1111），如果模块支持大于14的端口号时，则有另一种表示方法，即如果端口标识为15（位0～3为1111）时，则表示此端口段有扩展端口，并且扩展端口标识的16位字段应为端口段的下一部分，否则，端口标识的值就是端口号，端口号0必须保留，端口号1仅用于表示背板端口，仅当连接设备上可能有超过14个网络端口时，才使用端口段的扩展端口标识。就可选字段而言，端口段应始终以最小的端口段格式表示。

端口号后面应有一个连接地址，其格式取决于端口标识所引用的网络类型。如果连接地址大于一个字节，则应对其进行填充，以使整个端口段的长度为偶数个字节。填充字节应设置为零，并且不包括在连接地址中。端口段例子见表 6-4。

表 6-4　端口段例子

EPATH 内容	注释
[02][06]	网段类型 = 端口段，端口号 =2，连接地址 =6
[0F][12][00][01]	网段类型 = 端口段，端口号 =2，端口标识 =15，表示在下一个 16 位字段 [12][00]（十进制 18）中指定了端口号，连接地址 =1
[15][0F][31][33][30][2E] [31][35][31][2E][31][33] [37][2E][31][30][35][00]	网段类型 = 端口段，TCP 端口 5 的多字节地址，连接地址 =130.151.137.105（IP 地址），该地址定义为字符数组，长度为 15 个字节，段中的最后一个字节是填充字节

（2）逻辑段

逻辑段表示设备内的特定对象地址（例如对象类、对象实例和对象属性）。当逻辑段包含在压缩路径中时，逻辑值应附加在段类型字节后，中间不加填充。当逻辑段包含在填充路径中时，16 位和 32 位逻辑格式应在段类型字节和逻辑值之间插入填充（8 位格式与压缩路径相同）。填充字节应设置为零。逻辑段如图 6-17 所示。

0	0	0	类 ID	0	0	8 位逻辑地址
0	0	1	实例 ID	0	1	16 位逻辑地址
0	1	0	成员 ID	1	0	32 位逻辑地址
0	1	1	连接点	1	1	保留
1	0	0	属性 ID			
1	0	1	特殊			
1	1	1	服务 ID			

图 6-17　逻辑段

8 位逻辑地址格式用于所有逻辑类型。

16 位逻辑地址格式与逻辑类型的类 ID、实例 ID、成员 ID 和连接点一起使用。

32 位逻辑地址格式不允许使用（保留）。

连接点逻辑类型提供除标准类 ID、实例 ID、属性 ID、成员 ID 和对象地址之外的其他寻址功能。对象类应定义何时以及如何使用此寻址组件。

服务 ID 逻辑类型对逻辑格式具有以下定义：

- 00——8 位服务 ID 段（0x38）；
- 01——保留（0x39）；
- 10——保留（0x3A）；
- 11——保留（0x3B）。

特殊逻辑类型对逻辑格式具有以下定义：

- 00——电子密钥段（0x34）；

- 01——保留（0x35）;
- 10——保留（0x36）;
- 11——保留（0x37）。

电子密钥段应用于验证 / 识别设备，它的用途包括在建立连接期间进行验证以及在 EDS 文件中进行标识。电子密钥段格式见表 6-5，Key 格式表见表 6-6。

表 6-5　电子密钥段格式

字段名称	数据类型	描述
段类型	USINT	0x34 表示逻辑电子密匙段
密钥格式	USINT	0 ~ 3= 保留 4= 见表 6-6 5 ~ 255= 保留
密钥数据	8 位字节数组	取决于使用的密钥格式

表 6-6　Key 格式表

格式值	字段名称	数据类型	描述
4	Vendor ID	UINT	供应商 ID
	Device Type	UINT	设备类型
	Product Code	UINT	产品代码
	Major Revision/Compatibility	字节	位 0 ~ 6= 主修版本 位 7= 兼容性（如果清除，则任何非零的供应商 ID、设备类型、产品代码、主修版本和次修版本都应匹配；如果设置，则可以接受设备可以模拟的任何密钥）
	Minor Revision	USINT	次修版本

下面是两个逻辑段的例子。

1）指定类 #5、实例 #2 和属性 ID#1 的 8 位 Packed EPATH 如图 6-18 所示（请注意，压缩和填充表示是相同的）。

2）图 6-19 给出了相同的示例，只是类信息是在 16 位字段中指定的。

根据以上规则：20 Hex= 逻辑段 + 类 ID+8 位逻辑地址，24 Hex= 逻辑段 + 实例 ID+8 位逻辑地址，30 Hex= 逻辑段 + 属性 ID+8 位逻辑地址，2C Hex= 逻辑段 + 连接点 +8 位逻辑地址，28 Hex= 逻辑段 + 成员 ID+8 位逻辑地址。

（3）字符段

字符段包含设备解释的字符串符号，如图 6-20 所示。

（4）数据段

数据段提供向应用程序传递数据的机制，这可能发生在建立连接期间，也可能发生在应用程序定义的任何其他时间，如图 6-21 所示。

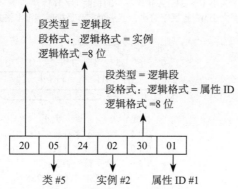

图 6-18　8 位 Packed EPATH

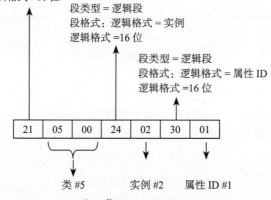

a) 16 位 Packed EPATH

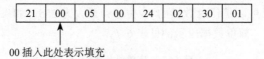

b) 16 位 Padded EPATH

图 6-19　16 位逻辑段

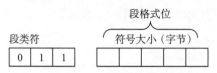

大小 1～31：ASCII 字符的长度（字节）
大小 0：扩展字符串，下一个字节是扩展字符串格式

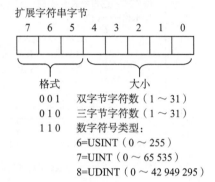

扩展字符串字节

格式	
0 0 1	双字节字符数（1～31）
0 1 0	三字节字符数（1～31）
1 1 0	数字符号类型：
	6=USINT（0～255）
	7=UINT（0～65 535）
	8=UDINT（0～42 949 295）

图 6-20　字符段

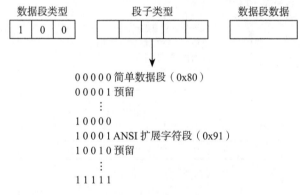

0 0 0 0 0 简单数据段（0x80）
0 0 0 0 1 预留
⋮
1 0 0 0 0
1 0 0 0 1 ANSI 扩展字符段（0x91）
1 0 0 1 0 预留
⋮
1 1 1 1 1

图 6-21　数据段

　　1）简单数据段：简单数据段包含数据值，例如目标应用程序的参数。数据段的大小以 16 位字的数量指定，并取决于应用程序。该字节值紧随段类型。数据值跟随长度字节。数据段可以是任意数目的 16 位字，最大为 255。如果需要，一种编码可以包含多个数据段。简单数据段示例见表 6-7。

表 6-7　简单数据段示例

编码	注释
[80][07][0100][0200][0300][0400] [0500][0600][0700]	数据段包含 7 个字

（续）

编码	注释
[21][0500][24][09][80][04][0100][0200] [0300][0400]	逻辑段类 #5、实例 #9 后面是 4 个数据段的字

2）ANSI 扩展字符段：ANSI 扩展字符段的段类型为 0x91。段类型之后的字节（第 2 个字节）应表示字符中的字符数（8 位）（字符大小）。可变长度字符应跟随字符的大小，并且如果大小为奇数长度，则末尾的填充字节应为零；如果字符大小包括在内，则不应计入填充字节。

ANSI 扩展字符段示例见表 6-8。

表 6-8　ANSI 扩展字符段示例

编码	注释
[91][06][73][74][61][72][74][31]	6 个字节的数据字符 start1
[91][07][73][74][61][72][74][65][72][00]	7 个字节的数据字符 starter（加上一个 0 值）

6.3　CIP 通信对象类

CIP 通信对象管理和提供消息的运行和交换，本节将对通信对象的服务、属性和行为进行详细的描述，并通过以下内容来定义通信对象类：

- 对象类属性；
- 对象类服务；
- 对象实例属性；
- 服务对象实例；
- 对象实例行为。

每个 CIP 连接由连接对象（类代码为 0x05）表示。可以用以下两种方式之一来创建连接通信对象的资源，这两种方法是：

- 通过连接对象创建连接（服务代码为 0x08）；
- 通过连接管理器创建连接。

6.3.1　通过连接对象创建连接

当子网定义通过连接对象创建连接时，CIP 设备应支持此类的 Create 服务。Create 服务使用类定义的默认属性值实例化连接实例。连接实例是通过对每个连接实例属性的单独访问来配置的，需要单独的服务请求（Apply_Attribute，服务代码为 0x0d）将连接转换为已建立的状态。

6.3.2 通过连接管理器创建连接

当子网定义的连接是通过连接管理器创建的时，CIP 设备应支持这个类的 Forward Open 服务。当成功时，连接管理器实例化为类的一个实例连接，这个实例被 Forward Open 服务里的值配置并且转换到建立状态。此单个 CIP 服务请求在内部建模为单个 Connection Class 服务请求（使用 Create 服务）和若干个内部服务请求（使用 Set_Attribute_Single 和 Apply_Attribute 服务）。支持连接创建的设备通过连接管理器可能会为 ConnectionClass 实例提供外部可见性。

6.3.3 连接生产者对象类的定义

连接生产者对象负责底层传输数据。在显式消息连接中不存在连接生产者类的外部可见接口。以下内容提到的所有服务 / 属性描述的都是内部行为，这些服务 / 属性可以通过连接对象的属性和服务进行访问。

1. 连接生产者服务

由连接生产者类支持的服务如下：

- 创建——内部实例化一个连接生产者对象；
- 删除——内部删除一个连接生产者对象。

2. 连接生产者实例属性

1）USINT 状态——连接生产者实例的状态见表 6-9。

表 6-9　连接生产者实例的状态

状态名称	描述
不存在（Non-Existent）	连接生产者没有被实例化
运行（Running）	连接生产者已经实例化，正在等待被告知通过其发送服务的调用进行传输

2）Connection_ID——当触发此连接生成器发送消息时，放置在消息框架中的值。此值在消息框架中的位置和格式取决于子网类型。使用此连接生成器的连接对象利用其 Produced_Connection_ID 属性中的值在内部初始化此属性。

3. 连接生产者实例服务

一个连接生产者对象实例所支持的服务如下：

1）Send：用于通知连接生产者将数据传输到子网；

2）Get_Attribute：用来读取连接消费者的属性；

3）Set_Attribute：用来设置连接消费者的属性。

4. 连接生产者实例行为

连接生产者对象状态转换如图 6-22 所示，连接生产者的状态 / 事件矩阵见表 6-10。

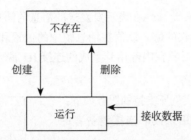

图 6-22　连接生产者对象状态转换

表 6-10　连接生产者的状态 / 事件矩阵

事件（Event）	状态（State）	
	不存在（Non-Existent）	Running
类创建内部调用（Creat）	实例化类连接生产者对象，连接生产者进入运行状态	不适用
类删除内部调用（Delete）	错误：实例不存在	释放所有相关实例资源，过渡到不存在状态
发送内部调用（Send）	不适用	传输数据
设置内部调用属性（Set_Attribute）	实例不存在	设置属性
读取内部调用属性（Get_Attribute）	实例不存在	读取属性

6.3.4　连接消费者对象类的定义

连接消费者对象是负责底层接收消息的组件，不存在通过显式消息连接的连接消费者的外部可见接口。以下内容的所有服务 / 属性均是内部行为，这些服务 / 属性可通过连接对象的属性和服务访问。

1. 连接消费者服务

由连接消费者类支持的服务如下：

- 创建——内部实例化一个连接消费者对象；
- 删除——内部删除一个连接消费者对象。

2. 连接消费者实例属性

1）USINT 状态——连接消费者实例的状态见表 6-11。

表 6-11　连接消费者实例的状态

状态名称	描述
不存在（Non-Existent）	连接消费者没有被实例化
运行（Running）	连接消费者已经实例化，正在等待被告知通过其发送服务的调用进行传输

2）Connection_ID——此属性在表示要发送的消息的消息框架中保存连接 ID 值，这个值是被连接消费者接收的值。该值在消息帧中的位置和格式取决于子网络类型。使用此连接生成器的连接对象在内部用其生成的连接 ID 属性中的值初始化此属性。

3. 连接消费者实例服务

一个连接消费者对象实例所支持的服务如下：

- Get_Attribute——用来读取连接消费者的属性；
- Set_Attribute——用来设置连接消费者的属性。

4. 连接消费者实例行为

连接消费者对象状态转换如图 6-23 所示，连接消费者的状态 / 事件矩阵见表 6-12。

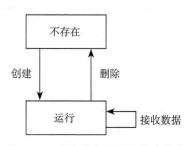

图 6-23　连接消费者对象状态转换

表 6-12　连接消费者的状态 / 事件矩阵

事件（Event）	状态（State）	
	不存在（Non-Existent）	Running
类创建内部调用（Creat）	实例化类连接消费者对象，连接消费者进入运行状态	不适用
类删除内部调用（Delete）	错误：实例不存在	释放所有相关实例资源，过渡到不存在状态
数据接收（Receive_Data）	不适用	传送数据至相关的通过调用 Connection 对象的 Receive_Data 服务
设置内部调用属性（Set_Attribute）	实例不存在	设置属性
读取内部调用属性（Get_Attribute）	实例不存在	读取属性

6.3.5　连接对象类的定义

连接对象类的类代码为 05 Hex。

连接对象类分配和管理与 I/O 消息和显式消息相关的内部资源。由连接类所产生的特定实例被称为连接实例或连接对象。

除非另有说明，以下指出的所有服务 / 属性可以通过显式消息访问。

特定模块中的连接对象实际上表示的是一个连接的端点，在不存在其他端点的情况下，可以配置一个连接端点并且"激活"（例如发送等）。连接对象用于为从特定应用程序到应用程序的通信特征进行建模。

特定连接对象实例管理与端点相关的通信。一个 CIP 连接对象利用连接生产者或者连接消费者去执行低层次数据的传输和接收功能，连接对象和连接生产者 / 消费者关系如图 6-24 所示。

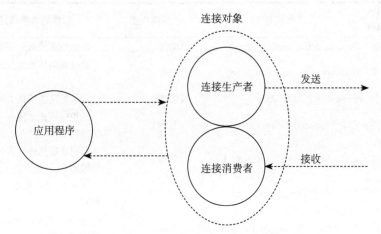

图 6-24　连接对象和连接生产者 / 消费者关系

1. 连接对象类服务

连接对象类服务见表 6-13。

表 6-13　连接对象类服务

服务代码	执行必要性	服务名称	服务描述
08 Hex	可选	Create	用于实例化连接对象
09 Hex	可选	Delete	用于删除所有连接对象（与状态无关）并释放所有有关联的资源。当将删除服务发送到连接类（实例 ID 设置为 0）而不是特定的连接对象实例时，删除所有实例
05 Hex	可选	Reset	用于重置所有的连接对象
11 Hex	可选	Find_Next_Object_Instance	用于搜索与现有连接相关的实例 ID 对象
0E Hex	条件	Get_Attribute_Single	用于读取一个连接类的属性值

2. 连接对象实例属性

连接对象实例属性见表 6-14。

表 6-14　连接对象实例属性

属性 ID	执行必要性	属性名字	数据类型	属性的简要描述
1	要求	State	USINT	对象的状态
2	要求	Instance_Type	USINT	指示实例类型
3	要求	TransportClass_Trigger	BYTE	定义连接的行为

（续）

属性ID	执行必要性	属性名字	数据类型	属性的简要描述
7	要求	Produced_Connection_Size	UINT	网络传送的最大字节数
8	要求	Consumed_Connection_Size	UINT	通过网络接收到的最大字节数
9	要求	Expected_Packet_Rate	UINT	定义与此连接相关的计时
10	条件	CIP_Produced_Connection_ID	UDINT	标识通过此连接在子网上发送的消息
11	条件	CIP_Consumed_Connection_ID	UDINT	标识通过此连接在子网上接收的消息
12	要求	Watchdog_Timeout_Action	USINT	定义如何处理闲置/看门狗超时
13	要求	Produced_Connection_Path_Length	UNIT	Produced_Connection_Path 属性的字节数
14	要求	Produced_Connection_Path	PackedEPATH	指定要由此连接对象生成其数据的应用程序对象
15	要求	Consumed_Connection_Path_Length	UNIT	Consumed_Connection_Path 属性的字节数
16	要求	Consumed_Connection_Path	PackedEPATH	指定要接收此连接对象消耗其数据的应用程序对象
17	条件	Produced_Inhibit_Time	UNIT	定义新数据产生之间的最小时间，所有的 I/O 连接客户端都需要这个属性，循环生产触发不用此值

（1）State

该属性定义连接实例的当前状态。表 6-15 定义了可能的状态，并分配用于指示该状态的值。

表 6-15   状态属性值

值	状态名称	描述
00	Non-Existent	连接没有被初始化
01	Configuring	连接已被实例化，正在等待如下事件发生：①必须被正确配置；②被告知应用配置
02	Waiting for Connection ID	连接实例正在等待其已使用的连接 ID 和/或已生成的连接 ID 属性被设置
03	Established（确定）	连接已经有效并且配置成功，已经成功应用了配置的连接
04	Timed Out	如果连接对象遇到不活动/看门狗定时器，则可以转换到此状态

（续）

值	状态名称	描述
05	Deferred Delete（延迟删除）	如果一个显式消息连接对象经历经不活动／看门狗超时，那么传输可能就是这种状态，只适用于 DeviceNet
06	Closing	CIP 桥接连接对象已从连接管理器接收并且处理了 ForwardClose 命令，直到从目标节点接收到 ForwardClose 响应时才删除连接

注意 此值只在 DeviceNet 上使用，EtherNet/IP 不用。

（2）Instance_Type

该属性定义实例的类型，实例类型值见表 6-16。

表 6-16 实例类型值

值	描述
00	显式消息，此连接实例为显式消息连接的端点，通过将 Open Explicit Messaging Connection Request 发送到连接类，可以动态创建显式消息连接
01	I/O 消息，此连接实例为 I/O 连接中的端点，通过发送 Create Request 给连接类创建 I/O 连接
02	CIP 桥接，此连接实例表示桥接 I/O 或显式消息传递连接的中间"跃点"。当节点不是端点（目标）时，节点成功地接收到连接管理器对象的 Forward Open 服务后，将动态地创建一对 CIP 桥接连接对象（每个子网之间桥接一个对象）

（3）TransportClass_Trigger

该属性定义生产连接或消费连接，或者同时是生产连接和消费连接。如果此端点生产数据，则此属性还定义触发生产的事件。8 位标识解释如图 6-25 所示。

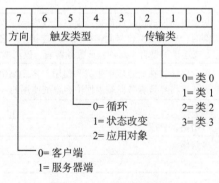

图 6-25 8 位标识解释

1）方向位指示端点标识此连接上的是客户端还是服务器端，方向位的值见表 6-17。

表 6-17　方向位的值

值		含义
0	客户端	该端点提供与此连接关联的客户端行为。此外，此值指示 TransportClass_Trigger 字节中的触发类型位包含有关客户端何时生成与此连接关联的消息的描述。触发类型位为 0 或 1（循环或状态改变）的客户端连接应在转换为"已建立"状态后立即生成
1	服务器端	该端点提供与此连接关联的服务器端行为。此外，该值表示触发类型位将被忽略。触发类型位被忽略是因为服务器端点对来自客户端的信息做出响应。触发服务器端点进行传输的唯一方法是在此响应客户端的要求生成消息（类 2 或类 3）

2）触发类型位的值见表 6-18。

表 6-18　触发类型位的值

如果值是		则消息的生产是
0	循环	传输触发定时器到期将触发数据产生
1	状态改变	当应用程序对象检测到状态变化时，就会发生生产。注意，消费端可能已配置为以一定速率生产数据包，而不管生产端的触发机制
2	应用对象	应用程序对象决定何时触发产生数据。注意，消费端可能已配置为以一定速率生产数据包，而不管生产端的触发机制
3～7	保留	

3）传输类位的值见表 6-19。

表 6-19　传输类位的值

值		含义
0	类 0	基于方向位的值，此连接端点将是仅生产或仅消费端点。在应用此连接实例时，模块实例化与此连接关联的连接生产者（方向位 = 客户端，仅生产）或连接消费者（方向位 = 服务器端，仅消费）
1	类 1	
2	类 2	指示模块将在此连接中生成和使用。客户端生成服务器端使用的第 1 个数据，这将导致服务器端返回由客户端使用的一个数据
3	类 3	
4	类 4	不闭塞
5	类 5	不闭塞，分段
6	类 6	多路传输
7～F	保留	

所有类 1、类 2 和类 3 的传输都带有一个 16 位序列计数值，此值用于检测传输的数据包是否重复。序列计数值在第 1 个消息产生时初始化，并在随后的每个新数据产生时递增。重新发送旧数据不会导致序列计数值发生变化，当接收到重复序列

计数的数据时，使用者会忽略该数据。消费应用程序可以使用这种机制来区分发送来的是新数据还是旧数据。

生产和消费触发类分多种，因为本书着重介绍计算机和 PLC 的通信，所以我们只介绍计算机和 PLC 显式消息通信时用到的应用程序触发类 3。

服务器端传输类 3 见表 6-20。

表 6-20　服务器端传输类 3

方向位	触发位	类型	含义
1	X（忽略）	3	服务器端传输类 3，当连接使用者收到消息时，将其传递给 Consume_Connection_Path 属性中指定的应用程序对象，然后应用对象验证此接收数据事件。如果应用对象确定接收数据事件有效，则需要触发生产；如果应用对象检测到错误，则可能会根据自己内部逻辑触发生产。收到的消息前置一个 16 位的序列计数值，返回的消息前置相同的 16 位序列计数值

消息传输过程如图 6-26 所示。

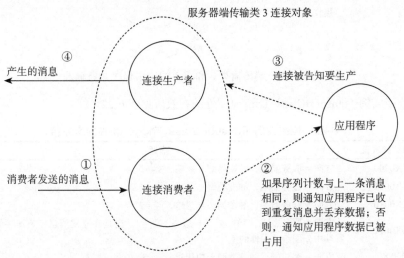

图 6-26　消息传输过程

客户端传输类 2 和类 3 见表 6-21。

表 6-21　客户端传输类 2 和类 3

方向位	触发位	类型	含义
0	2	2	客户端传输类 2 应用对象已触发
0	2	3	客户端传输类 3 应用对象已触发

对于这两种传输类，一个 16 位的序列计数值被预置到该消息之前传输。由于此生产，消费的消息也预先添加了 16 位序列计数器，其值等于发送的序列计数器的值，客户端传输类 2 和类 3 的应用程序对象触发如图 6-27 所示。

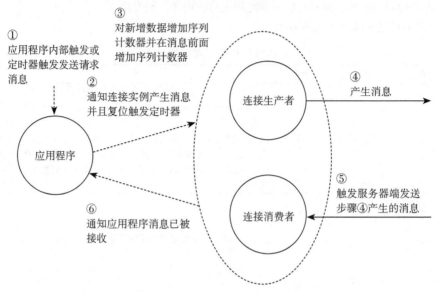

图 6-27　客户端传输类 2 和类 3 的应用程序对象触发

连接实例 TransportClass_Trigger 属性的有效值见表 6-22。

表 6-22　连接实例 TransportClass_Trigger 属性的有效值

传输类触发位	描述
1XXX0000	方向 = 服务器端，触发类型 = 忽略，类 =0
1XXX0001	方向 = 服务器端，触发类型 = 忽略，类 =1
1XXX0010	方向 = 服务器端，触发类型 = 忽略，类 =2
1XXX0011	方向 = 服务器端，触发类型 = 忽略，类 =3，这是在显式消息传递连接的服务器端中分配给此属性的值
00100000	方向 = 客户端，触发类型 = 应用对象，类 =0
00100001	方向 = 客户端，触发类型 = 应用对象，类 =1
00100010	方向 = 客户端，触发类型 = 应用对象，类 =2
00100011	方向 = 客户端，触发类型 = 应用对象，类 =3，这是在显式消息传递连接的客户端内分配给此属性的值

（4）Produced_Connection_Size

此属性表示模块可以通过本连接传送的信息的最大字节数（信息从服务代码开始至最后一个服务特定数据字节结束）。

显式消息连接：此属性表示设备能够通过此连接传输的消息路由器请求 / 响应数据 8 位字节的最大数量，对此设置已知的设备会相应地初始化此属性。无法或不预先定义预先发送限制的设备会将此属性设置为 0xffff。

（5）Consumed_Connection_Size

此属性表示模块可以通过本连接接收的信息的最大字节数（信息从服务代码开始至最后一个服务特定数据字节结束）。

显式消息连接：此属性表示设备能够通过此连接传输的消息路由器请求 / 响应数据 8 位字节的最大数量，对此设置已知的设备会相应地初始化此属性。无法或不预先定义预先发送限制的设备会将此属性设置为 0xffff。由于显式消息传递的性质，显式消息的长度将在连接的生命周期中波动。

（6）Expected_Packet_Rate

此属性用于生成加载到传输触发定时器和不活动 / 看门狗定时器中的值。此属性的分辨率以 ms 为单位。配置此属性的请求可能导致指定产品无法满足时间值。除了在收到修改此属性的请求时执行设备的可接受范围检查外，还执行以下步骤：

- 如果指定值不等于有效时钟分辨率的增量，则该设置值向上舍入到下一个可用值，例如接收 Set_Attribute_Single 的请求要求将 Expected_Packet_Rate 属性设定为 5，但是产品支持的时间分辨率为 10ms，在这种情况下产品将 10 载入 Expected_Packet_Rate 属性。
- 在与请求修改此属性值相关的 Set_Attribute_Single 的响应信息的服务数据区中，报告实际载入 Expected_Packet_Rate 属性的值。
- 如果请求设置的值等于有效时钟分辨率的增量（例如请求值为 100，而时钟分辨率为 100 ms），则请求值被直接装入 Expected_Packet_Rate 属性，并且在响应信息中报告这个值。当连接对象处于已建立状态时，对 Expected_Packet_Rate 属性值的任何修改都会立即影响不活动 / 看门狗定时器。

当一个处于已建立状态的连接对象收到修改 Expected_Packet_Rate 属性值的请求时，它将执行以下步骤：

- 取消当前不活动 / 看门狗定时器的时间设定值；
- Expected_Packet_Rate 属性的新值赋予不活动 / 看门狗定时器并激活不活动 / 看门狗定时器，此属性在显式消息连接中默认为 2500（2500 ms），在 I/O 连接中默认 0。

（7）CIP_Produced_Connection_ID
该属性包含连接 ID，该 ID 标识要跨此连接发送的消息。

（8）CIP_Consumed_Connection_ID
该属性包含连接 ID，该 ID 标识要跨此连接接收的消息。

（9）Watchdog_Timeout_Action

该属性定义在不活动 / 看门狗定时器计数期满时连接对象应该执行的动作，其值见表 6-23。

表 6-23   Watchdog_Timeout_Action 值

值	含义
0	转到超时状态。连接转变到超时状态并保持此状态，直到被复位或者删除。复位或删除的指令可以来自内部资源（如应用对象）或者来自网络（如设置工具）。这是 I/O 连接方式的缺省值，对于显式信息连接方式来说，这个值不可用
1	自动删除。在不活动 / 看门狗定时器超时情况下，连接分类自动删除本连接。这是显式信息连接方式的缺省值
2	自动复位。连接保持在已建立状态，并且立即重新启动不活动 / 看门狗定时器。对于显式信息连接方式来说，这个值不可用
3	延时删除。如果任意子连接实例处于已建立状态，则连接转变到延时状态；如果没有任何一个子连接实例处于已建立状态，则连接被删除。对于 I/O 连接方式来说，这个值不可用
4 ~ FF	保留

（10）Produced_Connection_Path_Length

该属性标识 Produced_Connection_Path 属性内信息的字节数，当设置 Produced_Connection_Path 属性时，自动进行初始化，缺省值为 0。

（11）Produced_Connection_Path

该属性由字节流组成，该字节流定义应用程序对象，该对象的数据将由此连接对象生成。连接实例化时，此属性默认为空。在显式消息连接中以及未产生的连接对象中，它保持为空。

（12）Consumed_Connection_Path_Length

该属性标识 Consumed_Connection_Path 属性内信息的字节数，当设置 Consumed_Connection_Path 属性时，自动进行初始化，缺省值为 0。

（13）Consumed_Connection_Path

该属性由字节流组成，该字节流定义应用程序对象，该对象的数据将由此连接对象生成。连接实例化时，此属性默认为空。在显式消息连接中以及未产生的连接对象中，它保持为空。

（14）Produced_Inhibit_Time

该属性用于设置新数据生成之间的最小延时时间。除了那些生产触发器循环方式的 I/O 客户端连接以外，对所有的 I/O 客户端连接，这个属性都是必需的。当执行这个属性时，必须有 Set_Attribute_Single 服务的支持。若属性值为 0（默认值），则表明无禁止时间。

本属性值的分辨率为毫秒级。对该属性进行配置请求有可能导致某产品无法满足规定的时间值。所以，当收到修改本属性的请求时，除了对产品特定范围进行检查，还应执行以下步骤：

- 如果指定值不等于有效时钟分辨率的增量，则该设置值向上舍入到下一个可用值。例如接收 Set_Attribute_Single 的请求要求将 Produced_Inhibit_Time 属性设定为 5，但是产品支持的时间分辨率为 10ms，在这种情况下产品将 Produced_Inhibit_Time 属性的值设置为 10。
- 在对请求修改此属性值的 Set_Attribute_Single 命令的响应信息的服务数据区中，报告实际载入 Produced_Inhibit_Time 属性的值。
- 如果请求设置的值等于有效时钟分辨率的增量（例如请求修改值为 100，而时钟分辨率为 100ms），则请求值被载入 Produced_Inhibit_Time 属性，并且在响应信息中报告这个值。

每次新的数据产生时，都会将 Produced_Inhibit_Time 属性的值装入生产禁止定时器。

当连接对象处于已建立状态时，对 Produced_Inhibit_Time 属性值的任何修改都不会影响当前正在运行的生产禁止定时器，要等下次进行新数据生产时才会将新的 Produced_Inhibit_Time 属性的值装入生产禁止定时器。

当收到 Apply_Attribute 服务的指令时，Produced_Inhibit_Time 属性值必须与 Expected_Packet_Rate 属性值进行校验。如果 Expected_Packet_Rate 属性值大于 0，但是小于 Produced_Inhibit_Time 属性值，则必须返回一个错误。在此情况下，两个属性值的冲突部分将使用 Produced_Inhibit_Time 属性 ID 作为错误响应的附加错误代码返回。

3. 连接定时

连接包含 3 种定时器：

- 传输触发定时器；
- 不活动 / 看门狗定时器；
- 生产禁止定时器。

前两个定时器都按 Expected_Packet_Rate 属性值设置。

注意 对于显式信息，应用程序提供响应超时机制。客户端等待服务器端对其请求做出响应的时间量取决于应用程序，也可取决于服务。

（1）传输触发定时器

该定时器由连接客户端的应用程序进行管理。该定时器计时满表明相关连接对象需要被告知可发送信息。如果自定时器被激活以后一直没有进行数据生成，则应该通知连接对象进行生产，以免服务器端的不活动/看门狗定时器超时。连接要产生信息时，应立即执行以下任务：

- 将传输触发定时器的当前值恢复为初始值并停止当前定时器；
- 激活一个新的传输触发定时器。

客户端节点如图 6-28 所示，当传输触发定时器计满时，定时器立即重新启动；当连接状态转变到已建立状态时，此定时器被激活。

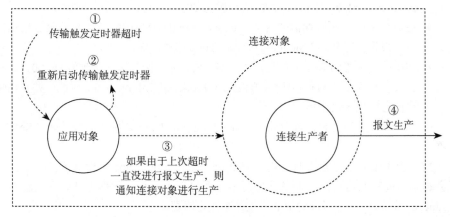

图 6-28   客户端节点

注意   利用 Expected_Packet_Rate 属性值初始化传输触发定时器时，如果 Expected_Packet_Rate 属性值为 0，则传输触发定时器不会被激活和/或被客户端使用，服务器端不会激活该定时器。

（2）不活动/看门狗定时器

该定时器由消费连接对象管理，消费连接对象包括：

- TransportClass_Trigger 属性为类 2 或类 3 的客户端连接对象；
- 所有的服务器端连接对象。

当连接转变为已建立状态时，将激活此定时器。当检测到已消费一个合法信息时，连接将立即执行下列任务：

- 将不活动/看门狗定时器的当前值恢复为初始值并停止当前定时器；
- 激活一个新的不活动/看门狗定时器。

上述任务表明在接收到的信息被处理之前，新的不活动/看门狗定时器被激活。该定时器到期意味着连接对象等待消费的时间超时。当不活动/看门狗定时器到期，连接对象将执行下列步骤：

- 发布该事件的指示给应用程序；

● 执行由 Watchdog_Timeout_Action 属性所指示的动作。

（3）生产禁止定时器

当 Production_Inhibit_Time 属性值不为零时，需要由 I/O 连接的客户端连接对象管理此定时器。当连接对象生成数据时，将启动此定时器。如果此定时器正在运行，则连接对象可能不会产生新数据，但是可以将重试发送给连接生产者。此定时器到期后，连接对象可以发送新数据。

4. 连接对象实例服务

连接对象实例服务见表 6-24。

表 6-24　连接对象实例服务

服务代码	执行必要性	服务名称	服务描述
0E Hex	需要	Get_Attribute_Single	用于读取一个连接对象属性
10 Hex	可选	Set_Attribute_Single	用于设置一个连接对象属性。当设置 Expected_Packet_Rate 属性时，连接对象将在 Set_Attribute_Single 属性响应的服务数据区中返回信息
05 Hex	可选	复位	用于复位与连接对象相关的不活动 / 看门狗定时器。当处于超时或延时删除状态的连接收到复位请求时，它将恢复到已建立状态
09 Hex	可选	删除	用于删除连接对象并释放所有相关资源
0D Hex	可选	Apply_Attribute	用于把连接对象传递给应用程序，该应用程序执行一系列创建指定连接所必需的任务。连接实例在应用属性响应信息的服务数据区中返回 Produced_Connection_ID 和 Consumed_Connection_ID 属性。Apply_Attribute 服务有效地陈述了连接对象的初始配置已经完成，现在该"激活"这个配置

5. CIP 桥接连接实例行为

此处主要介绍与 CIP 桥接连接对象（Instance_Type 属性 =Bridged）的使用方法，CIP 桥接连接用于使没有连接的两个设备建立连接。I/O 和显式消息传递都可使用此连接类型。连接管理器对象定义提供了这种连接类型的详细信息。CIP 桥接连接对象传输如图 6-29 所示，CIP 桥接连接状态 / 事件矩阵见本书配套资源包表 6-25。

6. 连接实例行为

显式消息传递连接对象（Instance_Type 属性 = 显式消息）状态转换如图 6-30 所示。

显式消息连接对象状态 / 事件矩阵见本书配套资源包表 6-26。

如果执行过程检测到它不支持的显式信息服务，则返回一个指示不支持服务（通用错误代码为 0x08）的错误响应。

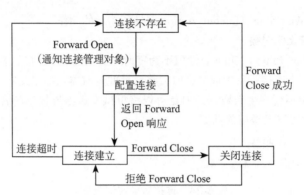

图 6-29　CIP 桥接连接对象传输

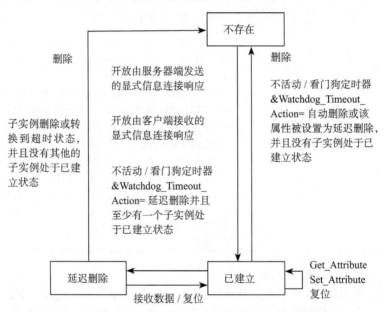

图 6-30　显式消息传递连接对象状态转换

7. 连接对象属性访问规则

当使用 Set_Attribute 服务配置连接实例时，修改模块必须执行每个单独属性值的检验，如果检测到错误，则返回错误响应。发现错误并不会导致删除该连接实例。

重要说明　接收应用请求时，如果 Produced_Connection_ID 和 / 或 Consumed_Connection_ID 属性包含非缺省值，则忽略 Initial_Comm_Characteristics 属性相关部分，并且确认和使用 ID 的值。

显式连接对象属性见表 6-27。

表 6-27　显式连接对象属性

属性	状态	
	不存在	已建立 / 延迟删除
State	不可用	仅限获取
Instance_Type	不可用	仅限获取
TransportClass_Trigger	不可用	仅限获取
Produced_Connection_ID	不可用	仅限获取
Consumed_Connection_ID	不可用	仅限获取
Initial_Comm_Characteristics	不可用	仅限获取
Produced_Connection_Size	不可用	仅限获取
Consumed_Connection_Size	不可用	仅限获取
Expected_Packet_Rate	不可用	获取 / 设置
Watchdog_Timeout_Action	不可用	获取 / 设置
Produced_Connection_Path_Length	不可用	仅限获取
Produced_Connection_Path	不可用	仅限获取
Consumed_Connection_Path_Length	不可用	仅限获取
Consumed_Connection_Path	不可用	仅限获取
Production_Inhibit_Time	不可用	仅限获取

当连接对象处于已建立状态，对 Expected_Packet_Rate 属性的任何修改会立即影响不活动 / 看门狗定时器。当收到修改 Expected_Packet_Rate 属性的请求时，处于已建立状态的连接对象将执行下列步骤：

• 取消当前的不活动 / 看门狗定时器；

• 根据 Expected_Packet_Rate 属性中的新值，激活新的不活动 / 看门狗定时器

重要说明　如果收到获取"获取 / 设置支持的属性"的请求，但是连接的当前 State/Instance_Type 指示所请求的访问无效，则返回错误状态指示，在当前模式 / 状态下，该对象无法执行请求的服务。（通用错误代码为 0C Hex。）

6.3.6　连接管理器对象

连接管理器类代码为 06 Hex。

连接管理器类分配和管理与 I/O 和显式消息传递相关的内部资源。由连接管理器类生成的特定实例称为连接实例或连接对象。

1. 连接管理器类服务

连接管理器类服务见表 6-28。

表 6-28　连接管理器类服务

服务代码	执行必要性	服务名称	服务描述
01 Hex	可选	Get_Attributes_All	返回类的所有属性
0E Hex	可选	Get_Attribute_Single	读取一个连接管理器的属性值

注意　如果支持任何连接管理器类属性但不支持 Get_Attributes_All 服务，则必须支持 Get_Attribute_Single 服务。

在类级别，Get_Attributes_All 响应的"对象 / 服务特定的应答数据"部分中返回属性的顺序见表 6-29。

表 6-29　类级别 Get_Attributes_All 响应

字节	位 7 位 6 位 5 位 4 位 3 位 2 位 1 位 0
0	Revision（默认为 1）
1	
2	最大实例（默认为 1）
3	
4	最大类属性 ID（默认为 0）
5	
6	最大实例属性（默认为 0）
7	

2. 连接管理器对象实例属性

连接管理器对象实例属性见本书配套资源包表 6-30。

1）如果发送的属性值不为零，则设备可以使用通用状态码 0x09（无效的属性值）拒绝对此属性的设置请求。

2）这些值的含义和计算方法是供应商规定的。

3. 连接管理器对象实例通用服务

连接管理器对象实例通用服务见表 6-31。

表 6-31　连接管理器对象实例通用服务

服务代码	执行必要性	服务名称	服务描述
01 Hex	可选	Get_Attributes_All	返回类的所有属性值
02 Hex	可选	Set_Attributes_All	设置属性列表的值
0E Hex	有条件执行	Get_Attribute_Single	如果支持连接管理器实例属性但不支持 Get_Attributes_All 服务，则此服务是必需的
10 Hex	可选	Set_Attribute_Single	设置连接管理器对象实例属性

在实例级别，Get_Attributes_All 响应的"对象 / 服务特定应答数据"部分中返回属性的顺序见本书配套资源包表 6-32。此服务仅返回支持的属性的值，因此设备只能从第 1 个属性（属性 1）开始，直到最后一个连续支持的属性的值，必须通过 Get_Attribute_Single 服务获取所有支持的属性值。

4. 实例级别 Set_Attributes_All 请求

在实例级别，Set_Attributes_All 请求的"对象 / 类特定属性结构"部分中发送属性的顺序见表 6-33。

表 6-33   实例级别 Set_Attributes_All 请求

字节	位 7	位 6	位 5	位 4	位 3	位 2	位 1	位 0
0 1	Open Requests（低字节）							
2 3	Open Format Rejects（低字节）							
4 5	Open Resource Rejects（低字节）							
6 7	Open Other Rejects（低字节）							
8 9	Close Requests（低字节）							
10 11	Close Format Rejects（低字节）							
12 13	Close Other Rejects（低字节）							
14 15	Connection Timeouts（低字节）							

注意   如果不支持该属性，则发送的值将被忽略。这种情况不会导致服务请求失败。

5. 连接管理器对象实例对象特定服务

连接管理器对象实例对象特定服务见表 6-34。

表 6-34   连接管理器对象实例对象特定服务

服务代码	执行必要性	服务名称	服务描述
4E Hex	有条件执行	Forward_Close	关闭连接
52 Hex	有条件执行	Unconnected_Send	未连接发送服务，在始发设备和连接之间发送数据
54 Hex	有条件执行	Forward_Open	打开连接，最大数据尺寸为 511 字节
56 Hex	可选	Get_Connection_Data	为连接诊断服务
57 Hex	可选	Search_Connection_Data	为连接诊断服务
59 Hex	不可用	EX_Forward_Open	保留为连接打开定义，大小为 504 字节
5A Hex	有条件执行	Get_Connection_Owner	确定冗余连接的所有者
5B Hex	有条件执行	Large_Forward_Open	打开一个最大数据尺寸是 65 535 字节的连接

　　连接管理器对象特定对象服务共享许多相同的服务参数，这些参数在特定对象的服务定义中引用。

　　Forward_Open 和 Forward_Close 服务应仅使用 UCMM 或非桥接（本地）显式消息传递连接发送，它们不应通过桥接显式消息传递连接发送，由于桥接连接上的每个节点都需要接收和处理这些服务，无法兼顾连接和发送服务，因此需要此限制。在支持 UCMM 消息传递的子网上，接收方（目标节点或中间节点）应使用 UCMM 支持这些服务，此外，还可以通过本地显式消息传递连接以支持这些服务。在不支持 UCMM 消息传递的子网上，应使用本地显式消息传递连接发送这些服务，连接管理器对象特定服务参数如下。

（1）网络连接参数

　　网络连接参数提供一个 16 位的单字节数据，见表 6-35。

表 6-35　网络连接参数

15	14	13	12	11	10	9	8	7	6	5	4	3	2	1	0
冗余所有者	连接类型		保留	优先级		固定 / 可变				连接尺寸（字节）					

- 连接尺寸：连接的每个方向（如果适用）的最大数据的长度（以字节为单位）。对于可变大小的连接，大小应为任何传输缓存区的最大长度。可变连接的实际传输长度应等于或小于网络连接的指定长度。最大缓存区大小应取决于连接所经过的链路。连接长度包括序列计数和 32 位实时报头（如果存在）。
- 固定 / 可变：对于固定大小的连接，每次传输的数据量应为"连接尺寸"参数中指定的长度。对于可变大小的连接，每次传输的数据量大小可变，最大为"连接尺寸"参数中指定的长度。

0= 固定；1= 可变。

- 优先级：

00= 低优先级；01= 高优先级；10= 预定优先级；11= 急迫优先级。

- 连接类型：

00= 空的（可以用于配置连接）；01= 多路播发；10= 点对点；11= 保留。

- 冗余所有者：为 1 表示允许多个所有者同时建立连接；为 0 表示不允许其他所有者，仅输入或仅侦听连接。
- 保留：将被设为 0。

（2）数据包间隔

　　连接管理器对象的对象特定服务共享许多相同的服务参数，这些参数在特定对象中引用定义的服务。

- 请求数据包间隔（RPI）：请求数据包间隔是指在两个包之间的间隔时间，为毫秒级，格式是一个 32 位的整数（毫秒级）。

- 实际数据包间隔（API）：实际数据包间隔将被要求在两个包之间，为毫秒级，格式是一个 32 位的整数（毫秒级）。

请求数据包间隔应为接收设备请求的数据包之间的间隔时间，该值用于在每个生产节点分配带宽。返回实际数据包速率或实际数据包间隔后，需要根据返回值调整带宽分配，因为这两个值可能会有所不同。中间节点和目标节点中每个节点的路径超时值应设置为连接超时乘数乘以 API。因此，所有连接都需要 RPI。

对于预定优先级，RPI 应为重复数据的包速率。在支持带宽分配的链路上，应为此包预留带宽。对于预定优先级，数据还应限制在指定的包速率，这意味着如果数据到达中间节点的速度比指定的包速率快，则该节点应将包过滤到指定的速率。由于每个节点的预定优先级的更新率都是离散量，因此 API 可能比 RPI 小（更快）。路径超时值应设置为连接超时乘数乘以 API 的倍数。

对于高优先级，应使用 RPI 设置中间节点和目标节点中的路径超时。因此，RPI 应设置为预期的最低数据包速率，这能避免由于路径超时而造成的连接关闭。路径超时时间越长，由于网络故障而在中间节点回收资源所需的时间越长。由于未在任何节点量化高优先级，因此 API 应等于 RPI。但是，为了保持一致性，应将超时值再次设置为连接超时乘数乘以 API。

对于低优先级，应使用 RPI 设置中间节点和目标节点中的路径超时。因此，RPI 应设置为预期的最低数据包速率，这能避免由于路径超时而造成的连接关闭。路径超时时间越长，由于网络故障而在中间节点回收资源所需的时间越长。由于未在任何节点量化低优先级，因此 API 应等于 RPI。但是，为了保持一致性，应将超时值再次设置为连接超时乘数乘以 API。

（3）连接时序

Priority/Time_Tick 参数决定未连接消息的优先级，参数中的 Tick Time 规定的持续时间由 Time-Out_Ticks 参数规定，位含义见表 6-36。

表 6-36　Priority/Time_Tick 位含义

7	6	5	4	3	2	1	0
保留			优先级 0= 正常 1= 保留	Tick Time			

保留和优先级将被设为 0。Tick Time 应与 Time-Out_Ticks 参数一起使用，以确定总超时值，计算公式为：

实际超时值 $=2^{\text{Tick\_Time}} \times$ Time-Out_Ticks

如果 Tick Time 是 0000（1ms），那么 Time-Out_Ticks 值 5 就转化为 5ms；如果 Tick Time 是 0010（4ms），那么 5 将转化为 20ms，Tick Time 枚举值见表 6-37。

表 6-37   Tick Time 枚举值

Tick Time	Time per Tick（ms）	Max Time（ms）
0000	1	255
0001	2	510
0010	4	1020
0011	8	2040
0100	16	4080
0101	32	8160
0110	64	16 320
0111	128	32 640
1000	256	65 280
1001	512	130 560
1010	1024	261 120
1011	2048	522 240
1100	4096	1 044 480
1101	8192	2 088 960
1110	16 384	4 177 920
1111	32 768	8 355 840

Time-Out_Ticks 参数将规定一个时间，这个时间就是发起应用到等待传输完成的时间。与 Priority/Time_Tick 字段的 Tick Time 部分一起使用时，可以计算总超时值。

Priority/Time_Tick 和 Time-Out_Ticks 参数用于传达超时信息。发起方声明它将等待一个响应的时间（总往返时间），并且每个中间设备（例如 CIP 路由器）减去从接收数据包到实际开始处理数据包之间实际时间的两倍（继续转发未连接的消息时，例如内部排队/处理时间等）。如果 CIP 路由器无法明确确定要减去的时间，则应减去 512 ms。每个中间设备都应使用该调整后的值作为管理未连接消息的资源计时器，并在转发消息之前检查超时是否临近。如果即将发生超时，则中间设备将返回错误响应，而不仅仅是让发起方超时。另外，当中间设备超时时，将返回错误响应。在这两种情况下，与该未连接消息关联的所有资源均被释放，这有助于了解在实际发生超时之前数据包沿路由前进多远的距离，并且导致中间节点没有留下分配给已经超时的事务的资源。

（4）Connection Serial Number

连接序列号是在连接发送端的连接管理器选择的单独的 16 位的值。发送端将保证这个 16 位的值是单独的，这个连接数是唯一的不必要连续，例如操作界可能有大量的连接同时打开，每一个都有唯一的号。

（5）Originator Vendor ID

与连接管理器一起使用的发起者供应商 ID 是对连接发起者的身份对象实例 # 1、属性 # 1（供应商 ID）的引用。

（6）Originator Serial Number

与连接管理器一起使用的发起者序列号是对身份对象实例 # 1、连接发起者的属性 # 6（序列号）的引用。

（7）Connection Number

连接号应为连接管理器在打开连接时分配的 16 位的值，该值允许其他节点重连接管理器以获取连接数据。该编号不得与连接序列号混淆。

（8）Connection_Path_Size

连接路径大小应为 16 位字的连接路径长度。连接路径的长度在连接过程中会有所不同，因为连接路径中的每个节点都会删除当前端口段，并将剩余的路径段转发到下一个节点。

（9）Connection_Path

连接路径参数包含服务和服务数据中其他参数值的组合所需的一个或多个编码路径。如果存在路由和相关信息（如端口、网络和电子密钥段），则应放到应用程序路径之前。

根据 O2T_Connection_Parameters 和 T2O_Connection_Parameters 字段以及数据段指定一个或多个编码的应用程序路径。通常，应用程序路径按配置路径、消费路径和生产路径的顺序排列。但是，当配置、消费和 / 或生产使用的路径相同时，可以使用单个编码路径。有效组合和应用程序路径的含义见表 6-38。应用程序路径是相对于目标节点的。

表 6-38　有效组合和应用程序路径的含义

| 网络连接参数 | | 数据段是否存在 | 编码的应用程序路径数 | | |
O to T 连接类型	T to O 连接类型		1	2	3
无效	无效	是	用于配置的路径	无效	无效
		否	无效	无效	无效
非无效	无效	是	用于配置和消费的路径	第 1 个路径用于配置，第 2 个路径用于消费	无效
		否	用于消费的路径	无效	无效
无效	非无效	是	用于配置和消费的路径	第 1 个路径用于配置，第 2 个路径用于消费	无效
		否	用于生产的路径	无效	无效

（续）

网络连接参数		数据段是	编码的应用程序路径数		
O to T 连接类型	T to O 连接类型	否存在	1	2	3
非无效	非无效	是	用于配置、生产和消费的路径	无效	第 1 个路径用于配置，第 2 个路径用于生产，第 3 个路径用于消费
		否	用于生产和消费的路径	第 1 个路径用于生产，第 2 个路径用于消费	无效

连接示例如图 6-31 所示，逻辑段的连接路径示例见表 6-39，目标设备接收的逻辑段的连接路径示例见表 6-40。

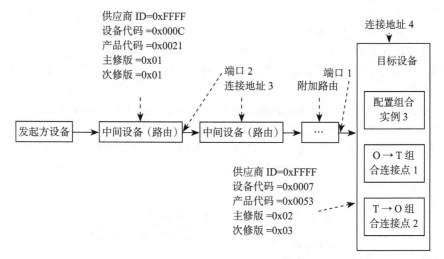

图 6-31   连接示例

表 6-39   逻辑段的连接路径示例

段组	段	描述
端口 1 段组	34 04	密钥段
	FF FF	供应商 ID
	0C 00	设备代码
	21 00	产品代码
	01 01	主修版 1，次修版 1
	02 03	将端口 2 路由到连接地址 3
附加端口段组	...	

（续）

段组	段	描述
端口 *N* 段组	01 04	将端口 1 路由到连接地址 4（无密钥段）
应用段组	34 04	密钥段
	FF FF	供应商 ID
	07 00	设备代码
	53 00	产品代码
	02 03	主修版 2，次修版 3
	43 14	生产抑制时间网段 −20ms
	20 04	组合对象类
	24 03	配置实例
	2C 01	O → T 组合连接点 1
	2C 02	T → O 组合连接点 2
	80 01	数据段
	01 00	配置数据

表 6-40　目标设备接收的逻辑段的连接路径示例

段组	段	描述
应用段组	34 04	密钥段
	FF FF	供应商 ID
	07 00	设备代码
	53 00	产品代码
	02 03	主修版 2，次修版 3
	43 14	生产抑制时间网段 −20ms
	20 04	组合对象类
	24 03	配置实例
	2C 01	O → T 组合连接点 1
	2C 02	T → O 组合连接点 2
	80 01	数据段
	01 00	配置数据

本例包括 3 条应用路径，20 04 24 03 为配置路径，20 04 2C 01 为 O → T 路径，20 04 2C 02 为 T → O 路径。

连接路径示例如图 6-32 所示，符号段的连接路径示例见表 6-41。

这个例子包括一个应用程序路径和一个符号"tag1"。至少有一个 O → T 和 T → O 网络参数连接类型不能为空，此连接路径才有效（因为不存在数据段）。如果 O → T 和 T → O 网络参数连接类型都不为空，那么 O → T 和 T → O 应用程序路径都是符号"tag1"。

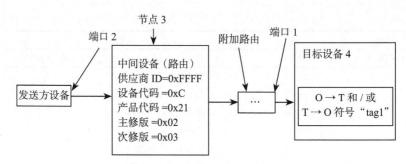

图 6-32　连接路径示例

表 6-41　符号段的连接路径示例

段组	段	描述
路由选择	02 03	端口 2 路由到 MAC ID 3
信息	34 04	密钥段
	FF FF	供应商 ID
	0C 00	设备代码
	21 00	产品代码
	01 01	主修版 1，次修版 1
	…	其他可能会继续路由的信息
	01 04	端口 1（背板）路由到目标设备 4
应用路径	91 04	4 字节的符号段
	74 61	t a
	67 31	g 1

　　当连接多个编码路径时，路径之间的轮廓就是遇到层次结构中较高级别段的位置。当每个路径在层次结构中的较高级别共享相同的值时，可以压缩多个编码的路径。当遇到处于相同或更高级别但不在顶层的最高级别的段时，先前的更高级别将用于下一个编码路径。下面的示例以完整和压缩的表示形式显示了多个编码路径。

　　全路径：类 A，实例 A，属性 A，类 A，实例 A，属性 B

　　压缩后：类 A，实例 A，属性 A，属性 B

　　全路径：类 A，实例 A，属性 A，类 A，实例 B，属性 A

　　压缩后：类 A，实例 A，属性 A，实例 B，属性 A

（10）Network Connection ID

　　网络连接 ID 应是连接特定的且与连接序列号没关系，并且在所有连接上是相同的。网络连接 ID 字段用于设置指定连接的屏蔽机制。网络连接 ID 可以是 CIP 生成的连接 ID，也可以是 CIP 使用的连接 ID。

　　在与连接 ID 相关的所有连接关闭或超时之前，不得重复使用多播连接 ID。

（11）Connection Timeout Multiplier

连接超时乘数乘以 RPI 以获取连接超时值。当连接超时时，即使数据已经发送设备也应该停止在连接上传输。乘数见表 6-42。

（12）Transport Class and Trigger

运输类和触发器指定运输的类型以及连接所需的生产触发器。有关此参数的详细信息，请参见连接对象的 TransportClass_Trigger 属性。

连接管理器对象实例对象特定服务的参数介绍完后，接下来我们开始介绍特定服务。

（1）Forward Open 服务

Forward Open 服务（服务代码为 54 Hex）用于

表 6-42 乘数

值	乘数
0	4
1	8
2	16
3	32
4	64
5	128
6	256
7	512
8～255	保留

与目标设备建立连接。此服务会使本地连接沿着各个节点路径建立。Forward Open Request 建立一个网络传输数据和应用的连接。一个应用连接包含一个单独的传输连接和一个或者两个网络连接，依次包含多个链路连接。在每个端口段连接路径使用链路连接。Forward Open 服务在两个设备之间建立一个或两个链路连接，这些数据连接请求依照网络连接参数和连接请求数据包间隔（RPI）建立，因为单个传输线路最多需要两个网络连接，它们由 O→T 和 T→O 来区分：O→T 为发起到目标，T→O 为目标到发起。

一个连接建立一个目标的消息路由对象（基于 Forward Open Request 的连接路径参数），也就建立了一个显式消息连接，Forward Open 请求见表 6-43。

表 6-43 Forward Open 请求

参数名字	数据类型	描述
Priority/Time_Tick	BYTE	用于计算超时信息
Time-Out_Ticks	USINT	用于计算超时信息
O_to_T Network Connection ID	UDINT	发送方到目标方的网络连接 ID，由发送方产生
T_to_O Network Connection ID	UDINT	目标方到发送方的网络连接 ID，由目标方产生
Connection Serial Number	UINT	连接序列号
Originator Vendor ID	UINT	发起者的供应商 ID
Originator Serial Number	UDINT	发起者的序列号
Connection Timeout Multiplier	USINT	连接超时乘数
Reserved	8 位字节数组	保留
O_to_T RPI	UDINT	发起方到目标请求的数据包速率，以毫秒为单位
O_to_T Network Connection Parameters	WORD	连接参数，连接类型选 00（null），保留选 0，其他项可以是任何值

（续）

参数名字	数据类型	描述
T_to_ORPI	UDINT	目标方对发起方要求的数据包速率，毫秒级
T_to_O Network Connection Parameters	WORD	连接参数，连接类型选 00（null），保留选 0，其他项可以是任何值
Transport Type/Trigger	BYTE	传输触发
Connection_Path_Size	USINT	Connection_Path 的 16 位字的数目
Connection_Path	Padded EPATH	指示路由到远程目标设备

当从端点开始在路径中建立请求连接时，需要有返回成功应答。此应答还应指出连接序列号和连接的实际数据包速率。一旦收到成功的应答，就应从端点开始在路径中打开连接。对于连接上的第 1 个数据包，成功发送响应后，目标的等待时间最少应该设为 10 s。

Forward Open 响应见表 6-44。

表 6-44   Forward Open 响应

参数名称	数据类型	描述
O_to_T Network Connection ID	UDINT	发送方到目标方的网络连接 ID，由发送方产生
T_to_O Network Connection ID	UDINT	目标方到发送方的网络连接 ID，由目标方产生
Connection Serial Number	UINT	返回请求包收到相同的值
Originator Vendor ID	UINT	返回请求包收到相同的值
Originator Serial Number	UINT	返回请求包收到相同的值
O_to_T API	UINT	实际数据包速率，从发送方到目标方。路由器应将此值和 T→O API 中的较小者用于连接的 Expected_Packet_Rate
T_to_O API	UINT	实际数据包速率，从发送方到目标方。路由器应将此值和 O→T API 中的较小者用于连接的 Expected_Packet_Rate
Application Reply Size	UINT	Application Reply 字段中的 16 位字数
Reserved	UINT	保留
Application Reply		应用规定数据

Forward Open 失败应答见表 6-45，对象的状态字包含有关失败原因的信息。

表 6-45   Forward Open 失败应答

参数名称	数据类型	描述
Connection Serial Number	UINT	返回请求包收到相同的值
Originator Vendor ID	UINT	返回请求包收到相同的值
Originator Serial Number	UDINT	返回请求包收到相同的值

（续）

参数名称	数据类型	描述
Remaining Path Size	USINT	此字段仅在存在路由类型错误的情况下出现，并指示检测到错误的路由器得到的原始路由路径（Forward Open 请求的 Connection Path 参数）中的字数
Reserved	USINT	0

（2）Forward Close 服务

Forward Close 服务（服务代码为 4E Hex）用于关闭与目标设备（以及连接路径中的所有其他节点）的连接。成功的 Forward Close 请求和响应将导致参与发送者连接的所有节点中与该连接相关的所有非共享资源被释放，这些资源包括连接 ID、带宽分配和内部内存缓存区。共享资源是由于多播而仍被其他连接使用的资源。如果出现以下情况，路由器也应释放非共享资源：收到的响应指示常规状态 0x01 和扩展状态 0x0107（未找到目标连接）错误。

如果中间节点无法找到要关闭的连接（它可能是已超时的节点），Forward Close 请求仍然被转发到下一个节点或目标应用。Forward Close 服务请求见表 6-46。

表 6-46　Forward Close 服务请求

参数名称	数据类型	描述
Priority/Time_Tick	BYTE	用来计算请求超时信息
Time-Out_Ticks	USINT	用来计算请求超时信息
Connection Serial Number	UINT	建立连接的连接序列号
Originator Vendor ID	UINT	发起者供应商 ID
Originator Serial Number	UDINT	发起者的序列号
Connection_Path_Size	USINT	Connection_Path 的 16 位字的长度
Reserved	USINT	保留
Connection_Path	Padded EPATH	指示一个连接远程目标设备的路径

为了使目标节点成功接收到 Forward Close 服务请求，发起者连接 ID、发起者供应商 ID 和发起者序列号参数与现有连接的参数必须匹配。如果没有连接匹配，则不会释放任何连接，并且目标设备返回错误，其常规错误代码为 0x01，扩展状态代码为 0x0107（未找到目标设备连接）。如果设备检测到连接路径不正确，则目标节点可能会忽略"连接路径大小"参数。但是，格式不正确的 Connection_Path 会导致服务不成功，并且无论发起者连接 ID、发起者供应商 ID、发起者序列号参数是否匹配，都会返回错误。

中间节点沿发起者与目标节点之间的路径接收到的 Forward Close 服务请求将被转发，而与发起者连接 ID、发起者供应商 ID 和发起者序列号参数匹配无关（在未找到匹配的情况下，连接可能在该中间节点处超时）。格式不正确的 Connection_Path

或者Connection_Path不匹配，可能会导致服务失败并返回错误。

如果目标节点或中间节点确实检测到连接路径错误情况，则返回错误响应。在所有情况下，连接均保持不变（连接不会释放）。

Connection_Path格式不正确：

- 如果节点检测到Connection_Path_Size字段的值小于Connection_Path的大小，则返回0x15的常规状态代码，指示服务请求中存在太多数据。
- 如果节点检测到Connection_Path_Size字段的值大于Connection_Path的大小，则返回常规状态代码0x13，指示服务请求中没有足够的数据。

Connection_Path不匹配：

- 如果节点检测到Forward Close请求中接收的值与原始连接请求中发送的值之间的Connection_Path不匹配，则常规状态代码为0x01，扩展状态代码为0x316(Forward Close服务连接路径中的错误)，不匹配状态代码为0x0315(连接路径中的无效段)。

在目标上删除连接后，将返回成功。当接收到成功响应时，发起者以及路径上的每个中间节点将关闭连接并释放与该连接关联的资源，成功和不成功的Forward Close应答分别见表6-47和表6-48。

表 6-47   成功的 Forward Close 应答

参数名称	数据类型	描述
Connection Serial Number	UINT	返回请求包收到相同的值
Originator Vendor ID	UINT	返回请求包收到相同的值
Originator Serial Number	UDINT	返回请求包收到相同的值
Application Reply Size	USINT	Application Reply16 位字的数量
Reserved	USINT	保留
Application Reply	字节数组	应用规定数据

表 6-48   不成功的 Forward Close 应答

参数名称	数据类型	描述
Connection Serial Number	UINT	返回请求包收到相同的值
Originator Vendor ID	UINT	返回请求包收到相同的值
Originator Serial Number	UDINT	返回请求包收到相同的值
Remaining Path Size	USINT	
Reserved	USINT	保留

（3）Unconnected Send 服务

Unconnected Send服务可以直接通过应用程序向目标设备发送消息而不用提前建立连接。Unconnected Send服务使用每个中间节点中的连接管理器对象来转发消息并记住返回路径。每个连接的UCMM都应用于将请求从连接管理器对象转发到连接管理器对象，就像对 Forward Open 服务一样，但是不建立连接。Unconnected Send 服务应发送到本地连接管理器，并应在中间节点之间发送。当中间节点删除最后一个端口段时，应将嵌入式消息请求格式化为消息路由器请求消息，并使用该连接类型的 UCMM 发送到最后一个端口段的端口和连接地址。

注意　目标设备接收不到 Unconnected Send 服务，只能接收到通过 UCMM 到达的嵌入式消息请求。

　　Unconnected Send 请求参数是使用消息路由器请求格式为 Unconnected Send 服务发送的 Request_Data。客户端不得在 Unconnected Send 服务的消息路由器请求 Request_Path 中放置电子密钥段。电子密钥段（如果使用）包含在 Unconnected Send 服务 Message_Request 的 Request_Path 和 Route_Path 参数中。Unconnected Send 参数见表 6-49。

表 6-49　Unconnected Send 参数

参数名称	数据类型	描述
Priority/Time_Tick	BYTE	用来计算请求超时信息
Time-Out_Ticks	USINT	用来计算请求超时信息
Message_Request_Size	UINT	嵌入式消息请求中的字节数
Message_Request	结构	嵌入式路由请求消息格式
Service	USINT	请求的服务代码
Request_Path_Size	USINT	Request_Path 字段中 16 位字的数量
Request_Path	Padded EPATH	这是一个字节数组，这个数组包括应用程序路径和请求的一些其他信息
Request_Data	8 位字节数组	将在显式消息请求中传递的服务的数据，如果不使用显式消息请求发送数据，则此数组为空
Pad	USINT	仅当 Message_Request_Size 为奇数时才存在
Route_Path_Size	USINT	Route_Path 的 16 位字的数量
Reserved	USINT	保留
Route_Path	Padded EPATH	指示到远程目标设备的路由

　　Route_Path 采用以下的形式：

　　[Electronic Key Segment1]　|　Port Segment Group for 1st Intermediate Node
　　Port Segment1

　　[[Electronic Key Segment2]　|　Port Segment Group for 2nd Intermediate Node
　　Port Segment2]

　　…

　　[[Electronic Key Segment*N*]　|　Port Segment Group for *N*th Intermediate Node

Port Segment*N*]

Unconnected Send 示例见表 6-50。

表 6-50　Unconnected Send 示例

参数名称			值	描述
Service			52	Unconnected Send 服务代码
Request_Path_Size			02	请求路径的尺寸
Request_Path			20 06 24 01	连接管理器类 6，实例 1
Priority/Time_Tick			xx	优先级 / 时间刻度
Time-Out_Ticks			xx	超时
Message_Request_Size			12 00	嵌入式消息请求中的字节数
Message_ Request	Service		0E	请求的服务代码
	Request_Path_Size		08	Request_Path 字段中 16 位字的数量
	Request_Path		34 04	目标设备密钥段
			FF FF	目标设备供应商 ID
			07 00	目标设备代码
			53 00	目标设备代码
			02 03	目标设备主修版 2，次修版 3
			02 01	身份类
			24 01	实例 1
			30 01	供应商 ID 属性 1
	Request_Data			没有获取单个属性请求的数据
端口 1 段组			34 04	第 1 个跳转路由密钥段
			FF FF	第 1 个跳转路由供应商 ID
			0F 00	第 1 个跳转路由设备代码
			21 00	第 1 个跳转路由产品代码
			81 01	第 1 跳路由器主修版 1，次修版 1
			02 03	将第 1 跳路由器的端口 2 路由到连接地址 3
附加端口段组			…	
端口 *N* 段组			01 04	注意：此端口段组中未指定密钥段，将第 *n* 跳路由器的端口 1 路由到连接地址 4

　　未连接发送的响应是由目标节点生成的 UCMM 响应的最后一个中间节点生成的，或由 UCMM 超时，或由嵌入式消息有问题，或未连接服务请求本身有问题的中间节点产生，正确的响应包括一个带有请求状态信息的报头，以及目标节点生成的可变长度响应。

　　返回的回复服务代码可以是 Unconnected Send 服务的嵌入式服务代码，也可以是 Unconnected Send 服务代码。当路由器检测到错误时，返回 Unconnected Send 回复服务代码 0xD2。当目标设备检测到错误时，将返回嵌入式服务代码（例如，如果请求的服务是 Get_Attribute_Single，则回复服务代码为 0x8E）。这对于发起者和路由器是有利的，因为：

- 在两个服务代码（未连接的发送代码和嵌入式服务代码）中，失败的服务代码将返回给原始发起者；
- 不需要路由器解析嵌入在 Unconnected Send 请求中的服务代码。

Unconnected Send 的成功和不成功应答分别见表 6-51 和表 6-52。

表 6-51　Unconnected Send 的成功应答

参数名称	数据类型	描述
Reply Service	USINT	返回的服务代码
Reserved	USINT	0
General Status	USINT	0 表示成功传输
Reserved	USINT	0
Service Response Data	字节数组	该字段包含目标设备 / 对象返回的显式消息服务数据，例如属性数据以响应嵌入式 Get_Attribute_Single 请求，如果目标设备 / 对象返回的显式消息响应不包含任何服务数据，则该字段为空

表 6-52　Unconnected Send 的不成功应答

参数名称	数据类型	描述
Reply Service	USINT	返回的服务代码
Reserved	USINT	0
General Status	USINT	错误代码
Size of Additional Status	USINT	附加状态数组 16 位字的数量
Additional Status	字节数组	针对 DeviceNET
Remaining Path Size	USINT	此字段仅在路由类型错误的情况下出现，并指示检测到错误的路由器的原始路由路径（未连接发送请求的 Route_Path 参数）中的字数

6.3.7　库对象

除了上面描述的对象外，我们常用到的还有以下的库对象，见表 6-53。

表 6-53　库对象

类	对象名称	对象描述
01 Hex	Identity	标识对象提供设备的标识和常用信息，例如供应商 ID、设备代码、产品代码、版本等信息。所有的 CIP 产品必须有标识对象
02 Hex	Message Router	消息路由器对象提供消息传递连接点，客户端可以通过该消息传递连接点将服务寻址到物理设备里的任何对象类或实例

（续）

类	对象名称	对象描述
04 Hex	Assembly	组装对象绑定多个对象的属性，这允许通过单个连接发送或接收每个对象的数据，程序集对象可以绑定输入或输出数据，术语"输入"和"输出"是从网络的角度定义的，输入将在网络上产生数据，而输出将使用网络上的数据
F4 Hex	Port	端口对象描述设备上存在的 CIP 端口，每个 CIP 可路由端口应存在一个实例，不可路由端口也可能存在实例，具有单个 CIP 端口的设备不需要支持端口对象
F5 Hex	TCP/IP Interface	TCP/IP 接口对象提供了配置设备的 TCP/IP 网络接口机制，可配置的项目包括设备的 IP 地址、网络掩码和网关地址
F6 Hex	EtherNet Link	以太网连接对象维护 IEEE 802.3 通信接口的特定于连接的计数器和状态信息。设备模块上的每个 IEEE 802.3 通信接口应该完全支持以太网连接对象实例，设备可以将以太网连接对象实例用于内部可访问的接口

6.3.8 电子数据文档

在使用 CIP 进行通信时，需要对支持 CIP 网络的设备编写描述文件以便 CIP 网络上的其他设备能够识别该设备，这个描述文件称为电子数据文档（Electronic Data Sheet，EDS）。CIP 标准允许通过网络进行远程设备配置以及在设备中嵌入配置参数，使用这些功能，你可以选择和修改用于特定应用程序的设备配置，电子数据文档描述的参数可以使用显式消息（Get/Set_Attribute_Single 或者 Get/Set_Attributes_all）来获取或者设置设备配置，配置 CIP 设备如图 6-33 所示。

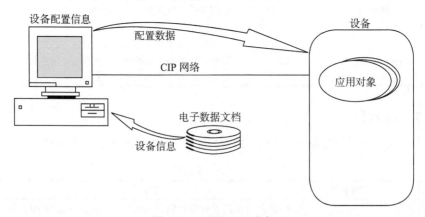

图 6-33　配置 CIP 设备

EDS 是 ASCII 码文件，存储在计算机或者其他设备中，提供设备所有的配置选项，通过 EDS 可以执行识别设备、验证设备、构建用户接口界面、访问数据等操作。EDS 按章节或区进行组织，每个章节又可以分为多个条目，每个条目又可以由多个数据区组成，CIP 规定了设备必须支持的章节、条目和数据区，一般的 EDS 由以下几个章节组成，下面是 AB 公司的一款 PLC——1756-L61，以供参考。

1. 文件段

文件段主要描述电子数据文档的一些信息，比如设备名字、创建日期、创建时间、修改日期、修改时间、版本号、URL 地址等，大家可以通过 URL 地址找到最新的 EDS 版本。

```
[File]
  DescText = "1756-L61";
  CreateDate = 01-20-2003;
  CreateTime = 12:30:00;
  ModDate = 01-20-2003;
  ModTime = 12:30:00;
  Revision = 1.0;
  HomeURL = "http://www.ab.com/networks/eds/XX/0001000E00360C00.eds";
```

2. 设备段

设备段包含设备制造商的有关信息，例如供应商代码、供应商名称、产品类型、产品类型名称、产品编码等。

```
[Device]
  VendCode = 1;
  VendName = "Allen-Bradley";
  ProdType = 0x0E;
  ProdTypeStr = "";
  ProdCode = 0x36;
  MajRev = 12;
  MinRev = 1;
  ProdName = "1756-L61 LOGIX5561";
  Catalog = "1756-L61";
  Icon = "1756enet.ico";
  1_1756L1_Legacy = Yes;
```

3. 设备分类段

设备分类段将 EDS 描述的设备分类为一个或多个类别的设备。

```
[Device Classification]
  Class1 = 1_RSNetWorx_1756,1_RSNetWorx_Connectable_Module;
```

4. 连接管理器段

连接管理器段指定设备的 CIP 连接，所有的触发和传送都要通过连接 N 来实现，例如下面的 Connection1 就负责触发和传送，每个连接 N 入口都需要一个路径，从源

到目的（O→T）、从目的到源（T→O）属性（请求数据包间隔、尺寸和格式）等值
非常关键。RPI 等对于我们使用 Forward Open 请求的参数设置非常有帮助。

```
[Connection Manager]
    $ Connection1 is only for the class 1 producer connections to the
controller
    Connection1 =
      0x02010002, $ trigger & transport
                  $ 0-15  = supported transport classes (class 1)
                  $ 16    = cyclic (1 = supported)
                  $ 17    = change of state (0 = not supported)
                  $ 18    = on demand (0 = not supported)
                  $ 19-23 = reserved (must be zero)
                  $ 24-27 = input only
                  $ 28-30 = reserved (must be zero)
                  $ 31    = client 0 (don't care for classes 0 and 1)
      0x44240405, $ point/multicast & priority & realtime format
                  $ 0    = O=>T fixed (1 = supported)
                  $ 1    = O=>T variable (0 = not supported)
                  $ 2    = T=>O fixed (1 = supported)
                  $ 3    = T=>O variable (0 = not supported)
                  $ 0    = fixed (1 = supported)
                  $ 4-7  = reserved (must be zero)
                  $ 8-10 = O=>T header (4 byte run/idle)
                  $ 11   = reserved (must be zero)
                  $ 12-15 = T=>O header (no status)
                  $ 12-14 = T=>O header  (no status)
                  $ 15   = reserved (must be zero)
                  $ 16-19 = O=>T point-to-point
                  $ 20-23 = T=>O multicast
                  $ 24-27 = O=>T scheduled
                  $ 28-31 = T=>O scheduled
      ,0,,        $ O=>T RPI,Size,Format
      ,Param2,,   $ T=>O RPI,Size,Format
      ,,          $ config part 1 (not used)
      ,,          $ config part 2 (not used)
      "Receive Data From",    $ connection name
      "",         $ Help string
      "SYMBOL_ANSI";          $ inputs only path
      1_PLC5C_RTD_Format1 = 1_PLC5C_AC_Peer_In_RTD_Format;
```

5. 端口段

端口段提供端口信息，这仅对需要执行 CIP 路由的设备才有用，单一 CIP 端口
的设备用不到。当设备中内置交换机时，设备执行从一个端口到另一个端口的 CIP
路由会用到此段信息。

```
[Port]
    $ RSLinx requires port names "Channel 0" and "Backplane"
    $ Port 2 is serial port, path is to serial port object
    Port2 = 1_DF1Port,"Channel 0","20 6F 24 01",2;
    $ Port 1 is backplane port, path is to icp object
    Port1 = 1_1756_Chassis,"Backplane","20 66 24 01",1;
```

6.4　EtherNet/IP 介绍

EtherNet/IP 是一种适用于工业环境的通信系统，适用于对工业设备交换时间要求严格的应用程序。这些设备包括简单的 I/O 设备（如传感器、执行器），以及复杂的控制设备（如机器人、可编程逻辑控制器、焊工和过程控制器等）。

EtherNet/IP 使用 CIP 通过网络和应用层（应用层可以共享 ControlNet 和 DeviceNet）传输数据，EtherNet/IP 利用标准的以太网和 TCP/IP 技术传递 CIP 通信报文，EtherNet/IP 是在开放以太网和 TCP/IP 之上的公共应用层协议。

EtherNet/IP 通过生产者 / 消费者模型来交换对交换时间紧迫的控制数据。生产者 / 消费者模型允许在发送设备（例如生产者）和许多接收设备（例如消费者）之间交换应用程序信息而不需要将数据多次发送到多个目的地。EtherNet/IP 是通过 CIP 网络和传输层以及 IP 组播技术来实现的。许多 EtherNet/IP 设备可以依次从生产设备接收相同的生产应用程序信息。

EtherNet/IP 使用标准的 IEEE 802.3 技术，没有添加任何非标准协议，EtherNet/IP 建议使用具有 100Mbit/s 带宽和全双工操作的商用交换技术，以提供更稳定的性能。

协议层的关系如图 6-34 所示。本节定义的封装协议也适用于封装其他工业协议，但是由于篇幅有限，本节只介绍与 CIP 有关的封装协议。

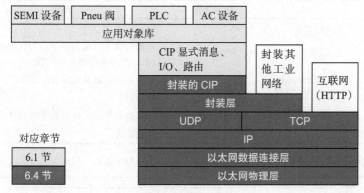

图 6-34　协议层的关系

EtherNet/IP 封装 CIP 工业协议的协议定义了 CIP 设备的 TCP 端口号，CIP 设备的 TCP 端口号为 0xAF12（44818），如果在该端口号上建立连接，那么发送到 TCP 的数据流应按下面的格式发送。TCP 是基于流的协议，它可以发送几乎任何长度的数据包。例如，如果将两个背对背封装的消息传递给一个 TCP/IP 堆栈，则 TCP/IP 协议栈可以选择将两个封装的消息放在一个以太网帧中，或者它可以选择将一条消息的一半放在第 1 个以太网帧，再将其余部分放在下一个以太网帧中。使用 TCP 封装两条消息如图 6-35 所示。

TCP/IP 堆栈可以使用多种方式发送两个背对背封装的消息。这里给出两个例子：

以太网报头（14 字节）	IP 报头（20 字节）	TCP 报头（20 字节）	封装消息 1	封装消息 2	CRC

或者

以太网报头（14 字节）	IP 报头（20 字节）	TCP 报头（20 字节）	封装消息 1 开始部分	CRC

以太网报头（14 字节）	IP 报头（20 字节）	TCP 报头（20 字节）	封装消息 1 剩下部分	封装消息 2	CRC

图 6-35　使用 TCP 封装两条消息

1. 封装包的结构

所有的封装消息都通过专门为 CIP 预留的 TCP/IP 端口号 0xAF12 发送，消息应当由固定长度为 24 字节的头部和可选的数据部分组成，总封装消息长度（包括头部）应限定为 65 535 个字节，其结构见表 6-54。

表 6-54　封装消息结构

结构	域名	数据类型	域值
封装头部	Command	UINT	封装的命令
	Length	UINT	消息的命令特定数据部分的长度（以字节为单位），即报头后面的字节数
	Session Handle	UDINT	会话句柄（取决于应用程序设定）
	Status	UDINT	状态码
	Sender Context	8 位字节数组	与封装命令的发送者有关的信息，长度为 8
	Options	UDINT	选项标志
命令特定数据	Encapsulated Data	8 位字节（0～65 511）数组	命令特定数据，仅某些命令有此部分数据

注意　封装消息中的多字节整数段是以小字节排序的，例如 0x06070809 字节号为 0 1 2 3 4，那么数据就是 09 08 07 06。

封装消息不区分请求和应答信息，但是显式消息数据部分的请求和应答信息有所区别，接下来就封装包各部分做详细的介绍。

（1）Command

命令码见表 6-55。

表 6-55　命令码

命令码	名称	注释
0x0000	NOP	仅用于 TCP 发送
0x0001	保留用于旧版的用法	
0x0002 和 0x0003	保留用于旧版的用法	
0x0004	ListServices	用于 TCP 或 UDP 发送
0x0005	保留用于旧版的用法	
0x0006 ～ 0x0062	保留以供将来扩展本规范（符合本规范的产品不得在此范围内使用命令码）	
0x0063	ListIdentity	用于 TCP 或 UDP 发送
0x0064	ListInterfaces	可选项，用于 TCP 或 UDP 发送
0x0065	RegisterSession	仅用于 TCP 发送
0x0066	UnRegisterSession	仅用于 TCP 发送
0x0067 ～ 0x006E	保留用于旧版的用法	
0x006F	SendRRData	仅用于 TCP 发送
0x0070	SendUnitData	仅用于 TCP 发送
0x0071	保留用于旧版的用法	
0x0072	IndicateStatus	可选项，仅用于 TCP 发送
0x0073	Cancel	可选项，仅用于 TCP 发送
0x0074 ～ 0x00C7	保留用于旧版的用法	
0x00C8 ～ 0xFFFF	保留以供将来扩展本规范（符合本规范的产品不得在此范围内使用命令码）	

标记为"保留"的命令码表示在本书发布之前定义的命令，它们的行为在本书中未定义，不支持这些命令的设备应返回封装状态代码 0x0001。

如果 PLC 接收到不支持的命令，则不会破坏会话或底层 TCP 连接；如果接收到不支持命令的状态代码，则返回给消息的发送者。

会话在发起者和目标之间建立 TCP/IP 连接，通过该连接可以发送封装的命令。由于 TCP/IP 连接被建模为字节流，因此封装头部被预先附加到每个封装的分组，以便接收设备可以知道分组的开始和结束位置。

（2）Length

消息中的长度字段指定消息数据部分包含多少个字节。对于不包含数据的消息，该字段是零。消息的总长度应该是长度字段中包含的数字加上封装头部的 24 字节的总和。

（3）Session Handle

会话句柄应由目标设备生成并返回给发起者，以响应 RegisterSession 请求，发起者应将其插入所有后续的封装命令（使用上表中列出的命令发送），这些命令被发送给目标设备。目标设备接收到命令后，应答发送者请求的该字段应保持和发送者一样。即使已建立会话，一些命令（例如 NOP）也不需要会话句柄。如果特定命令不需要会话，则会记录该命令的描述。

（4）Status

状态字段中的值应指示接收方是否能够执行所请求的封装命令。应答中的值为零表示命令成功执行。在发送方发出的所有请求中，状态字段全是零。如果目标设备接收到具有非零状态字段的请求，则应忽略该请求并不生成应答。状态码解释见表 6-56。

注意　此字段不反映消息的数据 CIP 封装协议数据包生成的错误。

表 6-56　状态码解释

状态码	描述
0x0000	发送成功
0x0001	发送方发送了无效或不支持的封装命令
0x0002	PLC 内存不足，无法处理命令
0x0003	封装消息数据部分中的数据不正确
0x0004 ~ 0x0063	保留位
0x0064	在向目标发送封装消息时，发送方使用无效的会话句柄
0x0065	PLC 收到无效长度消息
0x0066 ~ 0x0068	保留位
0x0069	不支持的封装协议版本
0x006A ~ 0xFFFF	保留位，用于将来扩展

（5）Sender Context

命令的发送方应在报头的发送方上下文字段中分配值，接收方应在其应答中返回该值而不进行修改。没有预期应答的命令可能会忽略此字段。命令的发送方可以在此字段中放置任何值。它可用于将请求和与其关联的应答进行匹配。

（6）Options

封装包的发送方应将选项字段设置为零，封装包的接收方应验证选项字段是否为零。接收方应丢弃具有非零选项字段的封装包。该字段的目的是提供修改各种封装命令含义的位，没有指定该字段的特定用途。

（7）命令特定数据

命令特定数据字段的结构取决于命令代码。大多数命令使用以下两种方法之一或两者组织其命令特定数据字段：

1）使用固定结构；

2）使用通用数据包格式。

通用数据包格式允许命令以可扩展的方式构造其命令特定数据字段。

（8）命令描述

1）NOP：发送方或接收方可以发送 NOP 命令，此命令不会生成任何答复。命令的数据部分应为 0 到 65 511 字节长。接收方应忽略消息中包含的任何数据。该命令仅使接收方返回"无状态"响应。接收方不执行任何其他内部操作。该命令可用于测试特定对象是否仍然存在并作出响应，而不会引起状态更改。NOP 命令不要求建立会话。

NOP 命令见表 6-57。

表 6-57　NOP 命令

结构	域名	数据类型	域值
封装头部	Command	UINT	NOP（0x00）
	Length	UINT	命令特定数据的长度
	Session Handle	UDINT	任何值（目标忽略这部分）
	Status	UDINT	0
	Sender Context	8 位字节数组	发送方选择，8 个字节可以全是 0
	Options	UDINT	0
命令特定数据	Unused Data	8 位字节数组	任何值（目标忽略这部分）

2）ListIdentity：连接发送方可以使用 ListIdentity 命令来定位和识别潜在目标。此命令应使用 TCP 或 UDP 作为单播消息发送，或使用 UDP 作为广播消息发送，并且不要求建立会话。应答应始终作为单播消息发送。

ListIdentity 请求命令见表 6-58。

表 6-58　ListIdentity 请求命令

结构	域名	数据类型	域值
封装头部	Command	UINT	ListIdentity（0x63）
	Length	UINT	0
	Session Handle	UDINT	任何值（目标忽略这部分）
	Status	UDINT	0
	Sender Context	8 位字节数组	发送方选择，8 个字节可以全是 0
	Options	UDINT	0

此命令定义了一个应答项，项目类型代码为 0x0C，所有 EtherNet/IP 设备都支持（返回）此项。

ListIdentity 命令的接收方应使用标准封装头部和数据进行应答，见表 6-59。消息的数据部分应提供有关目标身份的信息。应答应发送到收到广播请求的 IP 地址。

表 6-59   ListIdentity 应答命令

结构	域名	数据类型	域值
封装头部	Command	UINT	ListIdentity（0x63）
	Length	UINT	命令特定数据的长度
	Session Handle	UDINT	任何值（目标忽略这部分）
	Status	UDINT	0
	Sender Context	8 位字节数组	发送方选择，8 个字节可以全是 0
	Options	UDINT	0
命令特定数据	Item Count	UINT	目标项目计数
	Target Items	结构	接口信息
		UINT	项目 ID
		UINT	项目长度
		8 位字节数组	项目数据

消息的数据部分是通用包格式，其中包含 2 字节的项目计数，后面提供目标标识的项目数组。

表 6-60 中定义的 CIP ListIdentity 项应为返回的第 1 个项，此项定义的一部分遵循标识对象 Get_Attributes_All 服务响应的定义（基于此对象的实例之一返回的数据）。

表 6-60   CIP ListIdentity 项

参数名称	数据类型	描述
Item ID	UINT	CIP 标识的项目 ID（0x0C）
Item Length	UINT	紧随其后的项目中的字节数（长度取决于产品名称字符串）
Encapsulation Protocol Version	UINT	支持的封装协议版本（注册会话回复也有）
Socket Address	结构	Socket Address 地址
	UINT	sin_family（大端序）
	UINT	sin_port（大端序）
	UDINT	sin_addr（大端序）
	USINT 数组	sin_zero（长度为 8）（大端序）
Vendor ID	UINT	设备制造商供应商 ID
Device Type	UINT	设备的产品类型
Product Code	UINT	根据设备类型分配的产品代码

（续）

参数名称	数据类型	描述
Revision	USINT	设备的版本
Status	WORD	设备的当前状态
Serial Number	UDINT	设备的序列号
Product Name	SHORT_STRING	设备的描述
State	USINT	当前设备的状态，状态属性是身份对象的可选属性，如果未实现，则该值为 0xFF

3）ListInterfaces：连接发送方应使用可选的 ListInterfaces 命令来识别与目标相关的非 CIP 通信接口，无须建立会话即可发送此命令。ListInterfaces 的请求命令和应答命令见表 6-61 和表 6-62。

表 6-61　ListInterfaces 请求命令

结构	域名	数据类型	域值
封装头部	Command	UINT	ListInterfaces（0x64）
	Length	UINT	0
	Session Handle	UDINT	任何值（目标忽略这部分）
	Status	UDINT	0
	Sender Context	8 位字节数组	发送方选择，8 个字节可以全是 0
	Options	UDINT	0

表 6-62　ListInterfaces 应答命令

结构	域名	数据类型	域值
封装头部	Command	UINT	ListInterfaces（0x64）
	Length	UINT	命令特定数据的长度
	Session Handle	UDINT	任何值（目标忽略这部分）
	Status	UDINT	0
	Sender Context	8 位字节数组	发送方选择，8 个字节可以全是 0
	Options	UDINT	0
命令特定数据	Item Count	UINT	目标项目计数
	Target Items	结构	接口信息
		UINT	项目 ID
		UINT	项目长度
		8 位字节数组	项目数据

应答的数据部分包含提供接口信息的项目数组。数据部分的格式是 2 字节的项目计数，后跟一个项目数组。目前没有为 ListInterfaces 应答定义的公共项目。如果未包含任何项目，则项目计数应设置为 0。某些传统设备可能会返回"为传统使用项

保留"。除非接收设备明确了解传统格式和使用情况，否则应忽略这些项目。

4）RegisterSession：发送方应向目标发送 RegisterSession 命令以发起会话，其请求命令见表 6-63。

表 6-63　RegisterSession 请求命令

结构	域名	数据类型	域值
封装头部	Command	UINT	RegisterSession（0x65）
	Length	UINT	4
	Session Handle	UDINT	任何值（目标忽略这部分）
	Status	UDINT	0
	Sender Context	8 位字节数组	任何值，8 字节
	Options	UDINT	0
命令特定数据	Protocol Version	UINT	1
	Options Flags	UINT	当前未定义选项标志，选项应设置为 0

目标应发送 RegisterSession 应答以表明它已注册了发送方。应答的格式应与请求的格式相同，见表 6-64。

表 6-64　RegisterSession 应答命令

结构	域名	数据类型	域值
封装头部	Command	UINT	RegisterSession（0x65）
	Length	UINT	4
	Session Handle	UDINT	目标生成的会话句柄
	Status	UDINT	0
	Sender Context	8 位字节数组	发送方选择，8 字节
	Options	UDINT	0
命令特定数据	Protocol Version	UINT	RegisterSession 请求的版本（如果支持的话），如果不支持请求的版本，则包含所支持的最高版本
	Options Flags	UINT	RegisterSession 请求中的选项标志（如果支持）

头部的会话句柄字段应包含目标设备生成的标识符，发送方应保存该标识符并将其插入标题的会话句柄字段中，以用于对该目标的所有后续请求。仅当 Status 字段为 0 时，该字段才有效。如果发送方已成功注册到目标，则 Status 字段应为 0；如果未成功注册，则 Status 字段应包含相应的错误代码：

- 如果发送方尝试在同一 TCP 连接上注册多于 1 个会话，则应返回错误代码 0x0001。
- 如果发送方没有足够的资源来注册，则应返回错误代码 0x0002。
- 表 6-56 中的其他代码可以适用于一般封装的错误（例如，形成不良的封装消息、无效长度等）。

- 对于协议版本或选项不匹配，应返回错误代码 0x0069。

如果发送方已成功注册，则 Protocol Version 字段应等于所请求的版本。如果目标不支持所请求的协议版本，不得创建会话，Status 字段应设置为 unsupported encapsulation protocol（0x0069），目标应返回协议版本字段中支持的最高版本。

目前，没有定义选项标志。为了支持将来的定义，目标必须检查 RegisterSession 请求中选项标志的值。如果支持所有请求的选项，则应答中的选项字段应包含发送方的请求值。如果目标不支持所请求的选项，则：

- 不得创建会话；
- Status 字段应设置为 unsupported encapsulation protocol（0x0069）；
- 目标应返回它在 RegisterSession 应答中支持的选项。

5）UnRegisterSession：发送方或目标可以发送此命令以终止会话。接收方应在收到此命令时启动基础 TCP/IP 连接的关闭。当发送方和目标之间的传输连接终止时，也应终止会话。接收方应在其结束时执行其他相关的清理工作。UnRegisterSession 命令见表 6-65。

表 6-65　UnRegisterSession 命令

结构	域名	数据类型	域值
封装头部	Command	UINT	UnRegisterSession（0x66）
	Length	UINT	0
	Session Handle	UDINT	会话句柄
	Status	UDINT	0
	Sender Context	8 位字节数组	任何值，8 字节（目标忽略这部分）
	Options	UDINT	0

如果封装头部中有错误值（无效的会话句柄、非零状态、非零选项或其他命令数据），接收方不应拒绝 UnRegisterSession。在以上的情况下，TCP 连接都应关闭。

6）ListServices：ListServices 命令能够得到目标设备支持哪些封装服务类。ListServices 命令不要求建立会话。每个服务类都有一个唯一的类型代码和一个可选的 ASCII 名称。ListServices 请求命令见表 6-66。

表 6-66　ListServices 请求命令

结构	域名	数据类型	域值
封装头部	Command	UINT	ListServices（0x04）
	Length	UINT	0
	Session Handle	UDINT	任何值（目标忽略这部分）
	Status	UDINT	0
	Sender Context	8 位字节数组	发送方选择，8 字节
	Options	UDINT	0

接收方应该应答标准封装消息，包括标题和数据，见表6-67。消息的数据部分应提供有关所支持服务的信息。

表 6-67　ListServices 应答命令

结构	域名	数据类型	域值
封装头部	Command	UINT	ListServices（0x04）
	Length	UINT	命令特定数据的长度
	Session Handle	UDINT	任何值（目标忽略这部分）
	Status	UDINT	0
	Sender Context	8 位字节数组	发送方选择，8 个字节建议全是 0
	Options	UDINT	0
命令特定数据	Item Count	UINT	目标项目计数
	Target Items	结构	接口信息
		UINT	项目 ID
		UINT	项目长度
		UINT	封装协议的版本应设置为 1
		UINT	功能标志
		USINT 数组	服务名称

项目 ID 的标识定义了一个服务类，类型代码为 0x100，名称为"通信"。该服务类应指示设备支持 CIP 数据包的封装。所有支持封装 CIP 的设备都应支持 ListServices 请求和通信服务类。

Version 字段指示目标支持的服务版本，以帮助维护应用程序之间的兼容性。每个服务都应具有一组不同的能力标志。保留标志应设置为零。

为通信服务定义的能力标志如下：Name 字段应允许最多 16 字节，以 Null 结尾的 ASCII 字符串，以便进行描述目的。16 字节限制应包括 Null 字符。

注意　版本字段应指明目标支持的服务版本，以帮助维护应用程序之间的兼容性。

每个服务应具有一组不同的能力标志，保留标志应设置为零，通信服务能力标志见表6-68。

表 6-68　通信服务能力标志

标志位	描述
位 0 ~ 4	保留
位 5	如果设备支持 CIP 的 EtherNet/IP 封装，则该位置 1；否则，该位置 0
位 6 ~ 7	保留
位 8	支持 CIP 传输类别 0 或 1（基于 UDP 的连接）
位 9 ~ 15	保留，将来扩展使用

7）SendRRData：SendRRData 命令是在发送方和目标之间传递封装好的请求 /
应答包，发送方发送命令。实际的请求 / 应答数据包被封装在消息的数据部分。

注意　当用于封装 CIP 时，SendRRData 请求和响应用于发送封装的 UCMM 消息（未
连接消息）。

SendRRData 请求命令见表 6-69。

表 6-69　SendRRData 请求命令

结构	域名	数据类型	域值
封装头部	Command	UINT	SendRRData（0x6F）
	Length	UINT	命令特定数据的长度
	Session Handle	UDINT	会话句柄
	Status	UDINT	0
	Sender Context	8 位字节数组	发送方选择的 8 字节
	Options	UDINT	0
命令特定数据	Interface Handle	UDINT	0
	Timeout	UINT	0 ~ 65 535
	Encapsulated Packet	8 位字节数组	见表 6-72

接口句柄标识请求所针对的通信接口。对于封装 CIP 数据包，此句柄应为 0。如
果超时到期，目标应中止请求的操作。当超时字段在 1 到 65 535 范围内时，超时应
设置为此秒数。当超时字段设置为 0 时，封装协议不应有自己的超时。相反，它应
该依赖于封装协议的超时机制。当 SendRRData 命令用于封装 CIP 数据包时，超时字
段应设置为 0，并且目标应忽略。

SendRRData 应答命令见表 6-70，包含响应 SendRRData 请求的数据。对发送方
请求的应答包含在数据中，是 SendRRData 应答的一部分。

表 6-70　SendRRData 应答命令

结构	域名	数据类型	域值
封装头部	Command	UINT	SendRRData（0x6F）
	Length	UINT	命令特定数据的长度
	Session Handle	UDINT	会话句柄
	Status	UDINT	0
	Sender Context	8 位字节数组	发送方选择的 8 字节
	Options	UDINT	0
命令特定数据	Interface Handle	UDINT	0
	Timeout	UINT	0 ~ 65 535
	Encapsulated Packet	8 位字节数组	见表 6-72

应答消息的数据部分的格式应与 SendRRData 请求消息的格式相同。

注意 由于请求和应答共享一种通用格式，因此应答消息包含超时字段，但是它没有被使用。

8）SendUnitData：SendUnitData 命令发送封装的连接消息。当封装的协议具有自己的端到端传输机制时，可以使用此命令。SendUnitData 命令可以由 TCP 连接的任意一端发送，见表 6-71。

表 6-71   SendUnitData 命令

结构	域名	数据类型	域值
封装头部	Command	UINT	SendUnitData（0x70）
	Length	UINT	命令特定数据的长度
	Session Handle	UDINT	会话句柄
	Status	UDINT	0
	Sender Context	8 位字节数组	任何值，8 字节（目标忽略这部分）
	Options	UDINT	0
命令特定数据	Interface handle	UDINT	0
	Timeout	UINT	0 ~ 65 535
	Encapsulated packet	8 位字节数组	见表 6-72

2. 常见的数据包格式

通用数据包格式（Common Packet Format，CPF）定义了使用封装协议传输的协议分组的标准格式。通用数据包格式是一种通用机制，旨在适应未来的数据包或地址类型。

通用数据包格式应包括项目计数，后跟多个项目。一些项目被分类为"地址项"（携带寻址信息）或"数据项"（携带封装数据），要包含的项目计数取决于封装命令和命令的用法。通用数据包结构、地址项及数据项结构和项目 ID 号分别见表 6-72、表 6-73 和表 6-74。

表 6-72   通用数据包结构

域名	数据类型	描述
Item Count	UINT	后面的项目数
Item #1	Item Struct	第 1 个 CPF 项目
Item #2	Item Struct	第 2 个 CPF 项目
…	…	…
Item#n	Item Struct	第 n 个 CPF 项目

表 6-73　地址项及数据项结构

域名	数据类型	描述
Type ID	UINT	封装项目的类型
Length	UINT	数据字段的字节长度
Data	变量	数据（如果长度 >0）

表 6-74　项目 ID 号

项目 ID 号	项目类型	描述
0x0000	地址	Null（用于 UCMM 消息），表示不需要封装路由，目标是在数据项中的本地（以太网）或路由信息
0x0001 ～ 0x000B		保留
0x000C		ListIdentity 响应
0x000D ～ 0x0085		保留
0x0086 ～ 0x0090		保留以供将来扩展此规范（符合此规范的产品不得在此范围内使用命令代码）
0x0091		保留
0x0092 ～ 0x00A0		保留以供将来扩展此规范（符合此规范的产品不得在此范围内使用命令代码）
0x00A1	地址	基于连接（用于连接的消息）
0x00A2 ～ 0x00A4		保留
0x00A5 ～ 0x00B0		保留以供将来扩展此规范（符合此规范的产品不得在此范围内使用命令代码）
0x00B1	数据	连接传输数据包
0x00B2	数据	Unconnected 消息
0x00B3 ～ 0x00FF		保留以供将来扩展此规范（符合此规范的产品不得在此范围内使用命令代码）
0x0100		ListServices 响应
0x0101 ～ 0x010F		保留
0x0110 ～ 0x7FFF		保留以供将来扩展此规范（符合此规范的产品不得在此范围内使用命令代码）
0x8000	数据	Sockaddr 信息，O → T
0x8001	数据	Sockaddr 信息，T → O
0x8002		序列地址项
0x8003 ～ 0xFFFF		保留以供将来扩展此规范（符合此规范的产品不得在此范围内使用命令代码）

（1）地址项

1）Null：空地址项应仅包含类型 ID 和长度，长度应为零。由于空地址项不包含路由信息，因此当协议数据包本身包含任何必要的路由信息时，应使用它。空地址项应用于未连接的消息，见表 6-75。

表 6-75　空地址项

域名	数据类型	域值
Type ID	UINT	0
Length	UINT	0

2）连接地址项：当封装协议是面向连接的时，应使用此地址项。数据应包含连接标识符，见表 6-76。

注意　连接标识符在连接管理器的 Forward Open 服务中能够获取。

表 6-76　连接地址项

域名	数据类型	域值
Type ID	UINT	0xA1
Length	UINT	4
Data	UDINT	连接标识符

3）序列地址项：该地址项应用于 CIP 传输类 0 和类 1 连接数据。数据应包含连接标识符和序列号，见表 6-77。

表 6-77　序列地址项

域名	数据类型	域值
Type ID	UINT	0x8002
Length	UINT	8
Data	UDINT	连接标识符
	UDINT	序列号

（2）数据项

1）未连接数据项：未连接数据项见表 6-78。

表 6-78　未连接数据项

域名	数据类型	域值
Type ID	UINT	0xB2
Length	UINT	未连接消息的长度（以字节为单位）
Data	变量	未连接的消息

注意　Data 字段的格式取决于封装的协议。当用于封装 CIP 时，Data 字段的格式是消息路由器请求或消息路由器应答的格式。

封装头部中的上下文字段应用于未连接的请求 / 应答匹配。

2）连接数据项：连接数据项见表 6-79。

表 6-79　连接数据项

域名	数据类型	域值
Type ID	UINT	0xB1
Length	UINT	未连接消息的长度（以字节为单位）
Data	变量	传输包（发送的 CIP 协议消息等）

3. 会话管理

封装会话应分为三个阶段：

- 建立会话；
- 维持会话；
- 终止会话。

（1）建立会话

- 发起方应使用保留的 TCP 端口号（0xAF12）打开与目标的 TCP/IP 连接，如果有其他指定，则使用连接路径中的 TCP 端口号。
- 发起方应向目标方发送 RegisterSession 命令。
- 目标方应检查命令消息中的协议版本，以验证它是否支持与发起方相同的协议版本。如果不支持，目标方应返回 RegisterSession 应答，其中包含相应的 Status 字段以及支持的最高协议版本。
- 目标方应检查命令中的选项标志，以验证它是否支持所请求的选项。如果不支持，目标方应返回 RegisterSession 应答，其中包含相应的 Status 字段及其支持的选项。
- 目标方应分配新的（唯一的）会话 ID，并应向发起方发送 RegisterSession 应答。

发起方在一个 TCP 连接上注册的活动会话不能超过一个。

（2）维持会话

会话一旦建立，它将保持建立状态，直到出现以下情况之一：

- 发起方或目标方关闭 TCP 连接。
- 发起方或目标方发出 UnRegisterSession 命令。
- TCP 连接中断。

（3）终止会话

发起方或目标方可以终止会话，应以两种方式终止：

- 发起方或目标方应关闭底层 TCP 连接，相应的目标方或发起方应检测 TCP 连接的丢失，并关闭其连接。
- 发起方或目标方应发送 UnRegisterSession 命令，并等待检测 TCP 连接的关闭。然后，相应的目标方或发起方应关闭其 TCP 连接的一侧。UnRegisterSession 的发送方应检测 TCP 连接的丢失，然后它将关闭其连接的一侧。

注意　第 2 种方法是首选方法，因为它可以更及时地清理 TCP 连接。

第 7 章 | Chapter7

AB PLC 以太网通信

AB PLC 可以使用 CIP 通过以太网和计算机通信，用到如下几个名词。

- PCCC 命令：是 DF1 协议的"应用层消息包"。从消息结构上，标准的 DF1 命令去除 DST/SRC 字节就是 PCCC 命令。例如 DF1 的 Protected typed logical read with three address fields 命令结构如图 7-1 所示，黑框部分就是 PCCC 命令结构。更多关于 DF1 命令的描述请参考第 3 章。

DST	SRC	CMD 0F	STS	TNS	FNC A2	Byte Size	File No.	File Type	Ele. No.	S/Ele. No.

图 7-1　DF1 的 Protected typed logical read with three address fields 命令结构

- EIP：EIP 是 EtherNet/IP 的缩写。
- 协议封装：分层协议使用的一种技术，其中一层从上一层协议数据单元（PDU）添加头信息。例如，在因特网术语中，数据包包含来自物理层的标头，来自网络层（IP）的标头，来自传递层（TCP）的标头，最后是应用程序协议数据。

AB 的 PLC 支持的通信协议有两种：

1）PCCC 协议，PCCC 协议和 DF1 协议一样，非 Logix 处理器（如 SLC、PLC5 或 MicroLogix 系列）的 PLC 支持 PCCC 协议。

2）CIP，CIP 是一种面向对象的协议，ControlLogix 和 CompactLogix 系列 PLC 支持 CIP。

CIP 消息可以封装在 PCCC 协议中，同时 PCCC 协议也可以封装在 CIP 中，

PCCC 协议封装在 EIP 中并通过以太网发送。两种消息都是传统的询问 / 响应消息模式，也就是说，把 PLC 作为服务器端，计算机作为客户端并通过以太网发消息给 PLC，然后 PLC 给予响应。

7.1　AB PLC 以太网通信概述

　　计算机和非 Logix 处理器 AB PLC 进行通信，需要先用 CIP 封装 PCCC 协议，再用 EIP 封装 CIP，然后计算机把封装好的 EIP 报文通过以太网发送给 PLC。

　　EIP 消息可以是未连接（即显式消息）或 T3（传输类 3）连接（传输类 3 需要连接到消息路由器的 CID 地址和消息路由器解释的显式地址以定位对象），单个的 T3 连接可以通过消息路由器访问多个对象，但是一次只允许发送一条消息。图 7-2 对 EIP 支持的消息传输类进行了分类。

图 7-2　EIP 支持的消息传输类

7.1.1　CIP 和 EIP 对 PLC 性能的最低要求

　　1）必须从 CI 或 ODVA 获得许可证并获得供应商 ID。

　　2）必须支持 EtherNet/IP（EIP）封装协议。

　　3）必须支持最少的 CIP 对象集（属性 / 服务、行为、数据类型等）。

　　尽管 PLC 仅需要针对其预期应用的客户端操作，但必须支持最小服务器端功能，以支持开放标准要求的互操作性。PLC 最少要支持以下服务和要求。

　　1）Unconnected Message Manager：未连接发送消息管理器。

　　2）Message Router：包括类 3 连接消息路由器。

　　3）Connection Manager：支持连接消息管理器。

　　4）Identity Object：可以通过未连接消息（UCMM）或通过连接消息路由器访问数据。

　　5）EtherNet Link Object：以太网特定的计数器和状态。

　　此外，PLC 还需要一些配置网络连接的方法，所以几乎所有的方法都需要使用以下的对象实现连接。

- PCCC Object：——AB PLC 特定的对象；

　　　　　　　　——发送数据到 ControlLogix（未连接消息）；

　　　　　　　　——发送数据到 PLC5 或 SLC 5/05 或 MicroLogix。

- Data Table Object：——AB PLC 特定的对象；

——发送数据到 ControlLogix（连接消息）。

- 必须创建一个设备配置文件（Device Profile）。
- 必须创建 EDS。

7.1.2 PLC 需要处理的信息

PLC 作为服务器端需要能够接收计算机作为客户端发送的消息类型，并支持计算机访问的应用对象的类型，至少应该处理以下信息。

- 未连接 Forward Open 请求建立与消息路由器连接的 T3（传输类 3）连接。
- 通过未连接消息和 T3 连接消息访问所需对象，典型的服务是 Get_Attribute_Single 和 Get_Attributes_All
- 通过应用程序对象（例如 Assembly 或 PCCC）或使用符号段的 PLC 标记访问来读取应用程序的数据。

在 T3 连接消息的情况下，PLC5、SLC 5/05 和 MicroLogix 可以使用嵌入式 PCCC 命令生成"Type R/W"消息，但是 Logix5550 与它们不同的是生成连接显式消息"Data Table R/W"，虽然数据对象不是公共的，但 PLC 可以通过关联它来模拟其行为具有"标签"或"名称"的应用程序数据项，并实现默认对象，该默认对象是使用"符号寻址"的所有消息的目标。

7.1.3 计算机连接 PLC 的步骤

计算机（客户端）和 AB PLC（服务器端）实现连接主要分三步。

1）建立 TCP 对话，主要包括建立、维护和终止会话。EIP 不需要特别规定 TCP 会话超时时间，并且如果该会话上的所有 CIP 连接都关闭了，则不要求关闭 TCP 会话，可以继续保持 TCP 会话。

2）会话建立后，可以发送未连接消息。通常，PLC 可以同时处理多个未连接消息。对于连接的显式消息，必须首先使用未连接 Forward Open 请求建立到消息路由的 T3（传输类 3）连接。消息路由的连接可以用于访问多个对象（例如，身份对象、PCCC 对象、组装对象等）。

3）连接 PLC5、SLC 5/05 或 MicroLogix 必须通过 PCCC 对象访问 PLC 的变量，使用连接消息传递，T3 消息发送到消息路由，明确表示要访问内部 PCCC 对象并执行 PCCC 服务。

PLC5、SLC 5/05 和 MicroLogix 支持 AB PLC 特定的 PCCC 对象，可以执行 PCCC 指令。PCCC 对象本身不支持连接，但可以使用消息路由的 T3 连接访问使其执行 PCCC 服务。AB 公司规定 PCCC 对象的类代码为 67 Hex，执行 PCCC 服务的服务代码为 4B Hex。

CIP 设备对象模型如图 7-3 所示。

Data Table 对象：Data Table 对象实现读取和写入"命名标记"功能，它不是公共对象。这是使用 Logix 系列 PLC 传递显式消息的唯一选择。

PCCC 对象：PLC5、SLC 和 MicroLogix 只能接收 PCCC 消息，所以 PCCC 消息被嵌入 PCCC 对象的 CIP 消息，而 PCCC 对象不是公共的，也可以使用 PLC5 显式消息传递访问已"映射"到 PLC5 类型文件的 Logix 系列 PLC 标记数据。

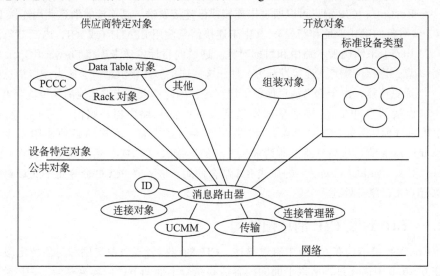

图 7-3　CIP 设备对象模型

7.2　PCCC 命令的 EIP 封装

国际标准组织（ISO）的开放系统互连（OSI）参考模型与 CIP 对应关系见表 7-1。

表 7-1　OSI 参考模型与 CIP 对应关系

OSI 层	OSI 层名	功能	描述
7	应用层	消息传递（Messaging）	消息格式和含义
6	表示层		
5	会话层		CIP 不用
4	传输层	传输（Transport）	端到端的数据完整性
3	网络层	路由（Routing）	确定从发起者到目的地的路径
2	数据链路层		访问单个连接的规则
1	物理层		在传输介质上的编码位规则

- Messaging：CIP 消息传递应用程序层是 CIP 产品的首选消息传递系统。但是，通过"封装"，它可以支持其他应用程序协议，包括 PCCC。PCCC 是

AB PLC 的特定对象。CIP 和 PCCC 协议都是请求 / 响应协议，每个请求只需要一个响应。

- Transport：CIP 定义了一组传输协议类。这些类中的每一个都定义了协议数据单元的标头和状态，每个类提供不同的功能。应用程序选择要用于该应用程序的类，AB 的 PLC 一般使用 T3。
- Routing：CIP 消息可以通过未连接或已连接发送。已连接的消息使用连接 ID（对象的隐式地址和路径），其中未连接消息使用 EPATH（或 IOI，内部对象标识符）来明确表示路由和目标对象。通过向目标发送未连接 Forward Open 消息，连接的端点（连接发起方）打开这些连接。连接消息传递比未连接消息传递更可靠，由于它为消息保留了缓存区，因此不太可能被其他消息传输阻塞。

未连接消息和 T3 连接消息被发送到设备的消息路由器，路由器将它们路由到 IOI 的目标（例如 PCCC 对象）。在发送连接消息之前，客户端必须使用未连接 Forward Open 消息从消息路由器请求该消息的连接 ID（CID），然后连接消息将 CID 与目标对象（如 PCCC 对象）的显式 IOI 结合使用。嵌入式 PCCC 命令由 PCCC 对象的执行 PCCC 服务处理。

7.2.1　EIP 封装 CIP 消息帧结构

EIP 封装包结构在 6.4 节中有过描述，CIP 的连接管理对象实例和对象特定服务也在 6.3.6 节中描述过，所以下面的内容需要结合上面两节的内容来理解。EIP 封装结构见表 7-2。

表 7-2　EIP 封装结构

结构	域	字节	数据类型	描述
封装头部 消息 #1 SendRRData SendUnitData 封装数据 消息 #1	Command Code	2	UINT	0x006F SendRRData（未连接消息） 0x0070 SendUnitData（T3 连接消息）
	Data Length	2	UINT	数据段长度
	Session Handle	4	UDINT	计算机发送方可以设为 0，然后 PLC 会生成一串数字并返回
	Status	4	UDINT	0x00000000
	Sender Context	8	8 USHORT 数组	请求者设置的传输 ID
	Options	4	UDINT	0x00000000
	Handle	4	UDINT	CIP 封装就是 0x00000000
	Timeout	2	UINT	0x0000，是 SendUnitData 要求的
	CPF Common Packet Format	见表 7-3 和表 7-4	见表 7-3 和 表 7-4	变量号地址和数据项 0x00B2（未连接数据项） 0x00A1（连接地址项）

表 7-3　CPF 未连接消息（例如 SendRRData）

结构	域	字节	数据类型	描述
项号	Item Count	2	UINT	0x0002
地址项	Item Type	2	UINT	0x0000，空地址项
	Item Data Length	2	UNIT	0x0000
	Item Data			不需要
数据项	Item Type	2	UINT	0x00B2，未连接数据项
	Item Data Length	2	UINT	0x00NN 变量（字节）
	Item Data T-PDU	变量		变量——Transport PDU

表 7-4　CPF T3 连接消息（SendUnitData）

结构	域	字节	数据类型	描述
项号	Item Count	2	UINT	0x0002
地址项	Item Type	2	UINT	0x00A1，连接地址项
	Item Data Length	2	UINT	
	Item Data	4	UDINT	连接 ID（CID）
数据项	Item Type	2	UINT	0x00B1，连接数据项
	Item Data Length	2	UINT	0x00NN（字节）
	Item Data T-PDU	变量	变量	变量——Transport PDU

1. 未连接请求消息的 EIP 封装

1）未连接请求消息的封装见表 7-5。

表 7-5　未连接请求消息的封装

未连接消息	封装头部	SendRRData（6F）
	CPF	空地址项（00），未连接数据项（B2）
	未连接发送请求	连接管理服务代码 52
		PCCC 消息路由服务代码 4B，对象 67（PCCC）
		未连接消息的路由路径

未连接请求部分见表 7-6。

表 7-6　未连接请求部分

结构	域	字节	类型	描述
未连接发送	服务代码	1	USINT	0x52，未连接发送服务
	请求路径的长度	1	USINT	0x02
	请求路径	Size	字节数组	EPATH 20 06（连接管理类）；24 01（实例 1）
服务请求数据	Prior/TimeTick	1	BYTE	用于计算请求超时
	Time-out_Ticks	1	USINT	用于计算请求超时

（续）

结构	域	字节	类型	描述
（注意，未连接发送部分仅需要通过桥节点的间接路径时才有，最终 PLC 仅看服务请求数据）	MR Service Size	2	UINT	消息路由服务的长度
	MR 服务请求和数据			
	Pad	1	USINT	MR 服务长度为奇数时才有
	请求路径的长度	1	USINT	路径长度（字）
	保留	1	USINT	0x00，保留
	路由路径	Size	Padded EPATH	路由到目标设备路径，例如 01 00 表示端口 1 插槽 0

2）未连接发送的应答见表 7-7。

表 7-7　未连接发送的应答

未连接消息	封装头部	SendRRData（6F）
	CPF	空地址项（00），未连接数据项（B2）
	参考表 7-11	消息路由服务应答 CB，未连接发送应答 D2 对象 67（PCCC）

2. 连接请求消息的 EIP 封装

1）连接请求消息的封装见表 7-8。

表 7-8　连接请求消息的封装

连接消息	封装头部	SendUnitData（70）
	CPF	SendUnitData（A1，B1）带有 CID
	连接请求	PCCC 消息路由服务代码 4B，对象 67（PCCC）

连接请求部分见表 7-9。

表 7-9　连接请求部分

结构	域	字节	类型	描述
消息包号	顺序数	2	UINT	请求消息用，不用在未连接消息上
消息路由服务请求	服务代码	1	USINT	0x4B
	请求路径长度	1	USINT	0x02
	请求路径	Size	字节数组	EPATH 20 67（PCCC 类）；24 01（实例 1）
消息路由服务请求数据	执行 PCCC 服务请求 ID	1	USINT	请求 ID 的长度（字节）（Vendor + S/N + Other +1）
		2	UINT	请求者的 CIP 供应商 ID
		4	UDINT	CIP 序列号
		变量	字节数组	其他，有可能不用
	执行 PCCC 命令	1	USINT	CMD——命令字节，典型如 0x0F 或 0x06
		1	USINT	STS——0x00
		2	UINT	TNS——请求者和应答者值相同
		1	USINT	FNC——不是所有的命令都用
		变量	字节数组	PCCC CMD/FNC 规定的数据，最大 244

2）连接请求的应答见表 7-10。

表 7-10 连接请求的应答

连接消息	封装头部	SendUnitData (70)
	CPF	连接地址项 (A1)
		连接数据项 (B1)
		带有 CID
	参考表 7-11	MR 服务应答 CB，对象 67（PCCC）

3. 应答格式

连接发送和未连接发送的应答格式见表 7-11。

表 7-11 应答格式

结构	域	字节	类型	描述
消息包号	顺序数	2	UINT	请求消息用，不用在未连接消息上
消息路由服务应答或未连接发送应答	应答服务	1	USINT	0xCB 执行 PCCC 应答（0xCB 或 0xD2 是未连接发送的应答）
	保留	1	USINT	0x00，保留
	总状态	1	USINT	状态码，成功为 0x00
	附加状态码长度	1	USINT	附加状态位的字数（16 位），0x00 表示成功
	附加状态	变量	UINT 数组	不是必需的，也可能没有
	剩余路径大小	1	USINT	只用在未连接发送的路径错误里
MR 服务数据	执行 PCCC 请求 ID	1	USINT	请求 ID 的长度（Vendor + S/N + Other）
		2	UINT	请求者的 CIP 供应商 ID
		4	UDINT	CIP 序列号
		变量	字节数组	其他，也可能没有，不是必需的
	执行 PCCC PCCC 命令	1	USINT	CMD——命令字节，典型的有 0x4F 或 0x6F
		1	USINT	STS——0xF0，意味着 EXT_STS 下面的内容出现
		2	UINT	TNS——请求和应答的值一样
		1	USINT	EXT_STS 不总是出现
		变量	字节数组	PCCC CMD/FNC 规定的数据，最大 244

4. 为类 3 连接做准备的未连接请求 Forward Open 消息结构

1）未连接请求命令格式见表 7-12。

表 7-12 未连接请求命令格式

封装头部	SendRRData（6F）
CPF	空地址项（00），未连接数据项（B2）
未连接请求（见表 7-13）	消息连接请求 54，对象 06（连接管理对象）

表 7-13　未连接请求

结构	域	字节	类型	描述
请求的消息路由的头	服务代码	1	USINT	0x54，Forward Open 请求代码
	请求路径长度	1	USINT	0x02，以字为单位的路径长度
	请求路径	Size	字节数组	EPATH（或 IOI）20 06（类，连接管理对象）；24 01（实例 1）
连接参数	Connection Priority/Tick Time	1	BYTE	1 秒（忽略优先级），例如 0x0A
	Connection Timeout Ticks	1	USINT	例如 0x0F Timeout 为 245s
	O-T Conn ID	4	UDINT	请求者发送 0x0000；PLC 返回的值
	T-O Conn ID	4	UDINT	请求者选择的 CID
	Conn S/N	2	UINT	请求者选择
	Originator Vendor ID	2	UINT	CIP 供应商 ID
	Originator S/N	4	UDINT	ID 对象
	Conn Timeout Multiplier	1	USINT	例如 0x07 "512" (mult × RPI) "inactivity" timeout
	Reserved	3	3 个 8 位字节的数组	0x00，每 8 位字节
	O-T RPI	4	UDINT	请求的 RPI，请求者到目标，微秒
	O-T Connection Parameters	2	WORD	连接参数，详细参考 6.3.5 节
	T-O RPI	4	UDINT	请求的 RPI，目标到请求者，微秒
	T-O Connection Parameters	2	WORD	连接参数，详细参考 6.3.5 节
	Transport Class/Trigger	1	BYTE	0xA3，服务传输，类 3，应用程序触发
	Size of Connection Path	1	USINT	连接路径中的 16 位字数：0x03——通过背板连接 0x02——直接连接到网络
	Connection Path	变量	Padded EPATH	连接路径，例如：0x010020022401 01=1756-ENET 的背板端口 00= 在插槽 0 的 Logix5550 20 02 = 类段，02 为 MR 24 01 = 实例段，实例 1

2）为类 3 连接做准备的未连接请求应答格式见表 7-14。

表 7-14　未连接请求应答格式

封装头部	SendRRData（6F）
CPF	空地址项（00），未连接数据项（B2）
未连接应答（见表 7-15）	消息路由应答 D4，对象 06（连接管理对象）

表 7-15　未连接应答

结构	域	字节	类型	描述
请求的消息路由应答的头	Response Service	1	USINT	0xD4，Forward Open 服务应答码
	Reserved	1	USINT	0x00，保留
	General Status	1	USINT	状态码，0x00 表示成功
	Size of Additional Status	1	USINT	附加状态位的字数（16 位），0x00 表示成功
	Additional Status	变量	UINT 数组	不是必需的，也可能没有
连接参数	O-T Conn ID	4	UDINT	目标选择的 CID
	T-O Conn ID	4	UDINT	与请求者发送的相同
	Conn S/N	2	UINT	与请求者发送的相同
	Originator Vendor ID	2	UINT	与请求者发送的相同
	Originator S/N	4	UDINT	与请求者发送的相同
	O-T API	4	UDINT	实际的 PI，发送者到目标，微秒
	T-O API	4	UDINT	实际的 PI，目标到发送者，微秒
	Size of Application Reply	1	USINT	目标应用程序应答的字数（16 位）
	Reserved	1	USINT	保留
	Application Reply	变量	字节数组	目标应用程序规定的数据

7.2.2　计算机通过 PCCC 对象访问 AB PLC 编程举例

通过上一章的介绍，我们知道 EIP 两个节点之间的显式消息可以通过未连接（Unconnected）发送，也可以通过连接（Connected）发送。通过连接发送的流程如下：注册会话，打开连接，发送数据，关闭连接，注销会话。连接发送步骤如图 7-4 所示。

PLC 侧还是以 MicroLogix1100 为例，RSLogix 500 编程软件连上 PLC 后，选择左侧通道组态中的通道 1，然后在通道 1 界面写入 PLC 的 IP 地址和子网掩码，本例 PLC 的 IP 地址是 192.168.1.10，子网掩码是 255.255.255.0。以 PCCC 命令 Protected typed logical read with three address fields 和 Protected typed logical write with three address fields 为例，来读取和写入 MicroLogix N7:0 通道数据，具体 PCCC 命令解释请看第 3 章中关于 DF1 的介绍。下面的 PLC 通信软件是用 Visual Studio 2015 编写的，在计算机侧通过这个程序可以和 AB 的 PLC 进行以太网通信。PLC 侧程序对

话框如图 7-5 所示，包括三部分：最上面左侧是"PLC 端以太网设置"，地址栏输入 PLC 的 IP 地址，端口栏输入 CIP 专用的 TCP 端口号 0xAF12，换算成十进制就是44 818，输入 IP 地址和端口号，单击"连接"，计算机和 PLC 的 TCP/IP 连接就建立了；接下来，就是注册会话、取消会话、打开连接和关闭连接；下面的 EtherNet/IP 封装包结构部分用于构建读写数据。

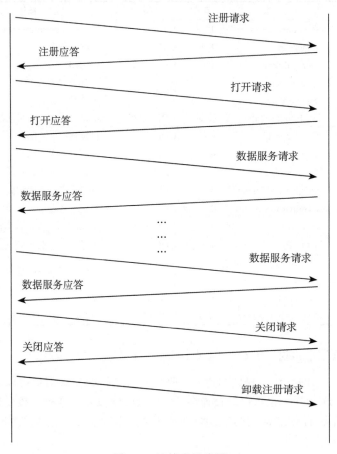

图 7-4　连接发送步骤

1. 注册会话

假设 PLC IP 地址是 192.168.1.10，在端口栏输入 44 818（0xAF12），单击"连接"，连接成功后单击"注册会话"，如果返回状态为 0000，那么注册成功，如图 7-6 所示。

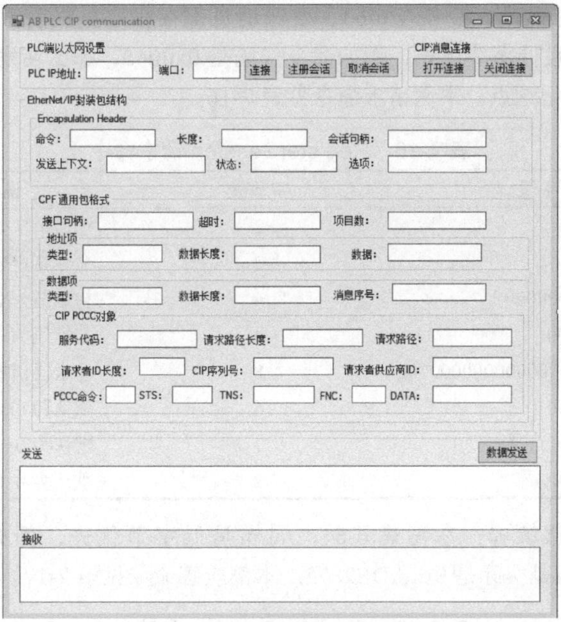

图 7-5　PLC 侧程序对话框

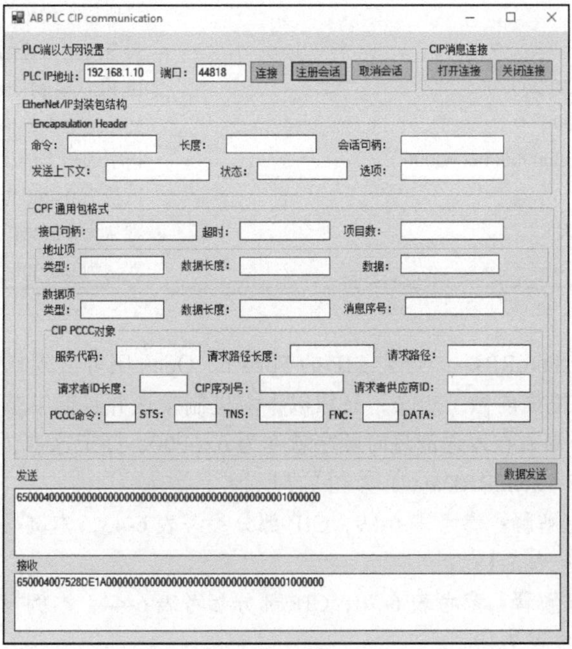

图 7-6　注册会话

1）发送消息解释：参考表 6-63，发送消息都在程序里提前做了定义，必须以十六进制发送并且低字节优先，例如命令代码是 0x0065，那么在发送消息时顺序就变为 0x6500，谨记这点。本例请求命令见表 7-16。

表 7-16　RegisterSession 请求命令

字段	字节数	说明
命令（0x0065）	2	注册请求代码
长度（0x0004）	2	命令特定数据的长度
会话句柄（0x00000000）	4	初始值为 0x00000000
状态（0x00000000）	4	初始值为 0x00000000
发送方描述（0x0000000000000000）	8	请求通信方的说明
选项（0x00000000）	4	默认为 0x00000000
协议版本（0x0001)	2	默认为 0x0001
选项标志（0x0000）	2	默认为 0x0000

2）接收消息解释：参考表 6-64，同样是低字节优先，例如接收的句柄是 0x7528DE1A，但是实际是 0x1ADE2875。本例应答命令见表 7-17。

表 7-17　RegisterSession 应答命令

字段	字节数	说明
命令（0x0065）	2	注册请求代码
长度（0x0004）	2	命令特定数据的长度
会话句柄（0x1ADE2875）	4	由 PLC 端 MicroLogix1100 生成
状态（0x00000000）	4	初始值为 0x00000000
发送方描述（0x0000000000000000）	8	请求通信方的说明
选项（0x00000000）	4	默认为 0x00000000
协议版本（0x0001)	2	默认为 0x0001
选项标志（0x0000）	2	默认为 0x0000

2. 打开连接

利用 EIP 的 SendRRData 封装 CIP 的 Forward Open 服务实现打开连接，发送消息报文都在程序里提前做了定义，必须以十六进制发送并且低字节优先，例如命令代码是 0x006F，那么在发送消息时顺序就变为 0x6F00，谨记这点，打开连接发送服务代码是 0x006F（SendRRData），如图 7-7 所示。

1）发送消息解释：参考表 6-69，CIP 部分参考表 6-43，本例打开连接请求命令见本书配套资源包表 7-18。

2）接收消息解释：参考表 6-70，CIP 部分参考表 6-44，本例打开连接应答命令见本书配套资源包表 7-19。

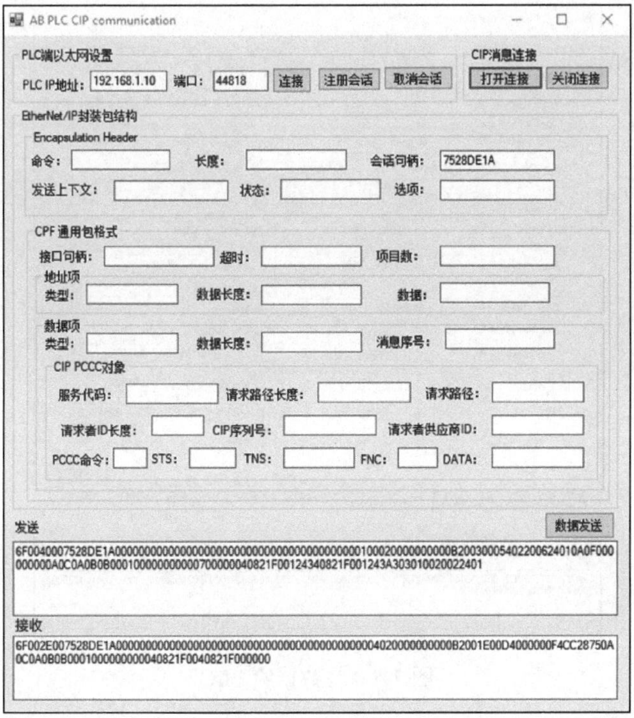

图 7-7 打开连接

3. 发送数据

通过 EIP 的 SendUnitData 命令封装 AB PLC 特有的 PCCC 对象发送数据，发送的数据由下列程序的 EtherNet/IP 封装包结构组成。这个结构也很深刻地体现了 EIP 封装 CIP 消息的关系，EIP 包括封装报文头和 CPF 通用包，CPF 通用包由接口句柄、超时、地址项和数据项组成，而 CIP 消息就封装在数据项之内。先把每个栏都填齐，然后单击 "数据发送" 就可以了，发送数据（SendUnitData）的服务代码是 0x0070。如果需要多次读取或写入 PLC 数据的话，那么下面有两个消息序号需要累加，一个是数据项内的消息序号，另一个是 PCCC 命令里的 FNC。

（1）写数据

下面的例子是通过 PCCC 的 Protected typed logical write with three address fields 命令 AA 在 N7:0 区域写入 2B 的数据 0x0A00，如图 7-8 所示。

1）发送消息解释：参考表 6-71、表 7-8 和表 7-9。本例写数据请求命令见本书配套资源包表 7-20。

2）接收消息解释：参考表 7-10 和表 7-11，本例写数据应答命令见本书配套资源包表 7-21。

图 7-8　写数据给 PLC

（2）读数据

下面是通过 PCCC 的 Protected typed logical read with three address fields 命令 A2 读取 N7:0 区域的 2 字节数据。从下面的回复可以看出，读取的数据是 0x0A00，和写入的一样。下面的 EIP 消息帧和写数据消息基本一样，只有 PCCC 命令部分的 FNC 和消息长度不同，具体参考上面的写数据，如图 7-9 所示。

1）发送消息解释：参考表 6-71、表 7-8 和表 7-9。本例读数据请求命令见本书配套资源包表 7-22。

2）接收消息解释：参考表 7-10 和表 7-11。本例读数据应答命令见本书配套资源包表 7-23。

4. 关闭连接

计算机单次或多次读写 PLC 消息完成后，则需要关闭连接。直接单击"关闭连接"就可以了（如图 7-10 所示），发送的关闭消息都在程序里定义好了，命令代码是 0x006F。请忽略 EtherNet/IP 封装包结构部分的内容，这一步用不到这些信息。

1）发送消息解释：参考表 6-69，CIP 部分参考表 6-46。本例关闭连接请求命令见本书配套资源包表 7-24。

2）接收消息解释：参考表 6-70，CIP 部分参考表 6-47。本例关闭连接应答命令见本书配套资源包表 7-25。

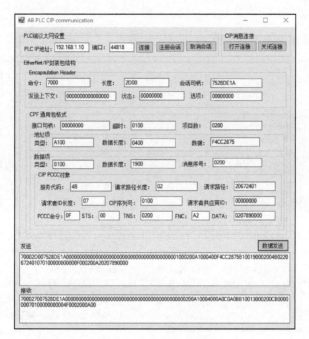

图 7-9　从 PLC 读数据

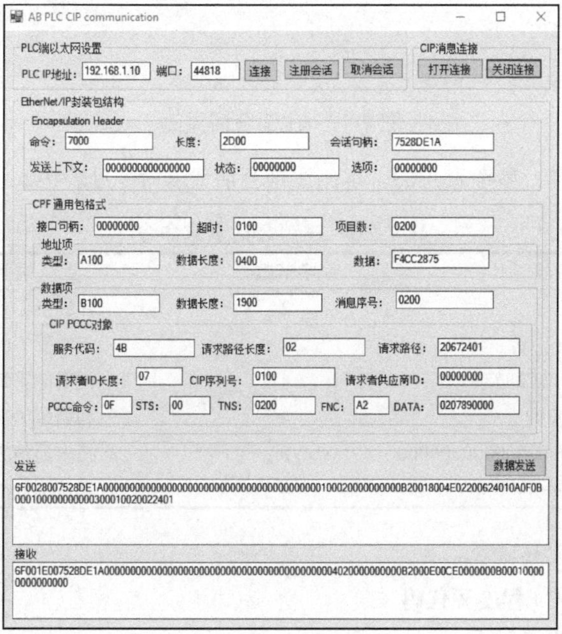

图 7-10　关闭连接

5. 注销会话

注销会话界面如图 7-11 所示。

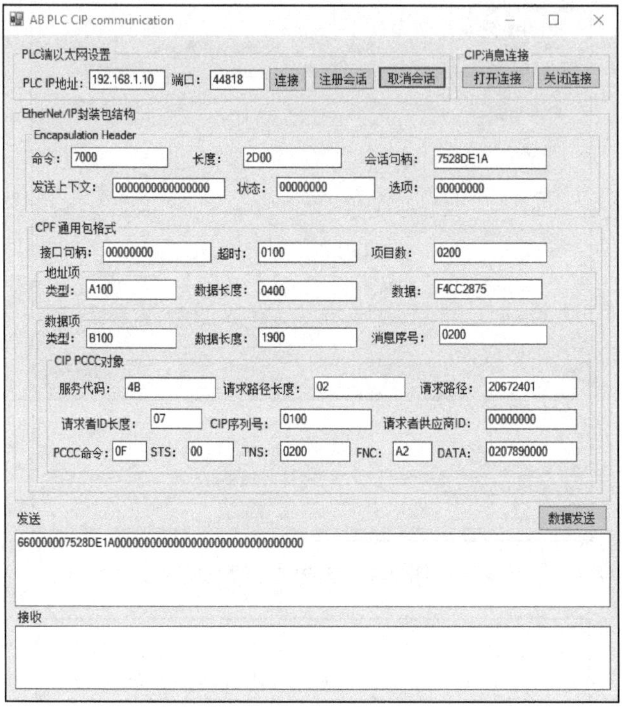

图 7-11　注销会话界面

发送消息解释：参考表 6-63。本例注销会话请求命令见表 7-26。

表 7-26　注销会话请求命令

字段	字节数	说明
命令（0x0065）	2	注销会话代码
长度（0x00）	2	不需要 CPF 部分
会话句柄（0x01ADE2875）	4	注册应答返回的值
状态（0x00000000）	4	初始值为 0x00000000
发送方描述（0x0000000000000000）	8	请求通信方的说明
选项（0x00000000）	4	默认为 0x00000000

该步骤没有应答命令。

6. 计算机端 C# 程度源代码

见本书配套资源包。

7.3 AB PLC 的 CIP Data Table 对象

大型的 PLC（例如 ControlLogix 平台系列）首选的通信方式是通过 CIP 的 Data Table 对象访问 PLC 数据。Logix5500 PLC 就是 ControlLogix 平台下的一款典型 PLC，那么我们就以 Logix5500 为例来介绍本节内容。

7.3.1 Logix5500 PLC 的标签和服务

Logix5500 控制器将数据存储在标签中并使用标签符号名称来创建和管理变量，而 PLC-5、SLC 或 MicroLogix 控制器则将数据存储在数据文件中。通过 PCCC 对象直接访问 PLC 的内存文件很有优势，但是无法直接读取 PLC 的标签数据，所以我们就用到了 CIP Data Table 对象，计算机可以通过 CIP Data Table 来访问 PLC 的标签。接下来，我们就从标签类型服务参数开始，描述如何通过 CIP Data Table 对象读取 PLC 的标签。

1. 标签类型服务参数

读取标签、写入标签、读取标签分段、写入标签分段和读取 – 修改 – 写入标签服务需要服务参数，用于标识所引用标签的数据类型。Logix 控制器使用标签类型服务参数设置标签的标签类型值及其传输数据值的长度，见表 7-27。

表 7-27　标签类型服务参数

数据类型	标签类型值	传输数据值的长度
BOOL（布尔型）	0x0nC1，BOOL 值包括一个额外附加字段（n），用于指定 SINT（n=0 ～ 7）内的位的位置	1B
SINT（8 位整型）	0x00C2	1B
INT（16 位整型）	0x00C3	2B
DINT（32 位整型）	0x00C4	4B
REAL（实型）	0x00CA	4B
DWORD（双字型）	0x00D3	4B
LINT（长整型）	0x00C5	8B

CIP 显式消息中的请求路径包含寻址信息，该寻址信息指示的是对 PLC 中的哪个内部资源提供服务，此寻址信息由逻辑段、字符段或者两者组合构成。关于逻辑段和字符段的详细解释，请参考 6.2.2 节。读 / 写标签服务可以在请求路径中使用这些段来表示要读 / 写的 PLC 标签。当寻址标签组标记的是元素 ID 时，逻辑段也与扩展字符段一起使用。扩展字符段见表 7-28。

表 7-28　扩展字符段

段类型	值	字节顺序表示（低字节在前）				
ANSI 扩展字符	0x91	0	1	…	N	N+1
		长度	第 1 个字符	…	第 N 个字符	(1)

2. Logix5500 控制器支持的服务

这部分表述了 Logix5500 控制器固有的通信方式和寻址方式。以下是使用 AB 公司的特定服务通过字符寻址对控制器中的标签项进行读写。字符寻址方式见表 7-29。

表 7-29　字符寻址方式

寻址方式	如何工作	何时使用
字符段	①使用 ANSI 扩展字符段 ASCII 格式表示标签的名称 ②允许直接访问 Logix Designer 应用程序数据监视器中显示的标签 ③名称中的字符数会影响： • 数据包大小 • 多服务分组服务中可以容纳的服务数量 • 控制器中传入消息的解析时间	①应用程序需要访问少量到中等数量的数据时 ②访问通过将数据组织到用户定义的结构时
字符实例	①对要访问的标签使用标签类的实例 ID ②访问控制器的客户端应用程序必须： • 从控制器中检索字符实例信息，并将标签名称和它的实例 ID 关联起来 • 使用实例 ID 访问标签	有大量标签数据需要访问时

Data Table 对象的特定服务有读标签服务（0x4C）；读标签分段服务（0x52）；写标签服务（0x4D）；写标签分段服务（0x53）；读取 – 修改标签服务（0x4E）。

前 4 个服务可以使用表 7-29 所列的两种寻址方式，但是字符实例寻址对 PLC 的版本有要求，必须为 21 或更新的版本。

除了上面几种特定服务外，还可以使用多服务分组服务（0x0A）在一个消息帧中组合使用多个请求服务，通过减少传输和处理多个数据包的时间，可以在访问许多标签时提高效率，包含的请求数受每个请求大小的限制，这取决于请求的内容。例如，标记名称中的字符数会影响多服务分组服务组合的请求数。

我们就以常用的读写标签服务为例来讲解 Data Table 对象的特定服务。

（1）读标签服务（4C）

读标签服务用于读取与路径中指定标签关联的数据。读标签服务须注意以下几点：

● 返回所有适合回复数据包的数据，即使不是全部适合。

● 如果所有数据都不适合数据包，则错误代码 0x06 与数据一起返回。

● 读取二维或三维数据数组时，必须指定所有的维。

● 读取 BOOL 标记时，返回的值 0 和 1 分别对应 0 和 0xFF。

以使用符号寻址示例，使用符号段寻址读取一个名为 TotalCount 的标签，该标签的数据类型为 DINT，值为 534。实例 ID 使用的值是使用 CIP 服务和用户创建的标记中描述的方法确定的。读标签服务和读标签服务应答见表 7-30 和表 7-31。

表 7-30　读标签服务

请求消息域	信息（十六进制）	字符段地址描述
请求服务	4C	读标签服务（请求）
请求路径长度	06	请求路径为 6 字（12B）长
请求路径	91 0A 54 6F 74 61 6C 43 6F 75 6E 74	ANSI Ext. 字符段"TotalCount"
请求数据	01 00	要读取的元素数（1）

表 7-31　读标签服务应答

应答消息域	信息（十六进制）	字符段地址描述
应答服务	CC	读标签服务（应答）
保留	00	
状态	00	成功
扩展状态尺寸	00	没有扩展状态
应答数据	C4 00	DINT 类型
	16 02 00 00	0000216 = 534（十进制）

如果读取的过程中发生任何问题，就会有错误代码返回。错误代码解释见表 7-32。

表 7-32　读标签服务错误代码解释

错误代码 （十六进制）	扩展错误 （十六进制）	描述
0x04	0x0000	解码请求路径时检测到语法错误
0x05	0x0000	请求路径目标未知：可能不存在实例号
0x06	N/A	数据空间不足：响应缓存区的空间不足以容纳所有的数据
0x13	N/A	请求数据不足：数据对于预期参数过短
0x26	N/A	收到的请求路径大小比预期的短或长
0xFF	0x2105	常规错误：访问超出对象范围

（2）写标签服务（4D）

写标签服务用于写入与路径中指定标签关联的数据。标签类型必须匹配才能进行写操作，控制器在执行写入之前验证标签是否匹配，注意以下两点：

- 写入二维或三维数据数组时，必须指定写入数据的维度。
- 写入 BOOL 标记时，任何非零值都被 PLC 认为是 1。

写标签示例：使用符号段寻址将值 14 写入名为 CartonSize 的 DINT 标记中。写标签服务和写标签服务应答见表 7-33 和表 7-34。

表 7-33　写标签服务

请求消息域	信息（十六进制）	字符段地址描述
请求服务	4D	写标签服务（请求）
请求路径长度	06	请求路径为 6 字（12B）长

（续）

请求消息域	信息（十六进制）	字符段地址描述
请求路径	91 0A 43 61 72 74 6F 6E 53 69 7A 65	ANSI Ext. 字符段 "CartonSize"
	C4 00	标签类型是 DINT
请求数据	01 00	要写入的元素数（1）
	0E 00 00 00	数据 0000000E=14（十进制）

表 7-34　写标签服务应答

应答消息域	信息（十六进制）	符号段寻址描述
应答服务	CD	写标签服务（应答）
保留	00	
正常状态	00	成功
扩展状态尺寸	00	没有扩展状态

写标签服务错误代码解释见表 7-35。

表 7-35　写标签服务错误代码解释

错误代码（十六进制）	扩展错误（十六进制）	描述
0x04	0x0000	解码请求路径时检测到语法错误
0x05	0x0000	请求路径目标未知：可能不存在实例号
0x10	0x2101	设备状态冲突（按键开关位置）：请求正在"运行"模式下更改信息
0x10	0x2802	设备状态冲突（安全状态）：控制器处于修改安全存储器的状态
0x13	N/A	请求数据不足：数据对于预期参数过短
0x26	N/A	收到的请求路径大小比预期的短或长
0xFF	0x2105	一般错误：元素数量超出了请求标签的末尾
0xFF	0x2107	常规错误：请求中的标记类型与目标标记的数据类型不匹配

（3）多服务分组服务

可以在单个 CIP 显式消息帧中执行多个 CIP 请求，使用此服务可以通过服务请求分组来加快处理速度，优化 CIP 的读写。多服务分组服务和多服务分组服务应答见表 7-36 和表 7-37，偏移量是从请求数据到服务的偏移量，一字节为 1，那么表 7-36 中第一个服务的偏移量就是 02 到 4C 04 之间所有的字节数，即 00 06 Hex（6），第二个服务的偏移量就是 02 到 4C 07 之间的 00 12 Hex（18）个字节数。

表 7-36　多服务分组服务

请求消息域	信息（十六进制）	描述
请求服务	0A	多服务分组服务（请求）

（续）

请求消息域	信息（十六进制）	描述
请求路径长度	02	请求路径为 2 字（4B）长
请求路径	20 02 24 01	逻辑字段：Class 0x02，实例 01（信息路由）
请求数据	02 00	请求包中包括的服务数量
	06 00 12 00	每项服务的偏移量，从请求数据开始
	4C 04 91 05 70 61 72 74 73 00 01 00	第一个请求：读标签服务 标签名字：parts 读第一个元素
	4C 07 91 0B 43 6F 6E 74 72 6F 6C 57 6F 72 64 00 01 00	第二个请求：读标签服务 标签名字：ControlWord 读第一个元素

表 7-37　多服务分组服务应答

应答消息域	信息（十六进制）	描述
应答服务	8A	多服务分组服务（应答）
保留	00	
正常状态	00	成功
扩展状态尺寸	00	没有扩展状态
应答数据	02 00	服务应答的数量
	06 00 10 00	每个服务应答的偏移量；从应答数据开始
	CC 00 00 00 C4 00 2A 00 00 00	读标签服务应答，状态：成功 DINT 标签类型值 值：0x0000002A（42）
	CC 00 00 00 C4 00 DC 01 00 00	读标签服务应答，状态：成功 DINT 标签类型值 值：0x00000001DC（476）

　　多服务分组服务数据包响应遵循与所有 CIP 服务相同的消息路由器响应格式，因此"正常状态""扩展状态尺寸"字段与前面的示例中所述的 CIP 服务请求 / 响应格式相同。应答数据字段包含服务应答的数量，其后是到每个应答开始的字节偏移量，然后是每个 CIP 响应。每个响应都遵循标准的消息路由器响应格式。

7.3.2　计算机通过 Data Table 对象访问 Logix5500 PLC 编程举例

　　计算机侧还是以 Visual Studio 2015 为编程工具编写客户端，PLC 侧以 Logix5500 为例编写 PLC 程序。具体关于标签的添加和编辑请参考 3.3 节，这里就不重复介绍了。PLC 端需要配置以太网 IP 地址，本例使用以太网扩展模块 1756-ENET/A，打开 AB PLC 编程软件 RSLogix5000，配置 PLC，在软件左侧找到 1756-ENET/A，单击右键找到属性，打开以太网扩展模块配置界面，找到 Port Configuration 对话框，输入 IP 地址 192.168.1.10，子网掩码 255.255.255.0，然后下载到 PLC。下面就着重介绍计算机侧的客户端，可以通过这个客户端发送 Data Table 对象的各种命令。在前面关于 CIP 的章节介绍到，CIP 数据发送可以通过连接类 3 发送，需要提前建立连接，也可以未连接发送，就是不用提前进行连接。下面我们就从未连接发送消息开始。

1. 使用未连接发送命令发送 Get_Attributes_All

对话框如图 7-12 所示，消息字符已经提前在程序里定义完毕，格式解释请参考表 6-49 和表 6-50，需要先连接 PLC 并注册会话，然后单击按钮 "CIP 消息 GetAttributesAll"，发送消息的报文消息在程序里提前做了定义。

图 7-12   未连接发送 Get_Attributes_All 对话框

1）未连接发送 Get_Attributes_All 请求见本书配套资源包表 7-38。

2）未连接发送 Get_Attributes_All 应答见本书配套资源包表 7-39。

2. 使用未连接发送命令发送写标签服务（4D）

对话框如图 7-13 所示，CIP 消息的报文头和 CPF 除 CIP Data TAble 外的其他部分已经提前在程序里定义完毕，需要先连接 PLC 并注册会话，在 CIP Data Table 区域输入未连接写标签服务命令，然后单击"未连接发送"按钮，就会发送未连接写标签服务并得到应答。

图 7-13　未连接发送写标签服务对话框

1）未连接发送写标签服务请求见本书配套资源包表 7-40。

2）未连接发送写标签服务应答见本书配套资源包表 7-41。

3. 使用未连接发送命令发送读标签服务（4C）

对话框如图 7-14 所示，CIP 消息的报文头和 CPF 除 CIP Data Table 外的其他部分已经提前在程序里定义完毕，需要先连接 PLC 并注册会话，在 CIP Data Table 区域输入未连接读标签服务命令，然后单击"未连接发送"按钮，就会发送未连接读标签服务并得到应答。

1）未连接发送读标签服务请求见本书配套资源包表 7-42。

2）未连接发送读标签服务应答见本书配套资源包表 7-43。

4. 使用未连接发送命令发送多服务分组（0A）写标签服务（4D）

对话框如图 7-15 所示，CIP 消息的报文头和 CPF 除 CIP Data Table 外的其他部分已经提前在程序里定义完毕，需要先连接 PLC 并注册会话，在 CIP Data Table 区域输入未连接写标签服务命令，然后单击"未连接发送"按钮，就会发送未连接写标签服务并得到应答。

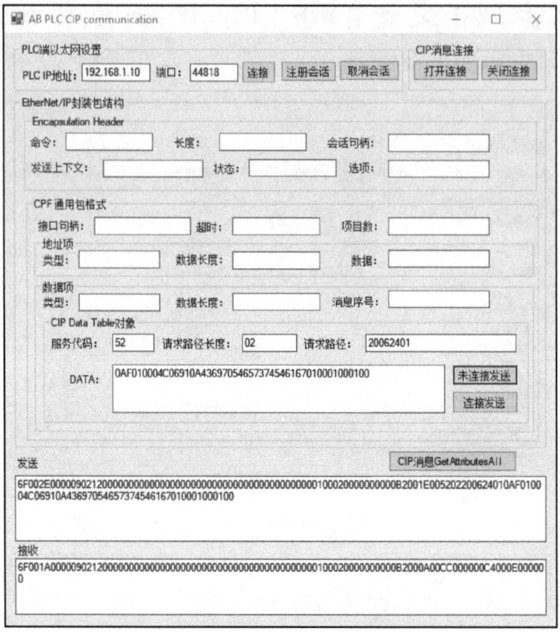

图 7-14   未连接发送读标签服务对话框

图 7-15   未连接发送多服务分组写标签服务对话框

1）未连接发送多服务分组写标签服务请求见本书配套资源包表 7-44。

2）未连接发送多服务分组写标签服务应答见本书配套资源包表 7-45。

5. 使用未连接发送命令发送多服务分组（0A）读标签服务（4C）

对话框如图 7-16 所示，CIP 消息的报文头和 CPF 除 CIP Data Table 外的其他部分已经提前在程序里定义完毕，需要先连接 PLC 并注册会话，在 CIP Data Table 区域输入未连接读标签服务命令，然后单击"未连接发送"按钮，就会发送未连接读标签服务并得到应答。

图 7-16　未连接发送多服务分组读标签服务对话框

1）未连接发送多服务分组读标签服务请求见本书配套资源包表 7-46。

2）未连接发送多服务分组读标签服务应答见本书配套资源包表 7-47。

6. 使用连接命令 SendUnitData 发送写标签服务（4D）

连接发送需要提前单击"打开连接"按钮，建立 CIP 连接，然后用 EIP 封装 SendUnitData（0x70）命令，对话框如图 7-17 所示。

1）连接发送写标签服务请求见本书配套资源包表 7-48。

2）连接发送写标签服务应答见本书配套资源包表 7-49。

7. 使用连接命令 SendUnitData 发送读标签服务（4C）

连接发送需要提前单击"打开连接"按钮，建立 CIP 连接，然后用 EIP 封装

SendUnitData（0x70）命令，对话框如图 7-18 所示。

图 7-17   连接发送写标签服务对话框

图 7-18   连接发送读标签服务对话框

1）连接发送读标签服务请求见本书配套资源包表 7-50。

2）连接发送读标签服务应答见本书配套资源包表 7-51。

8. 使用 SendUnitData 发送多服务分组（0A）写标签服务（4D）

连接发送需要提前单击"打开连接"按钮，建立 CIP 连接，然后用 EIP 封装 SendUnitData（0x70）命令，对话框如图 7-19 所示。

图 7-19　连接发送多服务分组写标签服务对话框

1）连接发送多服务分组写标签服务请求见本书配套资源包表 7-52。

2）连接发送多服务分组写标签服务应答见本书配套资源包表 7-53。

9. 使用 SendUnitData 发送多服务分组（0A）读标签服务（4C）

连接发送需要提前单击"打开连接"按钮，建立 CIP 连接，然后用 EIP 封装 SendUnitData（0x70）命令，对话框如图 7-20 所示。

1）连接发送多服务分组读标签服务请求见本书配套资源包表 7-54。

2）连接发送多服务分组读标签服务应答见本书配套资源包表 7-55。

10. C# 源代码

见本书配套资源包。

图 7-20　连接发送多服务分组读标签服务对话框

以上是通过以太网发送 EIP 封装 CIP 消息到 AB PLC 的格式和收发方法，同时 Logix5500 PLC 的串口也支持 DF1 协议的 PCCC 命令。通过将 CIP 显式消息封装在 PCCC 命令 0x0A 和 0x0B 内，还可以传递 CIP 消息和 CIP 服务。PCCC 具有应用程序数据的 244B 的固有格式限制，如果应用程序发送的消息大于 244B，它将返回错误。PCCC 命令支持 PCCC 分段协议，以允许传输更大的 CIP 消息（最大 510B）。这里由于篇幅有限，就不做介绍了，感兴趣的读者可以去 AB 的官方网站查找相关资料。

注意　在以上程序中和 AB PLC 通信的调试过程中发现，当使用 T3 连接发送数据时，我们打开 CIP 连接与发送第一个数据之间不能有太长的时间间隔。若间隔时间过长，发送数据可能会失败，最好连续发送和接收。

西门子 PLC 以太网通信

随着信息技术的不断发展，信息交换技术覆盖了各个行业。在自动化领域，越来越多的企业需要建立包含从工厂现场设备层到控制层、管理层等各个层次的总和的自动化网络管控平台，并建立以工业控制网络技术为基础的企业信息化系统。

工业以太网提供了针对制造业控制网络数据传输的以太网标准。该技术基于工业标准，利用以太网结构，有很高的网络安全性、可操作性和实效性，最大限度地满足了用户和生产厂商的需求。工业以太网以其特有的低成本、高实效、高扩展性吸引着越来越多的 PLC 厂商。

西门子公司在工业以太网领域有着非常丰富的经验和领先的解决方案。西门子的主流 PLC 型号是 S7 系列，下面就以 S7 系列的紧凑型 S7-1200 为例来说明西门子 PLC 的以太网通信协议。

S7-1200 CPU 具有一个集成的以太网 PN 接口，支持面向连接的以太网传输层通信协议。协议会在数据传输开始之前建立与对方的逻辑连接。数据传输完成后，这些协议会在必要时终止连接。面向连接的协议尤其适用于注重可靠性的数据传输项目。一条网线上可以存在 8 个逻辑连接。

S7-1200 CPU 以太网接口支持以下三种通信方式。

（1）开放式以太网通信（Open IE）

开放式以太网通信包括如下几种通信协议，每种通信协议后面是与之对应的 PLC 通信指令：

1）ISO-on-TCP：TCON、TDISCON、TSEND、TRCV、TSEND_C、TRCV_C。ISO-on-TCP 在 TCP/IP 中定义了 ISO 传输的属性，位于 ISO-OSI 模型的第 4 层，默认的传输端口号是 102，它的优点是能够传输大量的数据并且支持路由功能，但是它只适用于西门子 SIMATIC 系统，无法和第三方设备通信。

2）TCP：TCON、TDISCON、TSEND、TRCV、TSEND_C、TRCV_C。TCP 属于 ISO-OSI 模型的第 4 层（UDP 也位于该层），它提供了站点之间可靠的传输，具有回传机制，支持路由功能，可用于西门子 SIMATIC 系统内部以及 SIMATIC 与 PC 或其他支持 TCP/IP 的系统通信。它需要设置本地和远程的 IP 地址以及与进程相关的端口号并且需要提前建立连接。

3）UDP：TCON、TUSEND、TURCV。UDP 是面向未连接的协议，通信双方不需要提前建立连接，但是需要在通信的双方调用 TCON 注册通信服务，也属于 ISO-OSI 的第 4 层，发送端发送数据后及接收端接收到数据后不需要应答，发送端也不知道是否被正确接受。它是以数据报文的方式来传输。同时，由于通信不需要连接，因此可以实现广播发送。

4）Modbus TCP。Modbus TCP 是基于以太网 TCP/IP 的 Modbus 协议。在 9.2 节有更详细的描述。

（2）S7 通信

S7 通信集成在每一个 SIMATIC S7/M7 和 C7 的系统中，属于 ISO-OSI 模型第 7 层应用层的协议，它独立于各个网络，可以应用于多种网络。S7 通信通过不断重复接收数据来保证网络报文的正确性。在 STEP7 中。S7 通信需要调用功能块 SFB 来实现，PUT 和 GET 为发送和接收功能块。

（3）PROFINET IO（控制器 CPU 版本最低为 V2.0）

PROFINET 是一种用于工业自动化领域的创新、开放式的以太网标准，通过 PROFINET，设备可以把现场级连接到管理级，是一种基于工业以太网的实时以太网，实现了现场总线系统的无缝集成，PROFINET IO 就是 PROFINET 的一个执行模块化、分布式应用的通信概念。

通信方式的对比见表 8-1。

表 8-1　通信方式的对比

协议	用途示例	在接收区输入数据	通信指令	寻址类型
TCP	CPU 与 CPU 或者第三方设备通信报文传输	特殊模式	仅 TRCV_C 和 TRCV	将端口号分配给本地（主动）和伙伴（被动）设备
		指定长度的数据接收	TSEND_C、TRCV_C、TCON、TDISCON、TSEND 和 TRCV	
ISO-on-TCP	CPU 与 CPU 通信消息	特殊模式 协议控制模式	仅 TSEND_C 和 TRCV_C	将 TSAP 分配给本地（主动）和伙伴（被动）设备

（续）

协议	用途示例	在接收区输入数据	通信指令	寻址类型
UDP	CPU 与 CPU 用户程序通信	用户数据报文数据	TUSEND 和 TURCV	将端口号分配给本地（主动）和伙伴（被动）设备
S7 通信	CPU 与 CPU 通信，从 CPU 读取数据 / 写入数据	指定长度的数据接收	GET 和 PUT	将 TSAP 分配给本地（主动）和伙伴（被动）设备
PROFINET IO	CPU 与 PROFINET IO 设备通信	指定长度的数据传输和接收	内置	内置

本书主讲 PLC 和计算机通信，主要叙述计算机侧不需要增加任何硬件就可以和 PLC 通信的协议，由于计算机侧的以太网口不支持 ISO-on-TCP、S7 通信和 PROFINET IO，计算机侧以太网口只支持 TCP 和 UDP 连接，再加上 UDP 连接不常用，因此我们就主讲开放以太网协议的 TCP 和 Modbus TCP，接下来我们就详细介绍这两种通信方式。

8.1　西门子开放式以太网 TCP 通信

本节主要介绍开放式的 TCP 通信，这种 TCP 通信方式主要是 PLC 侧的一种通信方法，不涉及协议，PLC 侧主要通过 6 个指令块来实现 TCP 通信，也就是说，在 TCP 模式下实现发送和接收数据。如果计算机需要在这种方式下和 PLC 通信，那么 PLC 侧需要首先采用 TCP 指令块编程，计算机编程建立 Socket 连接，连接完成后就可以和 PLC 通信了。通信的内容没有固定格式的要求，类似于欧姆龙的自由口通信。接下来，我们介绍西门子的开放式 TCP 指令块。首先，把开放式以太网通信下 TCP 指令块与其他指令块进行对比，见表 8-2。

表 8-2　开放式以太网通信指令块对比

通信类型	开放式通信				
协议	ISO-on-TCP		TCP		UDP
通信指令块	TSEND/TRCV	TSEND_C/TRCV_C	TSEND/TRCV	TSEND_C/TRCV_C	TUSEND/TURCV
调用通信指令块时的数据包	1	1	1	1	1
数据动态寻址	是	是	是	是	是
远程寻址	传输	传输	传输	传输	

（续）

通信类型		开放式通信		
数据长度是否是动态的		是	否	是
连接	是否需要远程合作伙伴	是	是	否
	动态/静态	TSEND/TRCV 动态+静态	TSEND/TRCV 动态+静态	动态+静态
		TSEND_C/TRCV_C 动态	TSEND_C/TRCV_C 动态	
路由能力		是	是	是
连接	是否需要配置	否	否	否
	是否需要在 STEP7 里编程	是（连接指令块）	是（连接指令块）	是（连接指令块）
数据传输	是否需要 STEP7 里的通信模块	是（通信指令块）	是（通信指令块）	是（通信指令块）

8.1.1　开放式以太网 TCP 通信的指令和协议

在使用 TCP 连接时，对于第三方设备或 PC 这些类型的通信伙伴，在分配连接参数时，为伙伴端点输入"未指定"，计算机就属于第三方设备，S7-1200 开放通信 TCP 主要包括 6 个指令块，它们分别是 TSEND_C/TRCV_C、TSEND/TRCV、TCON 和 TDISCON，这 6 个指令块的使用方法和数据传输机制如下。

1. TCP

TCP 是由 RFC 793 描述的一种标准传输控制协议。TCP 的主要用途是在以太网设备之间提供可靠、安全的连接服务。该协议有以下特点：

1）由于它与硬件紧密相关，因此它是一种高效的通信协议；

2）它适用于中等大小或较大的数据量（最多 8k 字节）；

3）它为应用带来了更多的便利，比如错误恢复、流控制、可靠性等，这些是由传输的报文头进行确定的；

4）一种面向连接的协议；

5）非常灵活地用于支持 TCP 的第三方系统，例如计算机；

6）有路由功能；

7）应用固定长度数据的传输；

8）发送的数据报文会被确认；

9）使用端口号对应用程序进行寻址；

10）大多数用户应用协议（例如 TELNET 和 FTP）都使用 TCP。

TCP 协议指令传输数据长度与传输机制如下。

如果要接收的数据的长度（指令 TRCV/TRCV_C 的参数 LEN）大于发送的数据
的长度（指令 TSEND/TSEND_C 的参数 LEN），则仅当接
收的数据达到所分配的长度后，TRCV/TRCV_C 才会将接
收到的数据复制到指定的接收区（参数 DATA）。如果第 1
条数据没有达到所分配的长度，当第 2 条数据加上第 1 条
数据达到分配的长度时，那么复制到指定接收区的数据就

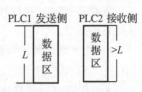

包括第 1 条数据和第 2 条数据的前半部分。因此，接收区包含的数据来自两个不同
的发送作业。如果不知道第 1 条数据的确切长度，将无法识别第 1 条数据的结束以
及第 2 条数据的开始。

如果要接收的数据的长度（指令 TRCV/TRCV_C 的参
数 LEN）小于发送的数据的长度（指令 TSEND/TSEND_C
的参数 LEN），则 TRCV/TRCV_C 将 LEN 参数中指定字节
的数据复制到接收数据区（参数 DATA）。然后，将 NDR

状态参数设置为 TRUE（作业成功完成），并将 LEN 的值分配给 RCVD_LEN（实际接
收的数据量），对于每次后续调用，都会接收已发送数据的另一部分。

2. TCP 通信指令连接参数

TCP 通信指令连接参数有以下几种。

（1）IP 地址

如果具有通信功能的模块支持 TCP/IP，则它必须有 IP 地址参数，通常对于所有
以太网模块都是这样的。IP 地址由 4 个 0 到 255 之间的十进制数字组成，各十进制
数字相互之间用点隔开，例如 140.80.0.2。

（2）网络端口号的分配

创建开放式用户通信时，系统会自动分配值 2000 作为端口号。端口号的允许值
为 1 到 49 151，可以分配该范围内的任何端口号。但是，由于某些端口已被使用（取
决于系统），因而建议使用 2000 到 5000 范围内的端口号，端口号的分配情况见表 8-3。

表 8-3　端口号的分配情况

端口号	描述	系统响应
2000 ～ 5000	建议范围	不会出现警告或错误消息，允许使用并且接收的端口号
1 ～ 1999, 5001 ～ 49 151	可以使用，但不建议	会出现警告消息提示允许使用的端口号
20, 21, 25, 80, 102, 135, 161, 34 962 ～ 34 964	使用 TCP 连接类型时在一定条件下可以，这些端口由 TSEND_C 和 TRCV_C 占用	会出现警告消息提示允许使用的端口号
53, 80, 102, 135, 161, 162,443, 520, 9001, 34 962 ～ 34 964	在一定条件下可以使用这些端口，是否封锁取决于所用 S7-1200 CPU 的功能范围。相应 CPU 的文档中提供了这些端口的分配信息	

（3）开放式用户通信指令的连接建立

创建连接时，在打开程序编辑器后，可使用指令→扩展指令→通信子菜单中提供的各种指令。

1）用于发送和接收数据并集成连接建立 / 终止功能的简化指令：

- TSEND_C（连接建立 / 终止，发送）；
- TRCV_C（连接建立 / 终止，接收）。

2）单独用于发送和接收数据或者用于建立 / 终止连接的指令：

- TCON（连接建立）；
- TDISCON（连接终止）；
- TSEND（发送）；
- TRCV（接收）。

对于开放式用户通信，两个通信伙伴都必须具有用来建立和终止连接的指令，其中一个通信伙伴通过 TSEND 或 TSEND_C 发送数据，而另一个通信伙伴通过 TRCV 或 TRCV_C 接收数据。其中一个通信伙伴作为主动方启动连接建立过程，另一个通信伙伴作为被动方启动连接建立过程来进行响应。如果两个通信伙伴都触发了连接建立过程，那么操作系统便建立了通信连接。

（4）指令连接参数分配

可按如下方式使用具有 TCON_Param 结构的连接描述 DB 来分配参数以建立连接：

1）手动创建、分配参数并直接写入指令。

2）使用属性窗口分配连接参数。

使用属性窗口分配的连接参数有：

- 连接伙伴；
- 连接类型；
- 连接 ID；
- 连接描述 DB；
- 与所选连接类型相应的地址详细信息。

同时，每一个指令都有的连接参数见表 8-4。

表 8-4　指令连接参数

参数	描述
端点	显示本地端点和伙伴端点的名称。本地端点就是为其设置 TCON、TSEND_C 或 TRCV_C 的 CPU。因此，本地端点始终是已知的。伙伴端点则需要从下拉列表框中选择。下拉列表框将显示所有可用的连接伙伴，包括那些项目中还未知其数据的设备对应的未指定的连接伙伴
接口	显示本地端点的接口。只有指定伙伴端点后，才会显示伙伴接口

（续）

参数	描述
子网	显示本地端点的子网。只有选择伙伴端点后，才会显示伙伴子网。如果所选伙伴端点未通过子网连接到本地端点，则会自动将两个连接伙伴联网。为此，必须指定伙伴端点。不同子网中的伙伴之间只能通过 IP 路由建立连接，可在相关的接口属性中编辑路由设置
地址	显示本地端点的 IP 地址。只有选择伙伴端点后，才会显示伙伴的 IP 地址。如果选择了未指定的连接伙伴，则输入框将为空并且背景为红色。在这种情况下，需要指定有效的 IP 地址
连接类型	从"连接类型"（Connection type）下拉列表框中选择要使用的连接类型（TCP 或 ISO-on-TCP），所需连接数据的参数会因所选连接类型的不同而变化
连接 ID	在输入框中输入连接 ID。创建新连接时，会分配默认值 1，可以在输入框中更改连接 ID，也可以在 TCON 中直接输入连接 ID。请确保所分配的连接 ID 在设备内是唯一的
连接数据	创建连接时，将为指定的每个连接伙伴生成一个数据块，并会用连接参数分配的值自动填充该数据块。对于本地连接伙伴，所选数据块的名称将自动输入所选 TSEND_C、TRCV_C 或 TCON 指令的块参数 CONNECT 中。对于另一个连接伙伴，也可以在 TSEND_C、TRCV_C 或 TCON 指令的 CONNECT 输入中直接使用第 1 个连接伙伴所生成的连接描述 DB。对于本步骤，可在选择第 1 个连接伙伴后使用现有的连接描述 DB 或创建新的连接描述 DB，也可以从下拉列表框中引用另一个有效数据块。使用 TSEND_C、TRCV_C 或 TCON 扩展指令的 CONNECT 输入参数引用数据块，而该数据块的结构与 TCON_Param 的结构不符，则下拉列表框中将不显示任何内容且背景为红色
主动连接建立	选中"主动连接建立"（Active connection establishment）复选框，可指定开放式用户通信的主动方
端口（仅限 TCP）	TCP 连接的地址部分。创建新的 TCP 连接时的默认值为 2000，可以更改端口号，端口号必须在设备中唯一

（5）启动连接参数分配

只要在程序块中选择了用于通信的 TCON、TSEND_C 或 TRCV_C 指令，便会启用开放式用户通信的连接参数分配，具体步骤如下：

1）打开任务卡、窗格和文件夹（指令→扩展指令→通信）；

2）将指令（TSEND_C、TRCV_C 和在"其他"子文件夹中的 TCON）之一拖到程序段中，将自动打开"调用选项"对话框；

3）在"调用选项"对话框中，编辑背景数据块的属性可更改默认名称或选中手动复选框分配编号；

4）单击"确定"，如图 8-1 所示。

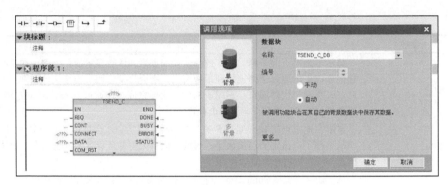

图 8-1　启动连接参数分配

这样就创建一个根据 TCON_Param 构造的连接描述 DB 且它是所插入指令的背景数据块。选中 TSEND_C、TRCV_C 或 TCON 时，可在巡视窗口的"属性"下看到"组态"标签。之后，用户可以在区域导航的"连接参数"组中进行连接参数分配。

（6）创建和分配连接参数

在开放式用户通信的连接参数分配中，可创建 TCP 或 ISO-on-TCP 类型的连接并设置参数，具体步骤如下：

1）在程序编辑器中，选择开放式用户通信的 TCON、TSEND_C 或 TRCV_C 块。

2）在巡视窗口中，打开"组态"标签。

3）选择"连接参数"组。在选择连接伙伴之前，只启用了伙伴端点的空下拉列表框，其他所有输入选项均被禁用。同时，显示一些已知的连接参数：本地端点的名称、本地端点的接口、本地端点的 IP 地址、连接 ID、包含连接数据的数据块的唯一名称和作为主动连接伙伴的本地端点。

4）在伙伴端点的下拉列表框中选择连接伙伴，可以选择项目中未指定的设备或 CPU 作为通信伙伴。随后会自动输入一些特定的连接参数。现有伙伴将自动与本地端点组网，同时会为伙伴 CPU 创建一个数据块，该数据块是根据 TCON_Param 为连接数据构造的。用户需要设置以下参数：伙伴端点的接口、本地子网和伙伴子网的名称、伙伴端点的 IP 地址、连接类型、连接 ID 和包含连接数据的数据块的唯一名称。

若选择未指定的伙伴，则需要设置以下参数：TCP 连接类型和端口号（2000）。

1）从相关下拉列表框中选择所需的连接类型（TCP 或 ISO-on-TCP），地址详细信息将根据连接类型在端口号（TCP）和 TSAP（ISO-on-TCP）之间进行切换。

2）在连接伙伴的相应输入框中，输入连接 ID，不能为未指定的伙伴分配任何连接 ID。

3）可在相应的"连接数据"下拉列表框中选择其他连接描述 DB，也可以更改连接描述 DB 的名称以创建新的数据块。

4）选中"主动连接建立"复选框，设置连接建立行为。用户可以决定由哪个通信伙伴主动建立连接。

5）可以编辑地址详细信息中的输入框，根据所选的协议，可以编辑端口（TCP）或 TSAP（ISO-on-TCP）。

分配连接参数如图 8-2 所示。

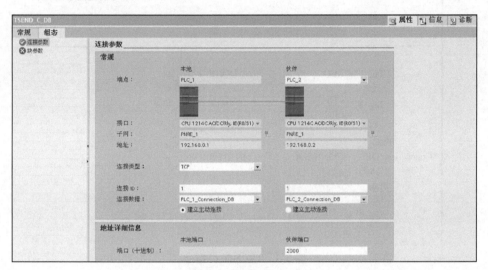

图 8-2　分配连接参数

连接参数分配后，PLC 将立即检查更改后的值是否存在错误。如果没有错误，则将值输入连接描述数据块中；如果有错误，则参数将显示红色。

注意　只有在将伙伴端点的程序段下载到硬件后，两个通信伙伴之间的开放式用户通信才能进行工作。要实现功能完整的通信，应确保在设备上不仅下载了本地 CPU 的连接描述，而且还要下载伙伴 CPU 的连接描述。

（7）删除连接

开放式用户通信所创建的连接数据存储在连接描述 DB 中，通过删除包含连接描述的数据块，便可删除连接。具体步骤如下：

1）在项目树中，选择开放式用户通信的通信伙伴。

2）打开所选通信伙伴下方的"程序块"文件夹。

3）右击包含连接参数分配的数据块，选择"删除"命令。

如果不确定要删除哪个块，可以打开扩展指令 TCON、TSEND_C 或 TRCV_C，找到 CONNECT 输入参数使用的数据块名称，或者连接参数分配中"连接数据"参数对应的数据块名称。如果仅删除扩展指令 TCON、TSEND_C 或 TRCV_C 的背景数据块，那么并不能一同删除所分配的连接。

3. TCP 通信指令

（1）TSEND_C 指令

TSEND_C 指令如图 8-3 所示。

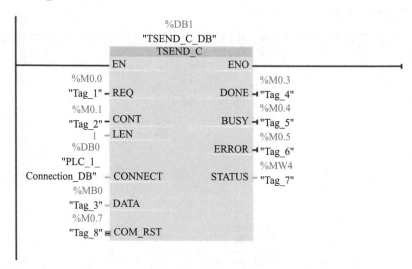

图 8-3　TSEND_C 指令

TSEND_C 是异步指令且具有以下功能。

1）设置并建立通信连接：TSEND_C 可设置并建立 TCP 或 ISO-on-TCP 通信连接。设置并建立连接后，CPU 会自动保持和监视该连接。在参数 CONNECT 中指定的连接描述用于设置通信连接。要建立连接，参数 CONT 的值必须设置为"1"。连接成功建立后，参数 DONE 在一个周期内设置为"1"。若 CPU 转到 STOP 模式，将终止现有连接并删除所设置的相应连接，必须再次执行 TSEND_C，才能重新设置并建立该连接。

2）通过现有通信连接发送数据：通过参数 DATA 可指定要发送的区域，这包括要发送数据的地址和长度。在参数 REQ 中检测到上升沿时执行发送作业。使用参数 LEN 指定发送作业可发送的最大字节数。在发送作业完成前，不允许编辑要发送的数据。如果发送作业成功执行，则参数 DONE 将设置为"1"。参数 DONE 的信号状态为"1"并不表示确认通信伙伴已读取发送数据。

3）终止通信连接：参数 CONT 设置为"0"时，通信连接将终止。

4）通信复位：参数 COM_RST 设置为"1"时，将再次执行 TSEND_C。这会终止现有通信连接并建立新连接，如果再次执行该指令时正在传送数据，可能会导致数据丢失。

使用 TSEND_C 指令可以传送的最小数据单位是字节。如果 LEN 参数为默认设置（LEN=0），则使用 DATA 参数来确定要传送数据的长度。

注意 由于 TSEND_C 采用异步处理，因此在 DONE 参数值或 ERROR 参数值为
TRUE 前，必须保持发送方区域中的数据一致。对于 TSEND_C，DONE 参数
状态为 TRUE 表示数据成功发送，但并不表示连接伙伴 CPU 实际读取了接收
缓存区的数据。

（2）TRCV_C 指令

TRCV_C 指令如图 8-4 所示。

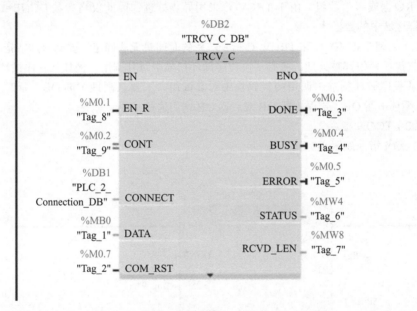

图 8-4　TRCV_C 指令

TRCV_C 是异步指令且具有以下功能。

1）设置并建立通信连接：TRCV_C 可设置并建立 TCP 或 ISO-on-TCP 通信连接。
设置并建立连接后，CPU 会自动保持和监视该连接。使用参数 CONNECT 指定的连
接描述，可以设置通信连接。要建立连接，参数 CONT 的值必须设置为"1"。连接
成功建立后，参数 DONE 在一个周期内设置为"1"。若 CPU 转到 STOP 模式，将终
止现有连接并删除所设置的相应连接，必须再次执行 TRCV_C，才能重新设置并建
立该连接。

2）通过现有通信连接接收数据：如果参数 EN_R 的值设置为"1"，则启用数据
接收。接收到的数据将输入到接收区中。根据所用的协议选项，通过参数 LEN 指定
接收区长度（如果 LEN ＞ 0），或者通过参数 DATA 的长度信息来指定（如果 LEN =

0）。成功接收数据后，参数 DONE 的信号状态为"1"。如果数据传送过程中出错，则参数 DONE 将设置为"0"。

3）终止通信连接：参数 CONT 设置为"0"时，通信连接将终止。

4）通信复位：参数 COM_RST 设置为"1"时，将再次执行 TRCV_C。这会终止现有通信连接并建立新连接，如果再次执行该指令时正在传送数据，可能会导致数据丢失。

注意以下两点：

1）使用 TRCV_C 指令可以接收的最小数据单位是字节。TRCV_C 指令不支持传送布尔数据或布尔数组。由于 TRCV_C 采用异步处理，因此仅当参数 DONE=1 时，接收器区域中的数据才一致。

2）处理 TSEND_C 和 TRCV_C 指令花费的时间量无法确定。要确保这些指令在每次扫描循环中都被处理，务必从主程序循环扫描中对其调用，例如从程序循环 OB 中或从程序循环扫描中调用的代码块中对其调用。不要从硬件中断 OB、延时中断 OB、循环中断 OB、错误中断 OB 或启动 OB 调用这些指令。

（3）TCON 指令

TCON 指令如图 8-5 所示。

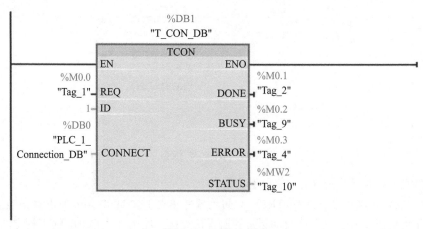

图 8-5   TCON 指令

使用 TCON 可设置并建立通信连接。设置并建立连接后，CPU 会自动保持和监视该连接。TCON 是异步指令。将使用为参数 CONNECT 和 ID 指定的连接数据来设置通信连接。要建立该连接，必须在参数 REQ 中检测到上升沿。如果成功建立连接，参数 DONE 将设置为"1"。该指令可用于 TCP 和 ISO-on-TCP 的连接。

两个通信伙伴都调用 TCON 指令来设置并建立通信连接。用户需要在参数中指定哪个伙伴是主动通信节点，哪个是被动通信节点。如果连接由于断线或远程通信伙伴而中止,那么主动伙伴会尝试重新建立组态的连接,用户不必再次调用 TCON。

执行 TDISCON 指令时或 CPU 切换到 STOP 模式后,会终止现有连接并删除所设置的相应连接。要再次设置并建立连接,需要重新执行 TCON。

（4）TDISCON 指令

TDISCON 指令如图 8-6 所示。

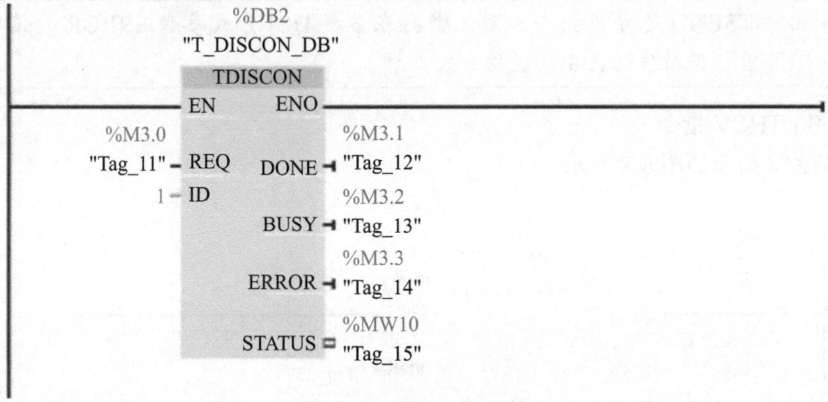

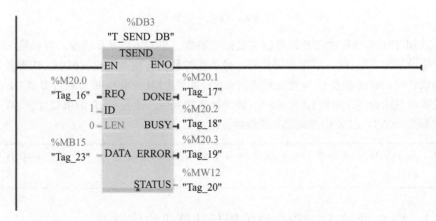

图 8-6　TDISCON 指令

使用 TDISCON 可终止通信连接。在参数 REQ 中检测到上升沿时,即会启动终止通信连接的作业。在参数 ID 中,输入要终止的连接的引用。TDISCON 是异步指令。执行 TDISCON 后,为 TCON 指定的 ID 不再有效,因此不能再用于发送或接收。

（5）TSEND 指令

TSEND 指令如图 8-7 所示。

图 8-7　TSEND 指令

使用 TSEND 可通过已有的通信连接发送数据。TSEND 是异步指令，使用参数 DATA 指定发送区，这包括要发送数据的地址和长度。在参数 REQ 中检测到上升沿时执行发送作业。使用参数 LEN 指定通过发送作业可发送的最大字节数。在发送作业完成前，不允许编辑要发送的数据。如果发送作业成功执行，则参数 DONE 将设置为"1"。参数 DONE 的信号状态为"1"并不表示确认通信伙伴已读出了发送数据。

> **注意**　由于 TSEND 是异步指令，因此需要在参数 DONE 或参数 ERROR 的值变为"1"前，保持发送区中的数据一致。

（6）TRCV 指令

TRCV 指令如图 8-8 所示。

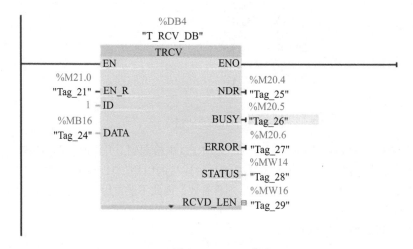

图 8-8　TRCV 指令

使用 TRCV 可通过已有的通信连接接收数据。TRCV 是异步指令。当参数 EN_R 的值设置为"1"时，启用数据接收，接收到的数据将输入到接收区中。根据所用的协议选项，通过参数 LEN 指定接收区长度（如果 LEN > 0），或者通过参数 DATA 的长度信息来指定（如果 LEN = 0）。成功接收数据后，参数 NDR 的值设置为"1"。可在参数 RCVD_LEN 中查询实际接收的数据量。

> **注意**　由于 TRCV 是异步指令，因此仅当参数 NDR 的值设置为"1"时，接收区中的数据才一致。

8.1.2　PLC 通过 TCP指令块编程与计算机通信举例

PLC 使用 S7-1200，编程软件使用 TIA V13 SP1，计算机端的编程软件使用 Visual

Studio 2015，PLC 的 IP 地址设为 192.168.250.1，子网掩码设为 255.255.255.0。计算机的 IP 地址设为 192.168.250.100，子网掩码和 PLC 保持一致，为 255.255.255.0。

1. PLC 侧编程部分

1）打开 TIA PORTAL 新建项目，CPU 选用 1214C DC/DC/DC。

2）单击"设备组态"后选中设备视图里的 CPU，右击并选择常规→以太网地址，设置 IP 地址，如图 8-9 所示。

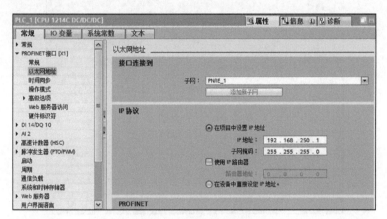

图 8-9　以太网地址设置

3）选择常规→系统和时钟存储器，选中"启用系统存储器字节"和"启用时钟存储器字节"，如图 8-10 所示。

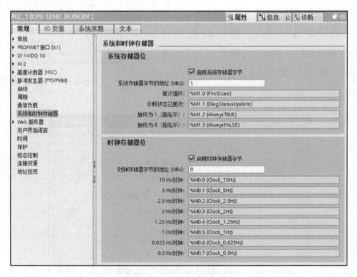

图 8-10　时钟设置

4）单击程序块→添加新块，在打开的对话框中选择数据块，并输入名称 Senddata，类型可选择全局 DB，如图 8-11 所示。注意，如果不一次性传输大量数据，可以直接使用 PLC 变量，单次发送一个数据，不需要创建数据块。

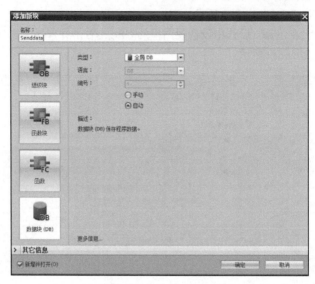

图 8-11　添加数据块

同样的步骤添加另外三个数据块，数据块名称分别为 Rcvdata、RcvParameter 和 SendParameter，添加完后的程序块数据块如图 8-12 所示。

5）打开数据块 Senddata，添加数据 ArySend-Data，选择数据类型为 Byte（数据数组），长度设为 10，如图 8-13 所示。使用同样的步骤为 Rcvdata 添加数据。

图 8-12　程序块数据块

图 8-13　添加数据

同样的方法为数据块 SendParameter 添加数据，如图 8-14 所示。

		名称	数据类型	启动值
	SendParameter			
1	▼	Static		
2	■	Done	Bool	false
3	■	Busy	Bool	false
4	■	Error	Bool	false
5	■	Status	Word	16#0
6	■	Rcvlen	UDInt	0

图 8-14　SendParameter 数据块

同样的方法为数据块 RcvParameter 添加数据，如图 8-15 所示。

		名称	数据类型	启动值
	RcvParameter			
1	▼	Static		
2	■	Done	Bool	false
3	■	Busy	Bool	false
4	■	Error	Bool	false
5	■	Status	Word	16#0
6	■	Rcvlen	UDInt	0
7	■	Start	Bool	false
8	■	Comcontrol	Bool	false

图 8-15　RcvParameter 数据块

6）依次修改每个数据块属性。选中数据块，右击属性，在属性栏去掉"优化的块访问"，以支持绝对寻址模式，如图 8-16 所示。

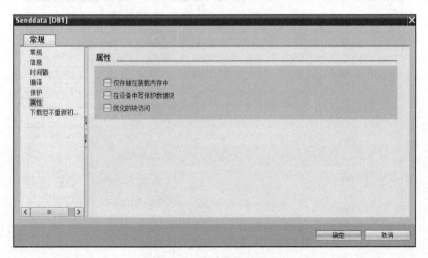

图 8-16　修改数据块属性

7）开始编写程序。选择程序块里的 Main 程序，然后添加指令→通信→开放式用户通信→ TSEND_C 到程序段 1，调用选项的数据块名称采用默认，如图 8-17 所示。

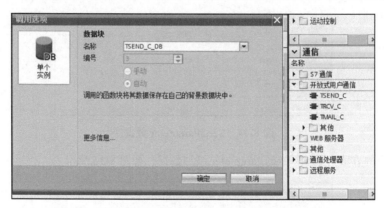

图 8-17   调用 TSEND_C 数据块

8）配置 TSEND_C 的通信参数。选中 TSEND_C，右击属性，选择组态→连接参数。伙伴项（计算机）选择未指定，连接数据选择新建，系统会自动创建一个连接数据，如图 8-18 中的 PLC_1_Send_DB。输入伙伴的 IP 地址 192.168.250.100（所谓伙伴，即与 PLC 通信的另一方，可以为上位机 PC、HMI 等，本例指的是计算机）。选择伙伴"主动建立连接"，PLC 的端口可保留默认的 2000，连接类型为 TCP，连接 ID 采用默认值，如图 8-18 所示。

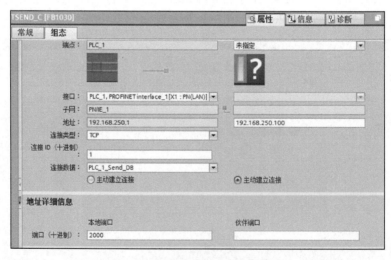

图 8-18   配置 TSEND_C 的通信参数

9）配置 TSEND_C 的输入/输出参数。TSEND_C 在检测到参数 REQ 上升沿时执行发送作业，所以每次发送数据时，需要在 REQ 上产生一个脉冲，本例把 TRCV_

C 数据块的参数 DONE 作为触发信号，即接收数据完成后马上触发发送数据块。参数 DATA 为待发送的数据，此处调用数据块 Senddata。注意，DATA 采用纯符号寻址时，发送 LEN 应设置为 0；采用绝对寻址时，应设置为实际发送数据的长度。然后，使用数据块 SendParameter 的数据配置剩下的各个参数，如图 8-19 所示。

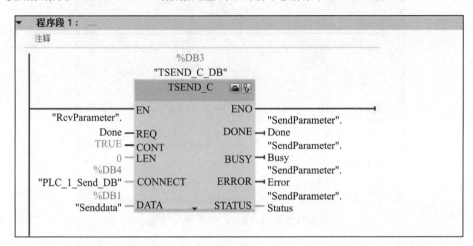

图 8-19　配置 TSEND_C 的输入 / 输出参数

10）添加指令→通信→开放式用户通信→ TRCV_C 到程序段 2，调用选项的数据块名称采用默认，如图 8-20 所示。

图 8-20　调用 TRCV_C 数据块

11）配置 TRCV_C 的通信参数。选中 TRCV_C，右击属性，选择组态→连接参数。伙伴项选择未指定，连接数据选择第 8 步自动创建的数据 PLC_1_Send_DB，注意不要选择新建（此例的通信连接为自动创建，因此发送与接收共用一个连接，必须保持一致才能正常通信），伙伴 IP 地址选择计算机的 IP 地址 192.168.250.100，选择伙伴的"主动建立连接",如图 8-21 所示。

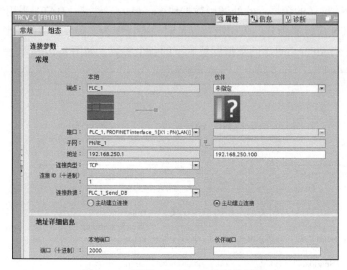

图 8-21　配置 TRCV_C 的通信参数

12)配置 TRCV_C 的输入 / 输出参数。TRCV_C 在检测到参数 EN_R 为 1 时启动接收。参数 DATA 为数据接收区,此处调用第 3 步创建的数据块 Rcvdata。注意,DATA 采用纯符号寻址时,接收 LEN 应设置为 0;采用绝对寻址时,应设置为实际接收数据的长度。然后,使用数据块 RcvParameter 的数据配置剩下的各个参数,如图 8-22 所示。

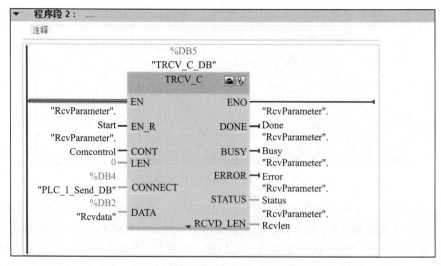

图 8-22　配置 TRCV_C 的输入 / 输出参数

13）为了便于程序调试，在程序段 3 里添加 MOVE 指令，把 Rcvdata 的数据移动到 Senddata，这样计算机侧程序调试发送数据时，如果 PLC 侧工作正常，计算机侧就会接收到和发送一样的数据，如图 8-23 所示。

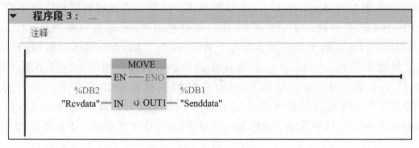

图 8-23　添加 MOVE 指令

14）程序编辑完成后，选择在线→下载到设备，把编辑好的程序下载到 PLC。

2. 计算机侧编程部分

计算机侧使用 Visual Studio 编程，对话框如图 8-24 所示，因为西门子 PLC 的开放用户数据块需要提前建立连接，所以对话框设置了以太网设置部分，这部分需要输入 PLC 的 IP 地址和端口号，然后单击"连接"，与 PLC 的连接就建立了，PLC 端的 IP 地址和端口号在之前的第 8 步的数据块配置过，IP 地址为 192.168.250.1，端口号是 2000。连接建立后就可以发送数据，可以在数据栏输入要发送的数据，但是输入的数据要符合 PLC 端程序的规定，就本例来讲要符合两点要求。

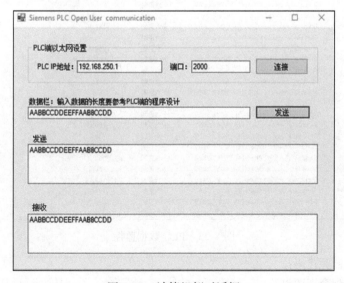

图 8-24　计算机侧对话框

1）因为 PLC 端的程序设置的接收和发送数据为十六进制数组，所以输入的数据必须为十六进制字符。

2）由于 PLC 端的程序设置的 TRCV_C 的参数 LEN 为 0，因此数据的长度由 Rcvdata 的数组长度决定，通过 9.1.1 节的介绍，只有接收到的数据长度等于或大于接收 Rcvdata 的字节数，才会把接收到的数据移到 Rcvdata 里。本例 Rcvdata 的数组长度为 10 字节，那么当发送的字节数小于 10 时，Rcvdata 是没有数据的；当发送的字节数等于 10 时，Rcvdata 就会接收到发送的数据；当发送的字节数大于 10（例如 15 个字节）时，则转移到 Rcvdata 里的数据就是前 10 个字节，剩下的 5 个字节需要等下次发送数据且发送够 10 个字节时一起接收。这点要特别注意，否则 Rcvdata 里数据就会排序混乱，最好是一次发送 10 个字节的数据。本例数据部分输入 AABBCCDDEEFFAABBCCDD，如果计算机侧接收到的数据（也就是 PLC 端返回的数据）与计算机发送的一样，那么证明 PLC 工作正常，计算机和 PLC 的通信正常。

PLC 侧需要打开监控与强制表项建立监控表，强制 RcvParameter.Start 和 RcvParameter.Comcontrol 由 FALSE 变为 TURE，那么就使能了 TRCV_C 指令并开始接收数据，接收到的数据与发送的数据一致，证明发送成功，如图 8-25 所示。

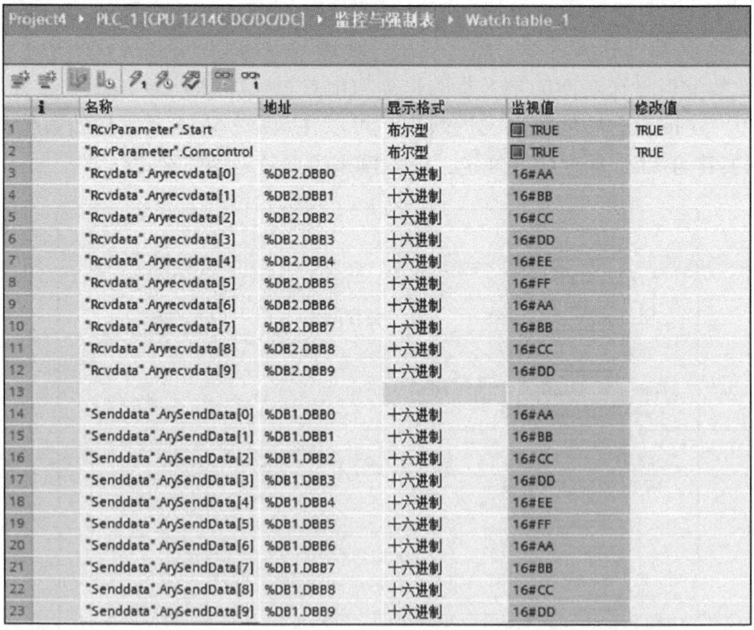
Project4 ▸ PLC_1 [CPU 1214C DC/DC/DC] ▸ 监控与强制表 ▸ Watch table_1

	i	名称	地址	显示格式	监视值	修改值
1		"RcvParameter".Start		布尔型	TRUE	TRUE
2		"RcvParameter".Comcontrol		布尔型	TRUE	TRUE
3		"Rcvdata".Aryrecvdata[0]	%DB2.DBB0	十六进制	16#AA	
4		"Rcvdata".Aryrecvdata[1]	%DB2.DBB1	十六进制	16#BB	
5		"Rcvdata".Aryrecvdata[2]	%DB2.DBB2	十六进制	16#CC	
6		"Rcvdata".Aryrecvdata[3]	%DB2.DBB3	十六进制	16#DD	
7		"Rcvdata".Aryrecvdata[4]	%DB2.DBB4	十六进制	16#EE	
8		"Rcvdata".Aryrecvdata[5]	%DB2.DBB5	十六进制	16#FF	
9		"Rcvdata".Aryrecvdata[6]	%DB2.DBB6	十六进制	16#AA	
10		"Rcvdata".Aryrecvdata[7]	%DB2.DBB7	十六进制	16#BB	
11		"Rcvdata".Aryrecvdata[8]	%DB2.DBB8	十六进制	16#CC	
12		"Rcvdata".Aryrecvdata[9]	%DB2.DBB9	十六进制	16#DD	
13						
14		"Senddata".ArySendData[0]	%DB1.DBB0	十六进制	16#AA	
15		"Senddata".ArySendData[1]	%DB1.DBB1	十六进制	16#BB	
16		"Senddata".ArySendData[2]	%DB1.DBB2	十六进制	16#CC	
17		"Senddata".ArySendData[3]	%DB1.DBB3	十六进制	16#DD	
18		"Senddata".ArySendData[4]	%DB1.DBB4	十六进制	16#EE	
19		"Senddata".ArySendData[5]	%DB1.DBB5	十六进制	16#FF	
20		"Senddata".ArySendData[6]	%DB1.DBB6	十六进制	16#AA	
21		"Senddata".ArySendData[7]	%DB1.DBB7	十六进制	16#BB	
22		"Senddata".ArySendData[8]	%DB1.DBB8	十六进制	16#CC	
23		"Senddata".ArySendData[9]	%DB1.DBB9	十六进制	16#DD	

图 8-25　PLC 数据监控

计算机侧源代码：

见本书配套资源包。

8.2 Modbus TCP 通信协议

Modbus TCP 是众多厂商用于管理和控制自动化设备的 Modbus 系列通信协议的派生产品。Modbus TCP 使 Modbus_RTU 协议运行于以太网，Modbus TCP 使用 TCP/IP 和以太网在站点间传送 Modbus 报文，并结合以太网物理网络和标准 TCP/IP，以 Modbus 作为应用协议应用于以太网的应用层。Modbus TCP 通信报文被封装在以太网 TCP/IP 数据包中。与传统的串口方式不同，Modbus TCP 插入一个标准的 Modbus 报文到 TCP 报文中，不再带有数据校验和地址。IANA（Internet Assigned Numbers Authority，因特网编号分配机构）给 Modbus TCP 分配的 TCP 端口号为 502，这是目前在仪表与自动化行业中唯一分配的端口号。

Modbus TCP 传输过程中使用了 TCP/IP 以太网参考模型的 5 层：

第 1 层——物理层，提供设备物理接口，与市场销售的介质 / 网络适配器兼容。

第 2 层——数据链路层，格式化信号到源 / 目的硬件地址的数据帧。

第 3 层——网络层，实现带有 32 位 IP 地址的 IP 报文包。

第 4 层——传输层，实现可靠性连接、传输、查错、重发、端口服务、传输调度等。

第 5 层——应用层，Modbus 协议报文。

8.2.1 Modbus TCP 简介

Modbus 数据在 TCP/IP 以太网上传输，支持 Ethernet II 和 802.3 两种帧格式。Modbus TCP 数据帧包含报文头、功能码和数据三个部分，MBAP（Modbus Application Protocol）报文头分 4 个域，共 7 个字节。Modbus TCP 数据帧如图 8-26 所示。

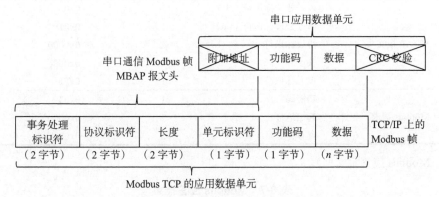

图 8-26 Modbus TCP 数据帧

1. MBAP 报文

MBAP 报文结构见表 8-5。

表 8-5   MBAP 报文结构

域	长度	描述	客户端	服务器端
事务处理标识符	2B	Modbus 请求 / 响应事件事务处理标识符	客户端启动	服务器端从接收的请求中重新复制
协议标识符	2B	0=Modbus 协议	客户端启动	服务器端从接收的请求中重新复制
长度	2B	下一个域的字节数	客户端启动（请求）	服务器端（响应）启动
单元标识符	1B	串行链路或其他总线上连接的远程从站的编号	客户端启动	服务器端从接收的请求中重新复制

1）事务处理标识符（2B）：用于事务处理配对。在响应中，Modbus 服务器端复制请求的事务处理标识符。这里在以太网传输中存在一个问题，就是先发后至，我们可以利用这个事务处理标识符做一个 TCP 序列号，来防止这种情况所造成的数据收发错乱（我们先不讨论这种情况，事务处理标识符我们统一使用 0x00 和 0x01）。

2）协议标识符（2B）：Modbus 的协议标识符为 0x0000。

3）长度（2B）：长度域是下一个域的字节数，包括单元标识符和数据域。

4）单元标识符（1B）：该设备的编号（可以使用 PLC 的 IP 地址标识）。

TCP/IP 利用 IP 地址寻址 Modbus 服务器，因此 Modbus 的单元标识符是无用的，必须使用值 0xFF。

Modbus 请求报文见表 8-6。

表 8-6   Modbus 请求报文

类型	描述	字节大小	实例
MBAP 报文头	事务处理标识符（Hi）	1	0x00
	事务处理标识符（Lo）	1	0x01
	协议标识符	2	0x0000
	长度	2	0x0006
	单元标识符	1	0xFF
Modbus 请求	功能码	1	0x03
	起始地址	2	0x0000
	寄存器数量	2	0x000B

Modbus 应答报文见表 8-7。

表 8-7   Modbus 应答报文

类型	描述	字节大小	实例
MBAP 报文头	事务处理标识符（Hi）	1	0x00
	事务处理标识符（Lo）	1	0x01

(续)

类型	描述	字节大小	实例
MBAP 报文头	协议标识符	2	0x0000
	长度	2	0x0006
	单元标识符	1	0xFF
Modbus 应答	功能码	1	0x03
	字节数量	2	0x0005
	数据	n	0x…

关于功能码的描述，请参考表 4-8，这里不再重复描述。

2. Modbus TCP 报文传输

Modbus TCP 报文传输服务结构如图 8-27 所示。

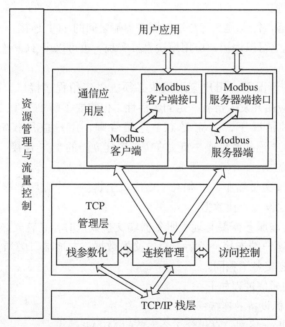

图 8-27　Modbus TCP 报文传输服务结构

（1）通信应用层

1）Modbus 客户端：允许用户使用控制与远程设备进行信息交换。Modbus 客户端根据用户应用向 Modbus 客户端接口发送要求中所包含的参数，来建立一个 Modbus 请求。

2）Modbus 客户端接口：Modbus 客户端接口提供一个接口，使得用户应用能够生成各类 Modbus 服务的请求，该服务包括对 Modbus 应用对象的访问。

3）Modbus 服务器端：在收到一个 Modbus 请求以后，模块激活本地操作，进行读、写或其他操作，然后发送应答报文给客户端。

（2）TCP 管理层

该层管理通信的建立和结束，以及在所建立的 TCP 连接上的数据流。

1）连接管理：在客户端和服务器端的 Modbus 模块之间的通信需要使用 TCP 连接管理模块，负责全面管理报文传输的 TCP 连接。

2）访问控制：在特别重要的项目里，必须禁止无关主机对设备内部数据的访问。

（3）TCP/IP 栈层

该层可以对 TCP/IP 的栈进行参数配置，以适应不同产品或者系统特定的约束条件，来进行数据流控制、地址管理和连接管理，并使用 BSD 套接字接口来管理 TCP 连接。

TCP 连接管理：

1）Modbus 通信需要建立客户端与服务器端之间的 TCP 连接。

2）连接的建立可以由用户应用模块直接实现，也可以由 TCP 连接管理模块自动完成。

3）在第 1 种情况下，用户应用模块必须提供应用程序接口，以便完全管理连接。这种方式使应用开发人员有一定的灵活性，但需要了解 TCP/IP 机制。

4）在第 2 种情况下，不需要 TCP 连接管理，用户应用仅需要发送和接收 Modbus 报文，TCP 连接管理模块负责在需要时建立新的 TCP 连接。

TCP 连接的建立：

1）Modbus 报文传输服务必须在 502 端口上提供一个监听套接字，以允许接收新的连接并与其他设备交换数据。

2）当报文传输服务需要与远程服务器端交换数据时，它首先必须与远程 502 端口建立一个新的客户端连接，然后与对方交换数据。本地端口必须大于 1024，并且对每个客户端的连接各不相同。

3）客户端的通信过程如下：

- 建立与目标设备的连接；
- 准备 Modbus 报文，它包含 7 个字节的 MBAP 请求；
- 发送报文；
- 在同一连接下等待应答；
- 读取应答报文，完成一次数据闭环过程。当通信任务结束时，关闭 TCP 连接，使 Modbus TCP 服务器端可为其他客户端服务。

3. PLC Modbus TCP 命令

Modbus TCP 是一种标准的网络通信协议，它使用 PLC CPU 上的 PROFINET 接口进行 TCP/IP 通信，不需要额外的通信硬件模块。Modbus TCP 使用开放式用户通信（Open User Communication，OUC）连接作为 Modbus 的通信路径。除了 STEP 7 和 CPU 之间的连接外，还可能存在多个客户端 - 服务器端连接。PLC 支持的混合客户端和服务器端连接数最大为 CPU 所允许的最大连接数。

注意 只有使用 CPU 固件版本 V1.02 或更高版本时，Modbus TCP 才能正确运行。在早期版本固件上执行 Modbus 指令可能会导致错误。

PLC 的 Modbus TCP 通信指令有两个，分别是 MB_CLIENT 和 MB_SERVER：

- MB_CLIENT：进行客户端 - 服务器端 TCP 连接、发送命令消息、接收响应，以及与控制服务器端断开。
- MB_SERVER：根据要求连接至 Modbus TCP 客户端、接收 Modbus 消息及发送响应。

还是以 S7-1200 CPU 1214C DC/DC/DC（固件版本 4.1）为例来讲解这两个通信指令，PLC 侧需要通过 TIA Portal 软件进行组态配置，从 TIA Portal V12 SP1 开始软件中增加了 S7-1200 的 Modbus TCP 块库，本书使用 TIA Portal V13 SP1 进行组态配置 S7-1200，同时不同固件版本的 Modbus TCP 块库并不相同，以下为 V4.0 版本的块库。

（1）MB_SERVER 指令

MB_SERVER 指令如图 8-28 所示。

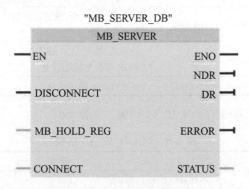

图 8-28   MB_SERVER 指令

MB_SERVER 指令使得 Modbus TCP 服务器端可以通过 PROFINET 接口进行通信。MB_SERVER 指令处理 Modbus TCP 客户端的连接请求，接收和处理 Modbus 请求并发送响应。

MB_SERVER 指令参数见表 8-8。

表 8-8　MB_SERVER 指令参数

参数和类型		数据类型	说明
DISCONNECT	input	BOOL	MB_SERVER 尝试与伙伴设备进行"被动"连接。也就是说，服务器端被动地侦听来自任何 IP 地址的 TCP 连接请求。如果 DISCONNECT=0 且连接不存在，则可以启动被动连接；如果 DISCONNECT=1 且连接存在，则启动断开操作。这允许程序可以控制何时接收连接。每当启动此输入参数时，无法尝试其他操作
CONNECT	inout	变量	• 指向连接描述结构的指针，可以使用下列结构： • TCON_IP_v4：包括建立连接及设定连接所需的所有地址参数。默认地址为 0.0.0.0（任何 IP 地址），但也可以输入具体的 IP 地址，以便服务器端仅响应来自该地址的请求。使用 TCON_IP_v4 时，将在调用指令 MB_SERVER 时建立连接 • TCON_Configured：包括组态连接的地址参数。使用 TCON_Configured 时，将在下载硬件配置后由 CPU 建立连接
MB_HOLD_REG	inout	变量	指向 MB_SERVER 保持寄存器的指针：保持寄存器必须是一个标准的全局 DB 或 M 存储区地址，存储区用于保存数据，并允许 Modbus 客户端使用 Modbus 寄存器功能 3（读）、6（写）和 16（写）访问这些值
NDR	output	BOOL	新数据就绪：0= 没有新数据，1=Modbus 客户端已写入新数据
DR	output	BOOL	新数据就绪：0= 没有读取数据，1=Modbus 客户端已读取该新数据
ERROR	output	BOOL	如果在调用 MB_SERVER 指令过程中出错，则将 ERROR 参数的输出设置为"1"
STATUS	output	WORD	指令状态的详细信息

CONNECT 参数采用 TCON_IP_v4 结构，见表 8-9。

表 8-9　TCON_IP_v4 结构

结构	含义
Interfaced	本地接口的硬件标识符
ID	连接标识（取值范围：1 ～ 4095）。该参数将唯一确定 CPU 中的连接。指令 MB_SERVER 的每个实例必须使用唯一的 ID，该 ID 不能被不同通信类型的其他指令同时使用
ConnectionType	对于 TCP，选择 11（十进制）。不允许使用其他连接类型。如果使用了其他连接类型（如 UDP），则该指令的 STATUS 参数将输出相应的错误消息
ActiveEstablished	对于被动连接建立，应选择 FALSE，主动连接选择 TRUE

（续）

结构	含义
RemoteAddress	连接伙伴的 IP 地址，例如 192.168.250.1： addr[1]=192 addr[2]=168 addr[3]=250 addr[4]=1 如果指令 MB_SERVER 要接收来自任何连接伙伴的连接请求，则应将 0.0.0.0 用作 IP 地址
RemotePort	远程连接伙伴的端口号（取值范围：1 ～ 49 151）。如果指令 MB_SERVER 要接收来自远程伙伴任何端口的连接请求，则应将 0 用作端口号
LocalPort	本地连接伙伴的端口号（取值范围：1 ～ 49 151），此 IP 端口号定义 Modbus 客户端连接请求中要监视的 IP 端口，默认值为 502

MB_SERVER 允许 Modbus 功能码（1、2、4、5 和 15）在 S7-1200 CPU 的输入过程映像和输出过程映像中直接读或写位和字。Modbus 功能码和 PLC 映射地址见表 8-10。

表 8-10 Modbus 功能码和 PLC 映射地址

Modbus 功能				S7-1200	
功能码	功能	数据区	地址范围	数据区	CPU 地址
1	读位	输出	1 到 8192	输出过程映像	Q0.0 到 Q1023.7
2	读位	输入	10 001 到 18 192	输入过程映像	I0.0 到 I1023.8
4	读字	输入	30 001 到 30 512	输入过程映像	IW0 到 IW1022
5	写位	输出	1 到 8192	输出过程映像	Q0.0 到 Q1023.7
15	写位	输出	1 到 8192	输出过程映像	Q0.0 到 Q1023.7

同时，Modbus 功能码（3、6 和 16）能够读取或写入 PLC 保持寄存器中的数据，该寄存器可以是 M 存储区地址范围或数据块。保持寄存器的类型由 MB_HOLD_REG 参数指定。

Modbus 保持寄存器可以位于标准全局 DB 或 M 存储区地址中。M 存储区地址中的 Modbus 保持寄存器使用标准的 Any 指针格式，其格式为 P# "位地址" "数据类型" "长度"，例如 P#M1000.0 Word 500。

Modbus 地址到保持寄存器的映射示例见表 8-11，M 表示 M 存储区，DB 表示 DB 存储区，这种映射用于 Modbus 功能码 3（读取字）、6（写入字）和 16（写入字）。DB 地址的实际上限取决于每种型号 CPU 的最大工作存储器限值和 M 存储器限值。

表 8-11　映射示例

Modbus 地址	MB_HOLD_REG 参数示例	
	P#M100.0 Word5	P#DB10.DB0.0 Word5
40001	MW100	DB10.DBW0
40002	MW102	DB10.DBW2
40003	MW104	DB10.DBW4
40004	MW106	DB10.DBW6
40005	MW108	DB10.DBW8

创建多个服务器端连接允许单个 PLC 建立与多个 Modbus TCP 客户端的并行连接。Modbus TCP 服务器端支持的并行连接数最多为 PLC 允许的开放式用户通信最大连接数。PLC 的连接总数（包括 Modbus TCP 客户端和服务器端）不得超过支持的开放式用户通信最大连接数，可以在客户端和 / 或服务器端类型的连接间共享 Modbus TCP 连接。单独的服务器端连接必须遵循以下规则：

- 每个 MB_SERVER 连接必须使用一个不同的背景数据块。
- 必须通过一个唯一的 IP 端口号建立每个 MB_SERVER 连接，每个端口只能用于 1 个连接。
- 每个 MB_SERVER 连接必须使用一个唯一的连接 ID。
- 连接 ID 对于每个单独的连接必须是唯一的，这意味着单个的唯一连接 ID 只能与每个单独的背景数据块配合使用。总之，背景数据块和连接 ID 成对使用，且对每个连接必须是唯一的，必须为每个连接（带有各自的背景数据块）单独调用 MB_SERVER。

存储在 MB_SERVER 背景数据块中的公共静态变量（可在用户程序中调用）见表 8-12。

表 8-12　存储在 MB_SERVER 背景数据块中的公共静态变量

变量	数据类型	默认值	说明
HR_Start_Offset	Word	0	指定 Modbus 保持寄存器的起始地址
Request_Count	Word	0	该服务器端接收到的所有请求的数量
Server_Message_Count	Word	0	该特定服务器端接收到的数据的数量
Xmt_Rcv_Count	Word	0	出现错误传送或接收的数量。此外，如果接收到一条无效的 Modbus 消息，则该值加 1
Exception_Count	Word	0	需要返回例外的 Modbus 特定错误数
Success_Count	Word	0	该特定服务器端接收到的没有协议错误的请求数量
已连接	Bool	0	指示与所分配客户端的连接是已接通还是已断开：1= 接通，0= 断开

Modbus 保持寄存器地址从 40001 开始，这些地址与保持寄存器的 PLC 存储器起始地址对应。不过，组态 HR_Start_Offset 变量将 Modbus 保持寄存器的起始地址定义为除 40001 之外的其他值。例如，如果保持寄存器被组态为起始于 MW100 并且长度为 100 个字，那么偏移量 20 指定保持寄存器的起始地址为 40021，而不是 40001，低于 40021 和高于 40119 的任何地址都将导致寻址错误。HR_Start_Offset 变量见表 8-13。

表 8-13　HR_Start_Offset 变量

偏移量	地址	最小值	最大值
0	Modbus 地址（字）	40001	40099
	S7-1200 地址	MW100	MW298
20	Modbus 地址（字）	40021	40119
	S7-1200 地址	MW100	MW298

HR_Start_Offset 是一个字值，用于指定 Modbus 保持寄存器的起始地址，并存储在 MB_SERVER 背景数据块中。将 MB_SERVER 放入程序后，可利用参数助手下拉列表框设置该公共静态变量的值。

（2）MB_CLIENT 指令

MB_CLIENT 指令如图 8-29 所示。

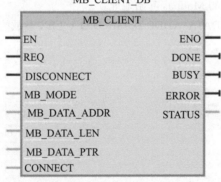

图 8-29　MB_CLIENT 指令

MB_CLIENT 指令使得 Modbus TCP 客户端可以通过 PROFINET 接口进行通信。MB_CLIENT 指令可以在客户端和服务器端之间建立连接、发送 Modbus 请求、接收 / 响应并控制 Modbus TCP 客户端的连接。

Modbus TCP 客户端支持多个 TCP 连接，最大连接数取决于所使用的 CPU。一个 CPU 的总连接数包括 Modbus TCP 客户端和服务器端的连接数，且不能超过 CPU 所支持的最大连接数。Modbus TCP 连接还可由 MB_CLIENT 和 / 或 MB_SERVER 实例共用。

使用各客户端连接时，请记住以下规则：

- 每个 MB_CLIENT 连接都必须使用唯一的背景数据块。
- 对于每个 MB_CLIENT 连接，必须指定唯一的服务器端 IP 地址。
- 每个 MB_CLIENT 连接都需要一个唯一的连接 ID。

该指令的背景数据块必须使用各自相应的连接 ID。连接 ID 与背景数据块组合成对，对于每个连接，组合对都必须唯一。根据服务器端组态，可能需要或不需要 IP 端口的唯一编号。

MB_CLIENT 指令参数见本书配套资源包表 8-14。

1）REQ 参数：

如果当前未执行 MB_CLIENT 指令的实例且 DISCONNECT 参数的值为 0，那么将在 REQ=1 时执行新作业。如果连接不存在，那么将在执行过程中建立连接。

如果在执行该活动作业之前再次执行 MB_CLIENT 指令的相同实例（DISCON-NECT = 0 且 REQ = 1），那么不会在活动作业完成时执行该实例，只有在活动作业完成时，才能启动新作业（REQ = 1）。执行状态通过输出参数输出。顺序执行 MB_CLIENT 指令时，可以使用该参数监视执行状态。

2）MB_MODE 和 MB_DATA_ADDR 参数：

MB_CLIENT 指令使用 MB_MODE 参数，而不是功能码。MB_DATA_ADDR 参数用于指定待访问数据的 Modbus 起始地址。

MB_MODE、MB_DATA_ADDR 和 MB_DATA_LEN 参数的组合定义当前 Modbus 消息中所使用的功能码，例如

- 功能码 5：

MB_MODE=1

MB_DATA_ADDR=1

MB_DATA_LEN=1

- 功能码 15：

MB_MODE=1

MB_DATA_ADDR=1

MB_DATA_LEN=2

MB_CLIENT 指令的输入参数与 Modbus 功能之间的关系见本书配套资源包表 8-15。

3）MB_DATA_PTR 参数：

MB_DATA_PTR 参数是一个指向数据缓存区的指针，该缓存区用于存储从 Modbus 服务器端读取或写入 Modbus 服务器端的数据。数据缓存区可以使用全局数据块（DB）或存储区域（M）。对于存储区域（M）中的缓存区，可通过以下方式使

用 ANY 格式的指针：P#"位地址""数据类型""长度"（例如，P#M1000.0 WORD 500）。

MB_DATA_PTR 参数针对不同的读取内容有不同的要求。

● 对于 MB_CLIENT 指令的通信功能：

①读取和写入 Modbus 服务器端地址 00001 ~ 09999 以及 10001 ~ 19999 的 1 位数据；

②读取 Modbus 服务器端地址 30001 ~ 39999 以及 40001 ~ 49999 的 16 位 WORD 数据；

③写入 Modbus 服务器端地址 40001 ~ 49999 的 16 位 WORD 数据。

● 在从 / 向全局 DB 或由 MB_DATA_PTR 参数指定的存储区域（M）进行数据传输的过程中（长度为位或字），如果在 MB_DATA_PTR 参数中使用该缓存区的数据块，那么需要为 DB 元素指定数据类型。

● 对于 Modbus 位地址，将使用 1 位的数据类型（BOOL）。

● 对于 Modbus 字地址，将使用 16 位的数据类型（如 WORD、UINT、INT 或 REAL）。

● 对于 2 个 Modbus 字地址，将使用 32 位的数据类型（双字）（如 DWORD、DINT 或 REAL）。

● 通过 MB_DATA_PTR，还可以访问复杂的 DB 元素，如：

①标准数组；

②元素名称唯一的结构；

③元素名称唯一且数据类型长度为 16 或 32 位的复杂结构。

● MB_DATA_PTR 参数的数据区可以在不同的全局数据块中（或在不同的存储区中），例如可以根据读作业和写作业使用不同的数据块，或者为每个 MB_CLIENT 站使用单独的数据块。

● CONNECT 参数与 MB_SERVER 的一样，也是采用 TCON_IP_v4 结构，具体可参考表 8-9。

8.2.2　计算机与西门子 PLC Modbus TCP 通信举例

本例把 PLC 作为服务器端，计算机作为客户端，客户端需要连接服务器端，连接成功后，计算机发送请求给 PLC，然后 PLC 根据收到的报文进行应答。

1. PLC 侧程序设计

S7-1200 PLC 需要通过 TIA Portal 软件进行组态配置，从 TIA Portal V12 SP1 开始，软件增加了 S7-1200 的 Modbus TCP 块库，用于 S7-1200 与支持 Modbus TCP 的通信伙伴进行通信，Modbus TCP 块库如图 8-30 所示。

图 8-30　Modbus TCP 块库

设计过程如下。

1）打开 TIA Portal V13 软件，新建一个项目，本例命名为 "S7_1200 Modbus TCP Test"，在项目中添加 CPU 1214C DC/DC/DC，为集成的 PROFINET 接口新建一个子网并设置 IP 地址，本例为 192.168.250.1，接下来查看硬件标识符，硬件标识符在"设备组态"中，双击 PROFINET 接口，选择属性→常规→硬件标识符，如图 8-31 所示。

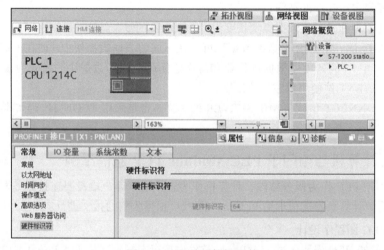

图 8-31　查看硬件标识符

2）创建 3 个全局数据块用于匹配功能块 MB_SERVER 的参数，第 1 个全局数据块用于匹配功能块 MB_SERVER 的参数 CONNECT，本例为数据块 MB_TCON，如

图 8-32 所示。

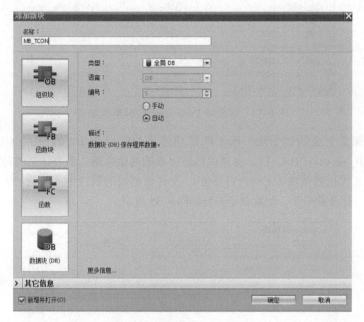

图 8-32　数据块 MB_TCON

打开该数据块，在名称栏输入"MB_Server"，在数据类型栏输入"TCON_IP_v4"，然后下面的子参数就自动生成了，设置各个子参数的启动值，如图 8-33 所示。

	名称	数据类型	启动值
1	▼ Static		
2	▼ MB_Server	TCON_IP_v4	
3	■ InterfaceId	HW_ANY	64
4	■ ID	CONN_OUC	1
5	■ ConnectionType	Byte	16#0B
6	■ ActiveEstablished	Bool	false
7	▼ RemoteAddress	IP_V4	
8	▼ ADDR	Array[1..4] of Byte	
9	■ ADDR[1]	Byte	16#0
10	■ ADDR[2]	Byte	16#0
11	■ ADDR[3]	Byte	16#0
12	■ ADDR[4]	Byte	16#0
13	■ RemotePort	UInt	0
14	■ LocalPort	UInt	502

图 8-33　设置 TCON_IP_v4 数据类型

创建第 2 个全局数据块 Parameter，打开数据块，数据类型定义如图 8-34 所示。

图 8-34　数据块 Parameter 数据类型定义

创建第 3 个全局数据块，用于匹配功能块 MB_SERVER 的 MB_HOLD_REG，名字为 MB_Server_Data，用于存储保持寄存器的通信数据。需要注意的是，该数据块必须为非优化数据块（支持绝对寻址），在该数据块的属性中不勾选"优化的块访问"选项。打开数据块，配置数据类型如图 8-35 所示。

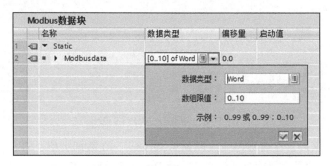

图 8-35　数据块 MB_Server_Data 配置数据类型

3）在程序段 1 中调用 MB_SERVER 指令块，生成相应的背景 DB 块，单击确定，然后使用上一步建立的数据块配置指令块，如图 8-36 所示。

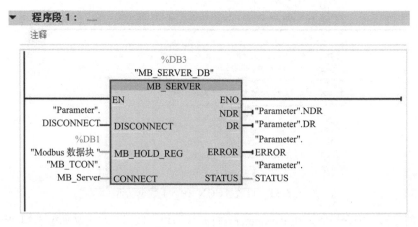

图 8-36　配置指令块

4）程序编辑完成后，选择在线→下载到设备，把编辑好的程序下载到 PLC 里。

2. 计算机侧程序设计

程序编程使用的软件是 Visual Studio 2015，由于 PLC 配置为服务器端，那么计算机就是客户端，需要配置 PLC 的以太网设置，包括 PLC 的 IP 地址和端口号，本例是配合 9.2.1 节的 PLC 程序进行通信的，因此 PLC 的 IP 地址为 192.168.250.1，端口号为 502。配置完后，单击"连接"，如果接收栏没有错误信息，就代表连接成功，客户端对话框如图 8-37 所示。

图 8-37　客户端对话框

（1）设计过程

1）使用 TIA Portal V13 修改 PLC 中 MB_HOLD_REG 的值，如图 8-38 所示。

	i	名称	地址	显示格式	监视值
1		"MB_Server_Data".Modbusdata[0]	%DB1.DBW0	十六进制	16#0001
2		"MB_Server_Data".Modbusdata[1]	%DB1.DBW2	十六进制	16#0002
3		"MB_Server_Data".Modbusdata[2]	%DB1.DBW4	十六进制	16#0003
4		"MB_Server_Data".Modbusdata[3]	%DB1.DBW6	十六进制	16#0004
5		"MB_Server_Data".Modbusdata[4]	%DB1.DBW8	十六进制	16#0005
6		"MB_Server_Data".Modbusdata[5]	%DB1.DBW10	十六进制	16#0006
7		"MB_Server_Data".Modbusdata[6]	%DB1.DBW12	十六进制	16#0007
8		"MB_Server_Data".Modbusdata[7]	%DB1.DBW14	十六进制	16#0008
9		"MB_Server_Data".Modbusdata[8]	%DB1.DBW16	十六进制	16#0009
10		"MB_Server_Data".Modbusdata[9]	%DB1.DBW18	十六进制	16#000A
11		"MB_Server_Data".Modbusdata[10]	%DB1.DBW20	十六进制	16#000B

图 8-38　修改 PLC 中 MB_HOLD_REG 的值

2）程序连接 PLC 后，以读取保持寄存器为例，功能码为 0x03，输入 Modbus TCP 和 MBAP 报文后，单击"发送"，Modbus TCP 报文就会发送给 PLC，PLC 必须使用适当的 Modbus 事务处理生成一个响应，并且必须将响应发送到 TCP 管理组件。

根据处理结果，响应分两类：

①正确的 Modbus 响应：

● 响应功能码 = 请求功能码。

②异常的 Modbus 响应：

● 为客户端提供与处理过程检测到的错误相关的信息；

● 响应功能码 = 请求功能码 +0x80；

● 提供异常码来表明出错的原因，异常码见表 8-16。

表 8-16　异常码

异常码	Modbus 名称	备注
01	非法功能码	服务器端不识别功能码
02	非法数据地址	与请求有关
03	非法数据值	与请求有关
04	服务器端故障	在执行的过程中，服务器端有故障
05	确认	服务器端接收服务调用，因为需要相对长的时间完成服务，所以服务器端仅返回一个服务调用接收的确认
06	服务器端繁忙	服务器端不能接收 Modbus 请求 PDU，客户应用有责任决定是否和何时重发请求
0A	网关故障	网关路径无效
0B	网关故障	目标设备无响应，网关生成的异常信息

3）读数据：在客户端 Modbus 发送报文区的各个文本框里输入报文信息，Modbus 功能码为 0x03，不填写数据栏（写数据时使用），输入完后单击"发送"，如图 8-39 所示。

读数据 Modbus 协议说明如下。

发送：读取起始地址是 0x0000，寄存器数量为 0x0B 的数据。

接收：响应功能码和请求功能码都是 0x03，表示发送和接收成功，数据长度为 0x16，数据为 0x0001 ～ 0x000B。

详细的报文解释请参考 8.2.1 节。

4）写数据：在客户端 Modbus 发送报文区的各个文本框里输入报文信息，并且在数据栏写入要发送的数据，Modbus 功能码为 0x10，输入完后单击"发送"，如图 8-40 所示。

写数据 Modbus 协议说明如下。

图 8-39 客户端读数据

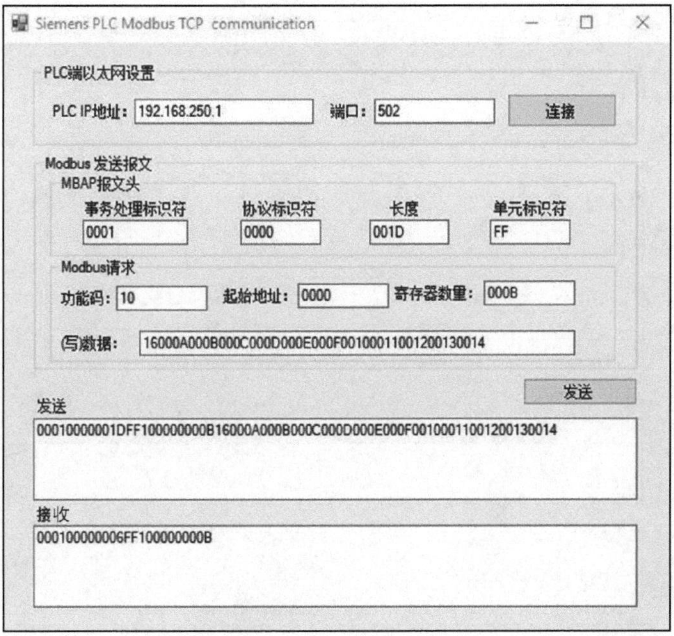

图 8-40 客户端写数据

发送：向起始地址为 0x0000，寄存器数量为 0x0B 的寄存器写入数据，数据长度为 0x16，数据为 000A ～ 0014，共 22 个字节。

接收：请求和响应功能码都是 0x10，代表发送和接收成功，0x000B 代表写入的字节数。

详细的报文解释请参考 8.2.1 节。

写入成功后打开 PLC 的强制监控表，MB_HOLD_REG 数据块如图 8-41 所示，可以看出，值被修改并且与发送的数据一致，表示发送成功。

i	名称	地址	显示格式	监视值
1	"MB_Server_Data".Modbusdata[0]	%DB1.DBW0	十六进制	16#000A
2	"MB_Server_Data".Modbusdata[1]	%DB1.DBW2	十六进制	16#000B
3	"MB_Server_Data".Modbusdata[2]	%DB1.DBW4	十六进制	16#000C
4	"MB_Server_Data".Modbusdata[3]	%DB1.DBW6	十六进制	16#000D
5	"MB_Server_Data".Modbusdata[4]	%DB1.DBW8	十六进制	16#000E
6	"MB_Server_Data".Modbusdata[5]	%DB1.DBW10	十六进制	16#000F
7	"MB_Server_Data".Modbusdata[6]	%DB1.DBW12	十六进制	16#0010
8	"MB_Server_Data".Modbusdata[7]	%DB1.DBW14	十六进制	16#0011
9	"MB_Server_Data".Modbusdata[8]	%DB1.DBW16	十六进制	16#0012
10	"MB_Server_Data".Modbusdata[9]	%DB1.DBW18	十六进制	16#0013
11	"MB_Server_Data".Modbusdata[10]	%DB1.DBW20	十六进制	16#0014

图 8-41　MB_HOLD_REG 数据块

（2）C# 源代码

见本书配套资源包。

倍福 PLC 以太网通信

倍福（Beckhoff）PLC 和前几章介绍的 PLC 的控制原理有很大的不同，应该说把它定义为软 PLC 比较合适。它是将工业 PC、现场总线模块、驱动产品和 TwinCAT 自动化软件整合构成的一整套完整的、相互兼容的控制系统，可以为各个工控领域提供开放式自动化系统的完整解决方案。其中，控制系统的核心是 TwinCAT 自动化软件，TwinCAT 全面支持 IEC 61131-3 编程语言，有 PLC 和 NC 功能，提供 VB/C++ 第三方接口，全面支持 Windows 标准 DDE、ADS、OPC 等通信，很容易与第三方软件嵌入集成。它使用 EtherCAT 架构管理现场 I/O。

本书的核心内容是计算机和 PLC 的通信，倍福的 PLC 严格来说其实是一个自动化软件 TwinCAT 加上 EtherCAT 框架，TwinCAT 安装在 Windows 操作系统的工业 PC 上，第三方计算机和倍福的 PLC 进行通信就是和 TwinCAT 系统进行通信，接下来我们首先介绍 TwinCAT 系统。

9.1 TwinCAT 系统

TwinCAT 是 The Windows Control and Automation Technology 的缩写，是倍福公司开发的基于 Windows 操作系统的控制软件，它是 Windows 操作系统下优先级最高的线程。它借助于工业 PC 或者嵌入式 PC 的强大运算能力，使其变成一个功能强大的 PLC 及运动控制器，安装在生产现场实施控制的各种生产设备上。它于 1995 年首次推向市场，现在有两种版本并存，即 TwinCAT2 和 TwinCAT3，以下简称 TC2 和 TC3，本书以 TC3 为例。TC2 是 20 世纪 90 年代的软件产品，针对单核 CPU 及 32 位操作系统开发设计。TC3 发布于 2010 年，支持 32 位或 64 位操作系统，支持多核

CPU，可以发挥全部 CPU 的运算能力。TC2 和 TC3 除了开发界面有所不同外，编程、调试、通信的原理和操作方法几乎完全相同。

9.1.1　TwinCAT 系统的结构

TC2 使用 PLC Control、System Manager 和 Scope View 3 种软件实现编程、配置、电子示波器等功能。TC3 将其都作为插件集成在开发环境 Microsoft Visual Studio 中，并支持 C/C++ 和 Matlab/Simulink，以及面向对象编程（OOP）。

相对于传统的控制器，TwinCAT 为软控制器，其最大的特点是软件与硬件分离。同样的程序可以运行在不同的 PC 上，也可以用来控制不同厂家的 I/O 模块以及驱动器，兼容多种现场总线。

在 TC 系统中，各个软件模块（如 TwinCAT PLC、NC 和 Windows 应用程序）的工作模式类似于硬件设备，它们能够独立工作。各个软件模块之间的信息交换通过 TwinCAT ADS 完成。ADS（Automation Device Specification，自动化设备规范）为各个设备之间的通信提供路由。

在 TwinCAT PC 和倍福的 CX、BX、BC 系列控制器中都包含 TwinCAT 信息路由器，因此各个 ADS 设备之间都能够交换数据和信息。

基于 ADS 的 TwinCAT 系统的构架如图 9-1 所示。

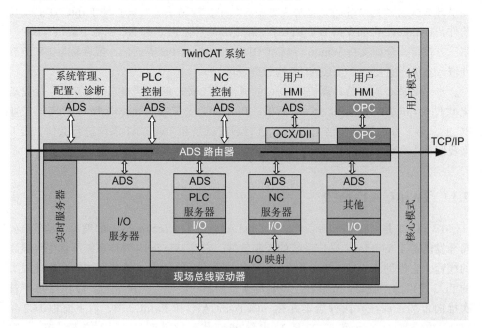

图 9-1　TwinCAT 系统的构架

TwinCAT 系统由实时服务器、系统控制器、系统 OCX 接口、系统工具箱、PLC 系统、NC 系统、I/O 系统、用户应用程序开发系统、ADS 接口及 ADS 路由器等组成。

（1）实时服务器

TwinCAT 实时服务器的主要功能是确保实时自动化任务与 Windows 操作系统同时运行，这样 Windows 下的实时部分就能充分利用计算机处理器的有效能力独立运行。

（2）系统控制器

TwinCAT 系统控制器负责对系统进行组态，对单个任务进行必要的适应性配置。在 PC 上装载实时任务时，应遵守下列特殊规则：

1）确保基本的 Windows 任务正常运行；

2）可对实时容量进行调节；

3）保证 Windows 的功能不受影响并保持待用状态；

4）提供进一步的安全机制。

（3）系统 OCX 接口

作为控制器的进一步扩展，TwinCAT 系统 OCX 接口是 Windows 程序（比如 Visual Studio）与各个任务之间的接口，它使 C# 等 Windows 程序可以访问和存储系统控制器中的数据。

（4）PLC 系统

TwinCAT PLC 是 Windows 环境下的一种多任务 PLC 软件。PLC 任务可在中央处理器上执行，也可在分散的 CPU 上执行，其主要功能特点如下：

1）允许根据 IEC 61131-3 编程，支持五种语言，即指令表（IL）、功能块（FBD）、梯形图（LD）、顺序功能流程图（SFC）和结构化文本（ST）；

2）具有模块化程序管理的结构化编程；

3）对运行中的 PLC 进行再编译而无数据丢失（在线更改功能）；

4）可进行增量编译和 PLC 仿真；

5）程序、数据和处理映像的在线状态显示；

6）带触发器，可强制数据、设断点、单步运行等；

7）最多 4 套 PLC，每套可设 4 个 PLC 任务；

8）借助 PC 处理器可快速执行命令；

9）定时器、计数器、内存量和程序长度不受限制；

10）处理映像大小为 65 535 个输入字节，65 535 个输出字节。

（5）ADS 路由器

TwinCAT 系统由带开放接口的一些软件目标组成，而 ADS 路由器则使这些软件目标能在实时状态下交换信息。软件目标由开放的 ADS 来定义，这使得识别和访问 PLC 目标、CNC 目标或 PID 目标成为可能。与实时服务器的通信为存取数据提供了开放的 Windows 接口。

TwinCAT 系统内部的信息交换由 ADS 路由器根据自动化信息规范（AMS）来组织，主要体现在以下几个方面：

1）目标之间的信息由实时路由器来管理；

2）软件目标之间可存在逻辑通信关系；

3）所有 TwinCAT 编程环境均使用 ADS 路由器；

4）C++ 对象可被完全接受；

5）Windows 应用程序可通过开放的 Windows 接口（如 OLE、OCX、ActiveX）访问路由器和实时服务器；

6）ADS 路由器包括 TCP/IP 接口、串口和现场总线接口，这意味着不必做其他附加工作即可把各种分布式 TwinCAT 控制系统（PLC、CNC、PID 等）与相应的 TwinCAT 服务器连接在一起，连接 Windows 程序的标准化 OLE 接口也可供使用。

（6）I/O 系统

I/O 系统的主要功能如下：

1）它提供了访问本地 I/O 和各种现场总线的通道，并且也可以用一个公共处理映像来处理多种现场总线；

2）通过 TwinCAT I/O 控制对 I/O 进行管理和寻址，并把 I/O 数据分配给所有与 TwinCAT 系统相连接的 I/O 单元，并可使用逻辑名访问 I/O 通道；

3）通过 TwinCAT I/O 匹配器（I/O Mapper）简化对 I/O 组态的管理，根据需要可以选择访问位、字节和字，每个地址映像的产生由 TwinCAT I/O 系统完成；

4）作为 I/O 控制的扩展，TwinCAT I/O OCX 为 Windows 程序（如 Visual Studio）提供了访问 I/O 匹配器的接口。

（7）用户应用程序（UA）开发系统

TwinCAT 用户应用程序（UA）开发系统为把用户应用程序集成在 TwinCAT 实时环境中打下了基础。用户需要的每一个功能均可成为 TwinCAT 系统的软件目标并具备了 TwinCAT 系统的所有特性和接口：

1）用户软件可以被完全集成在 TwinCAT 系统中；

2）允许 C++ 目标设计单独编程；

3）可以使用属于操作系统的工具和 C++ 编译器；

4）用户程序成为 TwinCAT 系统服务器管理的一个任务。

TwinCAT UA 控制借助由 AMS/ADS 所规定的通信功能可以编写适合特殊应用的用户界面：

- TwinCAT 用户应用程序开发系统提供给用户一个框架，该框架有一个集成的 AMS/ADS 接口。这就是说，用户应用程序将成为 TwinCAT 的一个部分，因而它也可以访问 ADS 路由器，即系统中的所有对象均可以与用户应用程序交换信息，并且用户应用程序也可以存取过程数据和系统数据。
- 作为 UA 控制的扩展，TwinCAT UA OCX 为 Windows 程序（如 Visual Studio）提供了访问应用程序服务器的接口。

9.1.2　TwinCAT 系统的变量和存储地址

TwinCAT 系统的变量和存储地址无关，不必为所有的变量指定地址，无论是 POU 单元的局部变量，还是全局变量，只有需要外部通信时，才必须指定地址，定时器、计数器和中间寄存器不再有数量限制，也不会出现地址重复的问题。系统支持指针功能，可获取 unlocated 变量的地址，用于用户通过指针操作定义的变量类型。

从 TwinCAT2.9 开始，Input、Output 和 Memory 存储区的变量，可以由 TwinCAT 自动分配地址，变量声明时只需要以 * 代替，例如：

```
Input AT %I*: BOOL;
Output AT%Q*: BOOL;
Temp  AT%I*: INT;
SetPint AT%M*: INT;
```

编译完成后，TwinCAT 将为带 * 号的变量自动分配地址。

计算机可以通过 TwinCAT 两种通信方式与倍福 PLC 通信并读取这些变量，一种是 TwinCAT ADS 通信，另一种是 TwinCAT TCP/IP 通信。下面就介绍这两种通信方式。

9.2　TwinCAT ADS通信

ADS 描述了一个独立于设备和现场总线的接口，用于控制访问 ADS 类型的设备，TwinCAT 系统允许将软件的各个模块（例如 TwinCAT PLC、TwinCAT NC 等）视为独立的设备，对于每个任务，都有一个软件模块（服务器端或者客户端），这些模块之间的消息由消息路由器通过一致的 ADS 接口交换，这样可以管理和分发系统中以及通过 TCP/IP 连接的所有消息。每个 TwinCAT PC 和每个倍福 BC 总线控制器上都存在 TwinCAT 消息路由器，这就允许所有的 TwinCAT 服务器端和客户端程序交换命令和数据，ADS 通过 ADS 路由器进行数据交互。ADS 路由工作过程如图 9-2 所示。

已经实现 ADS 接口（可以通过 ADS 访问）并提供服务器服务的对象称为 ADS 设备，ADS 服务的详细含义由每个 ADS 设备定义，并在相关的 ADS 设备文档中描述。由于本书只是描述计算机和 PLC 通信，因此接下来只描述 ADS PLC 设备的 ADS 通信特征。

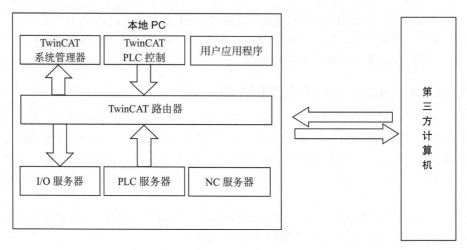

图 9-2　ADS 路由工作过程

9.2.1　TwinCAT ADS PLC 设备

　　由于 ADS PLC 是纯软件 PLC，可以将其描述为虚拟现场单元（自动化设备），因此，它为其他通信伙伴（例如其他虚拟现场单元或 Windows 程序）提供了倍福 ADS 接口，通过它可以进行参数的设置或查询。使用 ADS 可以标准化对 PLC 的访问，并将其合并到可用的虚拟现场单元范围内，其他通信伙伴和 ADS 设备的访问主要包括读和写。

　　读和写命令需要两个参数通过 PLC 接口（由 ADS 定义）进行——GroupIndex 和 OffsetIndex，关于这两个参数将在下面做更详细的介绍。

　　PLC 的 GroupIndex 说明见表 9-1。

表 9-1　GroupIndex 说明

范围	描述
0x00000000 ~ 0x00000FFF	预留
0x00001000	PLC ADS 参数范围
0x00002000	PLC ADS 状态范围
0x00003000	PLC ADS 单元功能范围
0x00004000	此部分包括访问 PLC 内存范围（%M 字段）的服务，详见表 9-2
0x00006000 ~ 0x0000EFFF	为将来 PLC ADS 扩展预留
0x0000F000 ~ 0x0000FFFF	介绍与每个 ADS 单元具有相同含义和作用的 ADS 服务，还包括访问物理输入和输出 I/O 服务，详见表 9-3

表 9-2　PLC 内存范围

索引组	索引偏移	访问	数据类型	描述
0x00004020	0x00000000 ～ 0x0000FFFF	R/W	UNIT8	READ_M-WRITE_M，PLC 内存范围（%M 字段），偏移量是字节偏移量
0x00004021	0x00000000 ～ 0xFFFFFFFF	R/W	UNIT8	READ_MX-WRITE_MX，PLC 内存范围（%MX 字段），索引偏移量的低位字是字节偏移量，索引偏移量包含从字节数 ×8 + 位号计算出的位地址
0x00004025	0x00000000	R	ULONG	PLCADS_IGR_RMSIZE，字节长的存储范围流程图
0x00004030	0x00000000 ～ 0x0000FFFF	R/W	UNIT8	PLCADS_IGR_RWRB，保留数据范围索引，偏移量是字节偏移量
0x00004035	0x00000000	R	ULONG	PLCADS_IGR_RRSIZE，保留范围的字节长度
0x00004040	0x00000000 ～ 0xFFFFFFFF	R/W	UNIT8	PLCADS_IGR_RWDB，数据范围，索引偏移量是字节偏移量
0x00004045	0x00000000	R	ULONG	PLCADS_IGR_RDSIZE，数据范围的字节长度

表 9-3　ADS 服务

索引组	索引偏移	访问	数据类型	描述
0x0000F003	0x00000000	R&W	W：UINT8[n] R：UINT32	GET_SYMHANDLE_BYNAME，句柄（代码字）被分配给写入数据中包含的名称，并作为结果返回给调用者
0x0000F004	0x00000000			预留
0x0000F005	0x00000000 ～ 0xFFFFFFFF	R/W	UINT8[n]	READ_WRITE_SYMVAL_BYHANDLE，读取 symHdl 标识变量的值或为该变量分配一个值，symHdl 必须首先由 GET_SYMHANDLE_BYNAME 服务确定
0x0000F006	0x00000000	W	UINT32	RELEASE_SYMHANDLE，释放被查询的名为 PLC 变量的写数据中包含的代码（句柄）
0x0000F020	0x00000000 ～ 0xFFFFFFFF	R/W	UINT8[n]	READ_I-WRITE_I，物理输入的 PLC 流程图（%I 字段），偏移量是字节偏移量

（续）

索引组	索引偏移	访问	数据类型	描述
0x0000F021	0x00000000 ～ 0xFFFFFFFF	R/W	UINT8	READ_IX-WRITE_IX，物理输入的 I/O 映射（%IX 字段），索引偏移量包含位地址，该位地址由字节号 × 8 + 位号计算得出
0x0000F025	0x00000000	R	ULONG	ADSIGRP_IOIMAGE_RISIZE，物理输入的 PLC 流程图的字节长度
0x0000F030	0x00000000 ～ 0xFFFFFFFF	R/W	UINT8[n]	READ_Q-WRITE_Q，物理输出的 PLC 流程图（%Q 字段），偏移量是字节偏移量
0x0000F031	0x00000000 ～ 0xFFFFFFFF	R/W	UINT8	READ_QX-WRITE_QX，物理输出的 I/O 映射（%QX 字段），索引偏移量包含从字节数 × 8 + 位号计算出的位地址
0x0000F035	0x00000000	R	ULONG	ADSIGRP_IOIMAGE_ROSIZE，物理输出的 PLC 流程图的字节长度

以上变量地址有两种访问方式：

1）地址方式。一个 PLC 变量的地址由两部分组成——GroupIndex 和 OffsetIndex：GroupIndex 一般用于区别寄存器类型，在 TwinCAT ADS 中为常量；OffsetIndex 为变量的偏移地址，在 PLC 中为该变量的地址。

2）变量名方式。在 TwinCAT ADS 设备中每个变量都有一个句柄（Handle），使用变量名访问变量首先需要得到该变量的句柄。

由于倍福官方推出了免费的 ADS 库文件，第三方计算机高级语言可以很方便地使用这些库文件通过 ADS 协议用以上两种方式来访问变量，但是通过句柄访问变量更加方便，计算机编程更加灵活，也不用关心变量的地址，因此本书将只讲解第二种变量访问方式。如果想更详细地了解第一种地址访问方式，请参考倍福的官网描述。

9.2.2　TwinCAT ADS 设备标识和路由

1. TwinCAT ADS 设备标识

每台 TwinCAT ADS 设备都有各自不同的 AmsNetId 和 AdsPort，以相互区别，它们是 ADS 设备的唯一识别标识。

1）AmsNetId：用于确定设备硬件，是 TCP/IP 地址的扩展，是 TwinCAT 消息路由器，存在于每台 TwinCAT PC 或倍福 CX、BX、BC 系列控制器中。例如，如果一台 PC 的 IP 地址是 192.168.2.10，那么它的 AmsNetId 就是 192.168.2.10.1.1。当然，也可以对 AmsNetId 进行修改。

2）AdsPort：用于确定软件服务，每台 ADS 设备的 AdsPort 都各不相同且固定不变，而 ADS 客户端应用程序的 AdsPort 则是可变的。输出模块的 AdsPort 如图 9-3 所示，PlcTask 的 AdsPort 如图 9-4 所示。

ADS Info:　　| Port: 350. IGrp: 0x8502000. IOffs: 0x8107D250. Len: 1 |

Symbol Info:　| Port: 851. 'MAIN.output1' |

图 9-3　输出模块的 AdsPort

图 9-4　PlcTask 的 AdsPort

AmsNetId 组成：

1）格式为 xxx.xxx.xxx.xxx.xxx.xxx，例如 5.72.184.22.1.1。

2）AmsNetId 是 TCP/IP 地址的扩展，不是在 IP 地址后加 ".1.1"。

3）AmsNetId 构成：

- 安装完 TwinCAT 后，第 1 次启动时的 IP 地址后加 ".1.1"，AmsNetId 不会自动改变；
- 部分 BC9000、BCXXXX 控制器在当前的 IP 地址后加 ".1.1"。

AdsPort 通信端口：

1）标识一个设备上不同软件的模块，通过端口号，可以在不同的 ADS 模块中传递数据；

2）端口号是固定的，不可更改，各个 ADS 模块具有固定的端口号，见表 9-4。

表 9-4　ADS 端口号

端口号	ADS 设备描述	端口号	ADS 设备描述
100	日志记录	301，302	附加任务 1，2，…（TC2）
110	事件记录	351，352	附加任务 1，2，…（TC3）
300	IO	500	NC

（续）

端口号	ADS 设备描述	端口号	ADS 设备描述
801，811 821，831	PLC RuntimeSystem 1,2,3,4(TC2)	10000	系统服务
851	PLC RuntimeSystem（TC3）	14000	范围
900	凸轮控制器		

2. TwinCAT ADS 路由

第三方计算机如果需要和倍福 PLC 通信，需要首先建立 ADS 路由，这就需要通信的双方都安装 TC2 或 TC3，只有在第三方计算机安装 TC 后才能建立 ADS 路由，然后才能实现和 TC PLC 的通信。

以 TC3 为例，第三方计算机建立 ADS 路由的过程如下。

1）单击 SYSTEM → Choose Target，如图 9-5 所示。

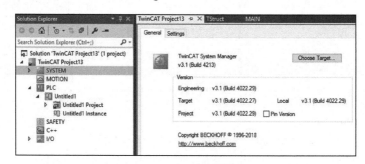

图 9-5　ADS 目标选择

2）在弹出的对话框中单击 Search（Ethernet），如图 9-6 所示。

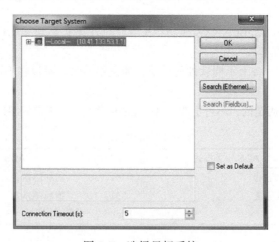

图 9-6　选择目标系统

3）单击 Broadcast Search 或者输入 Host Name/IP 之后，可以查看是否搜索到目标控制器，并显示控制器的相关信息。如果搜索到 ADS 设备，选择搜索到的控制器后再选择添加方式（Host Name 或 IP Address），本例选择 IP Address，然后单击 Add Route，如果是第一次登录，那么系统会要求输入用户名和密码，出厂设置为 Win Xp/Win7/Win10，用户名为 Administrator，密码为 1，Win CE 用户名为 Administrator，对应密码为空白。添加成功后 Connected 列显示 X 标记，如图 9-7 所示。

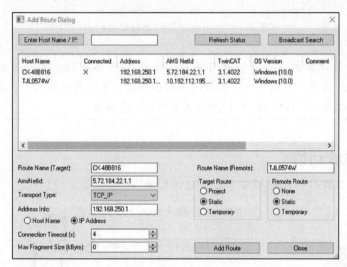

图 9-7　搜索 ADS 设备

4）单击 Close 返回前一个对话框，此前添加的目标控制器就会出现在这个列表中，选中并单击 OK，ADS 路由就建立完毕了，如图 9-8 所示。

图 9-8　选择搜索到的 ADS 设备

TwinCAT ADS 路由建立后,单击 TwinCat3 资源管理器里的 Routes 选项,右侧就能看到通过路由表记录的远程设备信息,如图 9-9 所示。

Current Routes	Static Routes	Project Routes	NetId Management

Route	AmsNetId	Address	Type
CP-48A588	192.168.250.1.1.1	192.168.250.1	TCP_IP
CX-48B816	5.72.184.22.1.1	192.168.250.1	TCP_IP

图 9-9   路由表记录的远程设备信息

注意   个别的计算机杀毒软件有可能会影响到 ADS 路由的建立,如果 Broadcast Search 搜索不到设备,可以尝试关闭杀毒软件和计算机防火墙,或者检查第三方计算机和倍福 PC 的 IP 地址是否在同一个网段。

9.2.3   ADS 通信

第三方计算机和 ADS 设备 CX-48B816 的通信机制如图 9-10 所示。

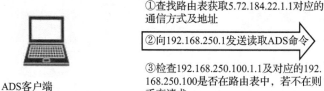
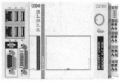

①查找路由表获取5.72.184.22.1.1对应的通信方式及地址

②向192.168.250.1发送读取ADS命令

③检查192.168.250.100.1.1及对应的192.168.250.100是否在路由表中,若不在则丢弃请求

④向192.168.250.100发送读取结果

ADS客户端
IP:192.168.250.100
AmsNetId:192.168.250.100.1.1

ADS服务器端
IP:192.168.250.1
AmsNetId:5.72.184.22.1.1

图 9-10   第三方计算机和 ADS 设备的通信机制

1. 通信方式

ADS 设备之间的通信有多种方式,不同的方式有不同的特点。

(1)一般的 ADS 通信

1)异步方式(Asynchronous):ADS 客户端向 ADS 服务器端发送 ADS 请求,同时客户端继续自己的工作。ADS 服务器端处理请求后,把响应以 CALLBACK 函数的方式发给客户端。

2)通知方式(Notification):ADS 客户端向 ADS 服务器端发送 ADS 请求,ADS 服务器端以 CALLBACK 函数的方式不断向客户端发送响应,直到客户端取消该请求。

　　这两种通信方式的效率高，但需要复杂的客户端程序，优点为不会造成系统堵塞，缺点为不能确保每次请求都有返回。

（2）特殊的 ADS 通信

　　TwinCAT ADS 设备和 Windows 应用程序（例如 VB、VC 应用程序等）之间的通信除了可以采用一般的 ADS 通信外，还可以采用特殊的 ADS 通信，即同步方式（Synchronous）。

　　ADS 客户端向 ADS 服务器端发送 ADS 请求，在通信过程中客户端程序停止执行，直到获得 ADS 服务器端返回的响应。

　　这种通信方式不需要复杂的客户端程序，但其轮循的通信方式会给系统带来比较大的负载，因此通信效率较低，优点为能即时返回结果，缺点为如果通信故障则会造成系统堵塞。

2. 读写变量方式

　　读写变量的方式也分两种：

　　1）按地址偏移量方式读写变量；

　　2）按变量名方式读写变量。

　　倍福官方推荐采用第二种方式与 ADS 设备通信，为了方便各种计算机高级语言及其环境使用 ADS 通信，倍福 TwinCAT 提供如下组件：

　　1）ADS.NET，适用于 .NET 平台、VB.NET、C# 等；

　　2）ADS-OCX（ActiveX COM 控件），适用于 Visual Basic、Visual C++、Delphi 等；

　　3）ADS-DLL，适用于 Visual C++ 等；

　　4）ADS-Script-DLL，适用于 VBScript、JScript 等脚本，创建 B/S 架构的应用；

　　5）Java DLL，适用于 Java 语言；

　　6）PlcSystem.lib（PLC 库）。

　　第三方计算机的高级语言可以通过这些组件连接到 TwinCAT ADS 路由器，进而可以和 ADS 路由上的所有 ADS 设备进行通信。注意：这种通信方式有个前提，必须提前设置好 ADS 路由，具体参考 10.2.2 节。

　　ADS 组件库集成在 TwinCAT 软件中，安装任何版本的 TwinCAT 软件都包含 ADS 通信组件，如果用户希望在没有安装 TwinCAT 软件的计算机上使用 ADS 通信组件，那么可以安装 Supplement 中的 TwinCAT_ADS_Communication_Library，此为免费产品。如果安装了 TwinCAT 软件，就可以在 TwinCAT 安装目录中找到 ADS 组件库。假设 TwinCAT 的安装路径为 C:\TwinCAT，那么 ADS 通信组件路径见表 9-5。

表 9-5   ADS 通信组件路径

路径	描述
C:\TwinCAT\ADS Api\TcAdsDll	ADS-DLL
C:\TwinCAT\ADS Api\.NET	.NET 组件（支持三个版本的 Framework）
C:\TwinCAT\ADS Api\AdsToJava	Java DLL
C:\TwinCAT\ADS Api\CompactFramework	.NET Compact Framework 组件
C:\TwinCAT\ADS Api\Lib VS 97	Lib
C:\TwinCAT\ADS Api\TcAdsWebService	WebService 组件
C:\WINDOWS\system32\AdsOcx.ocx	ADS-OCX
C:\TwinCAT\TcScript.dll	ADS-Script-DLL

本书都是以 C# 为例开发计算机程序，C# 需要调用 .NET 组件，那么就以 .NET 组件函数为例来说明通信组件的使用，见表 9-6。

表 9-6   .NET 组件函数

函数名	描述	函数名	描述
AddDeviceNotification	连接变量到 ADS 客户端	ReadDeviceInfo	读取 ADS 服务器端的版本号
AddDeviceNotificationEx	连接变量到 ADS 客户端	ReadState	读取 ADS 服务器端的 ADS 状态和设备状态
Connect	建立一个至 ADS 服务器端的连接	ReadSymbol	读取变量的值，并返回 object 类型
CreateSymbolInfoLoader	创建一个新的 SymbolInfoLoader 类	ReadSymbolInfo	获取变量的信息
CreateVariableHandle	生成 ADS 变量的唯一句柄	ReadWrite	将数据写入 ADS 服务器端并读取数据
DeleteDeviceNotification	删除设备通知	Write	写入数据到 ADS 服务器端
DeleteVariableHandle	释放 ADS 变量句柄	WriteAny	写入数据到 ADS 服务器端
Read	从 ADS 服务器端读取数据	WriteControl	改变 ADS 服务器端的 ADS 状态和设备状态
ReadAny	从 ADS 服务器端读取数据	WriteSymbol	写入变量的值

组件调用过程如图 9-11 所示。

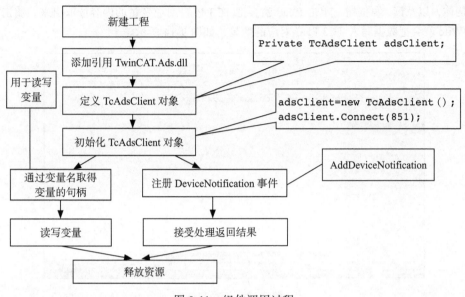

图 9-11　组件调用过程

9.2.4　ADS 通信举例

计算机侧使用的编程软件是 Visual Studio 2015，倍福 PLC 使用的是 CX5140，编程之前要确认 ADS 路由已经建立，这是计算机编写 ADS 通信程序的首要条件。

1. 计算机侧编程

使用 Visual Studio 2015 建立程序后，需要引用 TwinCAT.ADS，步骤如下。

1）添加引用：在资源管理器中右击 References 并选择 Add Reference...，如图 9-12 所示。

2）选择文件：在弹出的对话框中单击 Browse，根据表 9-5 的路径找到 C# 对应的 TwinCAT.Ads.dll，然后单击 OK，如图 9-13 所示。

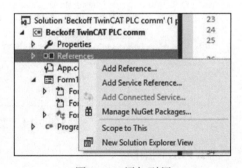

图 9-12　添加引用

3）DLL 引用完成后，在程序里添加如下引用：

```
using TwinCAT.Ads;
using System.IO;
```

TwinCAT ADS 配置完后接着就是编程部分，主程序对话框包括变量、数组和结构体，以及读 / 写按钮，单击 Read 就会把 TC3 PLC 对应变量的内容读取出来，单击 Write 就会把数据写入 TC3 PLC 对应的变量，如图 9-14 所示。

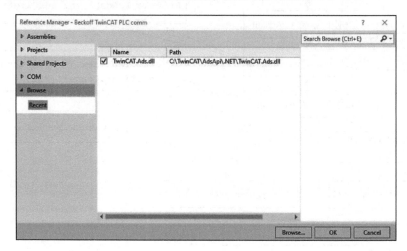

图 9-13   选择文件

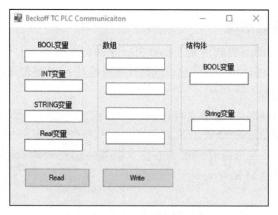

图 9-14   主程序对话框

2. PLC 侧编程

为了配合计算机侧的程序，对应的 TC PLC 侧也需要编程以定义各个变量，编程过程如下。

1）定义结构体：打开 TC3 资源管理器，右击 PLC，选择"添加项"，输入添加项的名称（例如 test），建立 PLC 项目，然后单击 test → DUT → Add → DUT，输入结构体名字 Tstruct →单击 OK，建立结构体。在结构体中定义 2 个元素，分别是 BOOL 类型的 sboolval 和 STRING 类型的 sstrval，如图 9-15 所示。

2）选择 POUs → MAIN，定义 5 个变量并引用第一步建立的结构体，如图 9-16
所示。

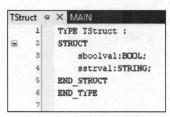

图 9-15　定义结构体　　　　　　　　　　图 9-16　定义变量

3）编程完后，生成→激活配置→登录→ Run，开始运行程序。

3. 计算机侧程序 C# 源代码

见本书配套资源包。

4. 程序调试

（1）读取 PLC

PLC 侧变量如图 9-17 所示。

Expression	Type	Value
testbool	BOOL	TRUE
testint	INT	10
testreal	REAL	11.1
teststr	STRING	'test'
testarray	ARRAY [0..3] OF INT	
testarray[0]	INT	12
testarray[1]	INT	13
testarray[2]	INT	14
testarray[3]	INT	15
testStruct	Tstruct	
sboolval	BOOL	TRUE
sstrval	STRING	'stest'

图 9-17　PLC 侧变量

单击对话框的 Read 按钮，计算机程序读取到的内容与 PLC 的变量一致，如图
9-18 所示。

（2）写入 PLC

在对话框里输入需要的值，单击 Write 按钮，如图 9-19 所示。

计算机侧的程序执行完写入操作后，PLC 侧变量如图 9-20 所示，与程序发送的
一致，表明计算机程序通过 ADS 组件与 PLC 通信正确，完成通信过程。

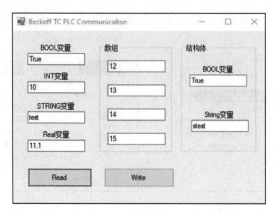

图 9-18 读取 PLC

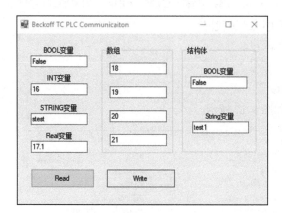

图 9-19 写入 PLC

Expression	Type	Value
testbool	BOOL	FALSE
testint	INT	16
testreal	REAL	17.1
teststr	STRING	'stest'
testarray	ARRAY [0..3] OF INT	
testarray[0]	INT	18
testarray[1]	INT	19
testarray[2]	INT	20
testarray[3]	INT	21
testStruct	Tstruct	
sboolval	BOOL	FALSE
sstrval	STRING	'test1'

图 9-20 程序写入后的 PLC 侧变量

5. ADS 的常见问题

在计算机和 PLC 通信的过程中，有可能会产生错误，那么发送调用 DLL 命令后就会有错误代码返回，ADS 错误代码见表 9-7。

表 9-7　ADS 错误代码

错误代码	描述	建议
0x745	通信超时	常见故障，检测连线、路由设置、防火墙设置、服务器端 TwinCAT 是否已经启动
0x710	没找到对象	检查 PLC 里的变量名称是否正确
0x705	参数长度错误	常见于批处理，检查计算命令长度
0x707	设备未就绪	重新激活配置，使 TC3 处于运行状态

9.3　TwinCAT TCP/IP 通信

ADS 通信很方便，也很容易上手，但是 ADS 通信需要建立 ADS 路由，这样就必须在计算机上安装 TwinCAT 软件，但是有的使用场景不允许安装任何软件，且仍需要和 PLC 通信（比如在 Linux 操作系统下等），这样的场景下计算机可以使用 TwinCAT TCP/IP 与 PLC 进行通信。

9.3.1　TwinCAT TCP/IP 介绍

TwinCAT TCP/IP 主要用于网络中 TC PLC 和 TCP/IP 设备之间的通信（可以是计算机、扫描枪等），它通过 TCP 和 UNP 发送和接收数据包。TwinCAT TCP/IP 通信需要在倍福 PLC 上安装 TF6310-TCP-IP 安装包，使用 TF6310-TCP-IP 模块可以在 TC PLC 中实现一个或多个 TCP/IP 连接，也可以在 TC PLC 程序里开发自己的基于 TCP/IP 的协议（应用层），它由以下组件组成：

- PLC 库：Tc_TcpIp 库（实现基本的 TCP/IP 和 UDP/IP 功能）。
- 后台程序：TwinCAT TCP/IP 连接服务器（用于通信的进程）。

TwinCAT TCP/IP 对安装环境的要求如下：

1）操作系统：

Windows XP Pro SP3

Windows 7 Pro（32-bit 和 64-bit）

Windows XP Embedded

Windows Embedded Standard 2009

Windows Embedded 7

Windows CE6

Windows CE7

2）TwinCAT：

TwinCAT3 ADS Build 4012（或者更高版本）

TwinCAT3 XAR Build 3098（或者更高版本）

TwinCAT3 XAE Build 3098（或者更高版本）

3）链接的 PLC 库：Tc2_TcpIp

4）最新版本：3.1.0.0

TwinCAT PLC 的 TCP/IP 通信可以作为服务器端，也可以作为客户端，两种 PLC 的模式使用的 TwinCAT TCP/IP 库文件的功能块不同：

1）客户端使用的功能块：

- FB_SocketConnect 和 FB_SocketClose 功能块，用于建立和关闭与远程服务器端的连接（提示：FB_ClientServerConnection 封装这两个功能块的功能）；
- FB_SocketSend 和 FB_SocketReceive 功能块，用于与远程服务器端进行数据交换。

2）服务器端使用的功能块：

- FB_SocketListen 功能块，用于打开侦听 Socket；
- FB_SocketAccept 和 FB_SocketClose 功能块，用于建立和关闭与远程客户端的连接（提示：FB_ServerClientConnection 封装这两个功能块的功能）；
- FB_SocketSend 和 FB_SocketReceive 功能块，用于与远程客户端进行数据交换；
- FB_SocketAccept 和 FB_SocketReceive 功能块被循环调用（轮询），同时其他功能块也根据需要调用。

9.3.2　TwinCAT TCP/IP 功能块介绍

TwinCAT TCP/IP 通信在 PLC 端编程需要用到 Tc_TcpIp 库，Tc_TcpIp 库包括以下功能块。

1. FB_SocketConnect 功能块（图 9-21）

图 9-21　FB_SocketConnect 功能块

FB_SocketConnect：本地客户端可以通过 TwinCAT TCP/IP 连接服务器端建立与

远程服务器端的新 TCP/IP 连接。如果成功打开一个 Socket，则会在 hSocket 端返回一个连接句柄，FB_SocketSend 和 FB_SocketReceive 功能块将用到这个句柄，如果不使用，那么可以使用 FB_SocketClose 将其关闭。

参数如下：

1）sSrvNetId：包含 TwinCAT TCP/IP 连接服务器网络地址的字符串，对于本地计算机（默认），可以指定为空字符串。

2）sRemoteHost：远程服务器端的 IP 地址（IPv4），以字符串形式表示（例如 192.168.250.1），本地计算机可以是空字符串。

3）nRemotePort：远程服务器端的 IP 端口号（例如 1000）。

4）bExecute：上升沿触发。

5）tTimeout：执行功能块所允许的最长时间。

6）bBusy：当激活功能块时，此端输出为 True。

7）bError：如果在数据传输期间发生错误，则此输出变为 True。

8）nErrId：如果 bError 变为 True，则此端输出错误代码。

9）hSocket：新打开的本地客户端的 Socket 的 TCP/IP 连接句柄。

2. FB_SocketClose 功能块（图 9-22）

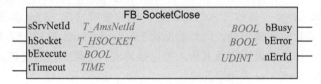

图 9-22　FB_SocketClose 功能块

FB_SocketClose：关闭打开的 TCP/IP 或 UDP 套接字，参数 hSocket 是 FB_SocketListen、FB_SocketConnect 或 FB_SocketAccept 返回的句柄，其他参数解释与 FB_SocketConnect 一样。

3. FB_SocketListen 功能块（图 9-23）

图 9-23　FB_SocketListen 功能块

FB_SocketListen：可以通过 TwinCAT TCP/IP 连接服务器打开一个新的 Socket，TwinCAT TCP/IP 连接服务器可以"侦听"来自远程客户端发送的连接请求。如果成功，则在 hListener 端返回关联的连接句柄，功能块 FB_SocketAccept 需要此句柄。如果不再需要建立的 Socket，那么可以使用 FB_SocketClose 将其关闭。单个计算机上的侦听 Socket 必须具有唯一的 IP 端口号。

参数如下：

1）sLocalHost：本地服务器的 IP 地址（IPv4），为字符串形式（例如 192.168. 250.1），本地计算机可以是空字符串。

2）nLocalPort：本地服务器的 IP 端口号（例如 1000）。

3）hListener：新 Socket 的连接句柄。

其他参数与前面叙述的一样。

4. FB_SocketAccept 功能块（图 9-24）

图 9-24　FB_SocketAccept 功能块

FB_SocketAccept：接收传入的远程客户端的连接请求，打开新的远程客户端 Socket 并返回关联的连接句柄，例如功能块 FB_SocketSend 和 FB_SocketReceive 需要的连接句柄，首先必须接收所有传入的连接请求。如果不再需要连接，则可以使用功能块 FB_SocketClose 关闭该连接。

参数如下：

1）hListener：侦听 Socket 连接句柄，必须通过功能块 FB_SocketListen 请求获得该句柄。

2）bAccepted：如果建立了远程客户端的新连接，则会设为 True。

3）hSocket：新远程客户端的连接句柄。

其他参数与前面叙述的一样。

5. FB_SocketSend 功能块（图 9-25）

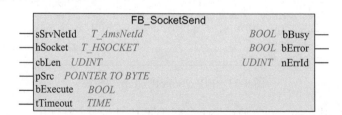

图 9-25　FB_SocketSend 功能块

　　FB_SocketSend：可以通过 TwinCAT TCP/IP 连接服务器将数据发送到远程客户端或远程服务器端，首先必须通过功能块 FB_SocketAccept 建立远程客户端连接，或者首先必须使用功能块 FB_SocketConnect 建立远程服务器端连接。

　　参数如下：

　　1）cbLen：要发送的数据数（以字节为单位）。

　　2）pSrc：发送缓存区的地址（指针）。

　　其他参数前面讲过，不多解释。注意 tTimeout 参数，如果套接字的发送缓存区已满（例如由于远程通信伙伴接收传输数据不够快或传输了大量数据），则 FB_SocketSend 功能块将在 tTimeout 时间之后返回 ADS 超时错误 1861。在这种情况下，必须相应增加 tTimeout 输入变量的值。

6. FB_SocketReceive 功能块（图 9-26）

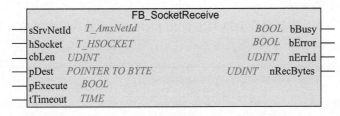

图 9-26　FB_SocketReceive 功能块

　　FB_SocketReceive：可以通过 TwinCAT TCP/IP 连接服务器接收来自远程客户端或远程服务器端的数据。首先必须通过功能块 FB_SocketAccept 建立远程客户端连接，或者首先必须使用功能块 FB_SocketConnect 建立远程服务器端连接。数据可以在 TCP/IP 网络中以分段形式（即以多个数据包形式）接收或发送，有可能不是通过一次调用 FB_SocketReceive 就可以接收所有数据。因此，必须在 PLC 任务中循环调用（轮询）该实例，直到接收所有必需的数据。在此过程中，可以在 bExecute 输入处生成一个上升沿，例如每 100ms 循环。如果成功，那么最后接收的数据将被复制到接收缓存区，nRecBytes 输出成功接收数据的字节数。如果在上一次调用期间无法读取新数据，则功能块不返回错误，并且 nRecBytes = 0。可以编写一个简单的协议，定义一个零终止字符串，然后重复调用功能块 FB_SocketReceive，直到在接收到的数据中检测到该零终止字符串为止。

　　参数如下：

　　1）cbLen：要接收的数据数（以字节为单位）。

　　2）pDest：接收缓存区的地址（指针）。

　　3）nRecBytes：成功接收数据的字节数。

　　其他参数前面讲过，不多解释。注意 tTimeout 参数，如果在本地设备仍连接

TCP/IP 网络的同时，远程设备由于某种原因从 TCP/IP 网络断开连接（仅在远程侧），则 FB_SocketReceive 功能块将不返回错误且不返回任何数据，套接字仍处于打开状态，但未接收到数据。在这种情况下，应用程序可能会无限期地等待剩余的数据字节。建议在 PLC 应用程序中实施超时监视。如果在一定时间段（例如 10s）后没有接收到所有数据，则必须关闭连接并重新初始化。

9.3.3　TwinCAT TCP/IP 编程举例

还是使用 CX5140-0155 作为服务器，使用 Visual Studio 2015 作为计算机编程软件开发客户端程序，实现双方互相通信。TwinCAT TCP/IP 需要 TF6310-TCP-IP 软件包支持，因此在 CX5140 上需要提前安装 TF6310-TCP-IP 软件包，可以在倍福官网免费下载。

TwinCAT 侧编程

1）新建工程后需要激活 TC3 TCP/IP 的 License，激活后将增加 TC3 TCP/IP，如图 9-27 所示。

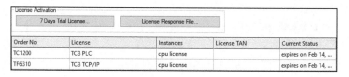

图 9-27　激活 TC3 TCP/IP 的 License

2）添加库文件：右击项目里的 References，选择 Add Library → Communication → Tc2_TcpIp，单击 OK，添加成功，如图 9-28 所示。

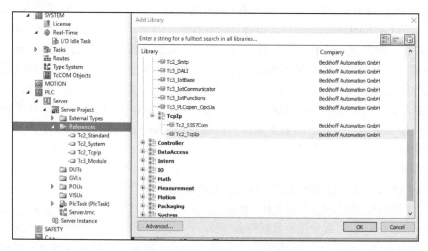

图 9-28　添加 Tc2_TcpIp 库文件

3）编写 PLC 程序。本例作为服务器端使用，用到了 5 个功能块，分别是 FB_SocketListen、FB_SocketAccept、FB_SocketSend、FB_SocketReceive 和 FB_SocketClose，建立相关变量见本书配套资源包。

4）计算机编程客户端程序对话框如图 9-29 所示，与西门子自由口用户开放协议的程序基本一样，先输入 PLC IP 地址和端口后单击"连接"，根据 TC PLC 端接收数组的大小输入要发送的字节，然后单击"发送"。

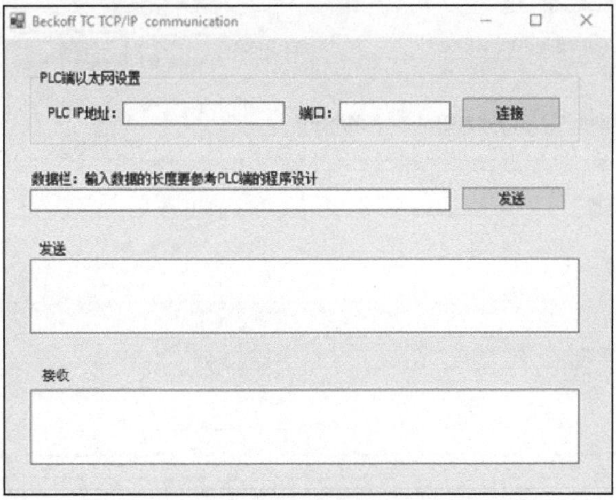

图 9-29　客户端程序对话框

客户端程序源代码见本书配套资源包。

5）调试过程如下：

通过 TwinCAT3 连接 CX5140，激活配置下载程序，手动把 tListen 赋值 TRUE 后，hListner 获得句柄 262145，等待第三方计算机客户端连接，TC PLC 侧 FB_SocketListen 相关参数如图 9-30 所示。

图 9-30　TC PLC 侧 FB_SocketListen 相关参数

打开计算机客户端程序，在 IP 地址栏输入客户端 IP 地址 192.168.250.1，端口栏输入 1000，单击"连接"。注意，如果连接 TC PLC 失败，那么计算机侧尝试 ping TC PLC 的 IP 地址，如果 ping 不通，那么需要检查 TC PLC 的 Windows 操作系统的防火墙是否关闭。客户端程序连接对话框如图 9-31 所示。

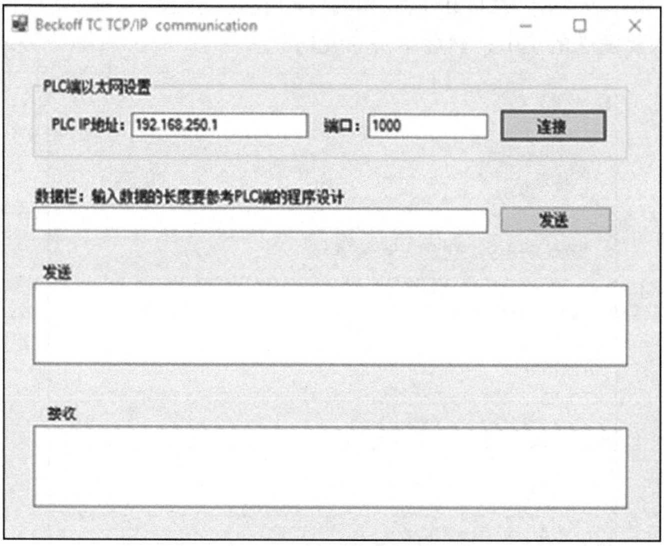

图 9-31　客户端程序连接对话框

手动将 tAccept 赋值为 TRUE 后，与客户端程序建立连接，hSocket 获得句柄 131073，TC PLC 侧 FB_SocketAccept 相关参数如图 9-32 所示。

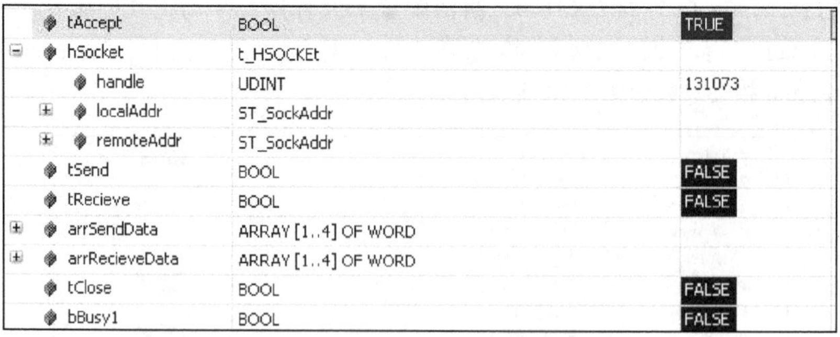

图 9-32　TC PLC 侧 FB_SocketAccept 相关参数

在计算机客户端输入数据，因为程序接收的数组是 4 个字变量，所以输入数据 5555666677778888，然后单击"发送"，客户端程序发送数据对话框如图 9-33 所示。

手动将 tRecieve 赋值为 TRUE 后，arrRecieveData 接收到计算机发来的数据，紧接着根据 PLC 程序将 arrRecieveData 赋值给 arrSendData，数组中的数据与发送的数据一致，TC PLC 侧 FB_SocketRecieve 相关参数如图 9-34 所示。

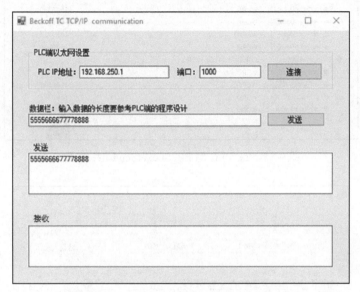

图 9-33　客户端程序发送数据对话框

	tRecieve	BOOL	TRUE
⊟	arrSendData	ARRAY [1..4] OF WORD	
	arrSendData[1]	WORD	16#5555
	arrSendData[2]	WORD	16#6666
	arrSendData[3]	WORD	16#7777
	arrSendData[4]	WORD	16#8888
⊟	arrRecieveData	ARRAY [1..4] OF WORD	
	arrRecieveData ...	WORD	16#5555
	arrRecieveData ...	WORD	16#6666
	arrRecieveData ...	WORD	16#7777
	arrRecieveData ...	WORD	16#8888
	tClose	BOOL	FALSE
	bBusy1	BOOL	FALSE

图 9-34　TC PLC 侧 FB_SocketRecieve 相关参数

　　手动将 tSend 赋值为 TRUE 后，PLC 发送 arrSendData 中的数据给第三方计算机客户端，TC PLC 侧 FB_SocketSend 相关参数如图 9-35 所示。

　　计算机客户端接收 PLC 发送的数据，与发送的数据一致，客户端程序接收数据对话框如图 9-36 所示。

　　如果通信结束，则手动触发 tClose，释放句柄。

● tSend	BOOL		TRUE
● tRecieve	BOOL		TRUE
⊟ ● arrSendData	ARRAY [1..4] OF WORD		
● arrSendData[1]	WORD		16#5555
● arrSendData[2]	WORD		16#6666
● arrSendData[3]	WORD		16#7777
● arrSendData[4]	WORD		16#8888
⊟ ● arrRecieveData	ARRAY [1..4] OF WORD		
● arrRecieveData…	WORD		16#5555
● arrRecieveData…	WORD		16#6666
● arrRecieveData…	WORD		16#7777
● arrRecieveData…	WORD		16#8888
● tClose	BOOL		FALSE
● bBusy1	BOOL		FALSE

图 9-35   TC PLC 侧 FB_SocketSend 相关参数

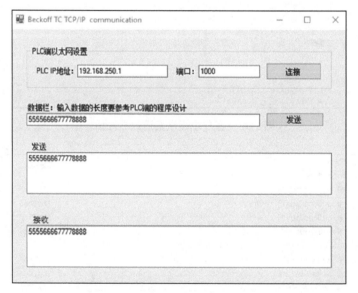

图 9-36   客户端程序接收数据对话框

这样通信显得很烦琐，在实际的应用中可以尝试在 PLC 程序里增加两个定时器，定时触发 tRecieve 和 tSend，这样就能实现自动发送和接收。

参 考 文 献

[1] Open DeviceNet Vendor Association, Inc. The CIP networks library, volume 1: common industrial protocol (CIP) specification [Z]. 2010.

[2] Open DeviceNet Vendor Association, Inc. The CIP networks library, volume 2: EtherNet/IP adaptation of CIP [Z]. 2010.

[3] Rockwell Automation, Inc. Communicating with RA products using EtherNet/IP explicit messaging [Z]. Rev ed. 2001.

[4] Rockwell Automation, Inc. DF1 protocol and command set reference manual [Z]. 1996.

[5] Rockwell Automation, Inc. Logix 5000 controllers data access program manual [Z]. 2019.

[6] Omron AG. CS1W-ENT21 and CJ1W-ENT21 Ethernet units construction of applications manual [Z]. 2005.

[7] Omron AG. CJ1G-CPUXX and CJ1W-SCU41 communications commands reference manual [Z]. 2001.

[8] Omron AG. FINS commands reference manual [Z]. 1993.

[9] Siemens AG. S7-1200 Modbus TCP communication getting start [Z]. 2015.

[10] 德国倍福自动化有限公司 . TwinCAT3 入门教程 [Z]. 2019.

[11] 德国倍福自动化有限公司 . TwinCAT ADS 通讯 [Z]. 2019.

参考文献